SAS를 이용한

통계학 개론

엄정국 著

21세기사

머리글

요즘 세간의 화두는 빅데이터, 인공지능, 사물인터넷, 3D 프린터 등이고, 우리 곁에 다가온 4차 산업혁명 시대에 어떻게 대처해야 하는가의 예기가 주류를 이루고 있다. 물론 모두가 중요한 분야이다.

미래에는 정보를 보유하는 양에 따라 권력의 크기도 정해질 것으로 예상된다. 따라서 전계계의 모든 사람에게 정보를 제공하면서 한편으로는 각종 정보를 싹쓸이 하고 있는 구글과 같은 업체가 권력기관이 될 것임은 틀림없는 사실이다. IBM에서는 몇 해 전에 왓슨이라는 인공지능 컴퓨터를 개발하였고, 구글은 알파고라는 인공지능 컴퓨터를 개발하였다. 현재도 후속 컴퓨터를 개발하고 있어 앞으로는 인공지능이 우리의 삶을 좌우할 것이다.

셀 수 없을만큼 많은 자료가 매일 생성되고 있으며, 이러한 자료를 데이터베이스로 만드는 일도 감당하기 어려운 것이 요즘의 실정이다. 최근에는 컴퓨터의 성능이 눈부시게 발전하고 있으므로 처리속도 또한 빨라졌기 때문에 문제를 해결하는 데에는 아무런 문제가 되지 않고 있다. 하지만 정보를 많이 갖고 있다고 하더라도 이것을 분석할 수 있는 능력이 없다면 사회에서 뒤처질 수 밖에 없다. 경쟁사회에서 생존하기 위해서는 남보다는 예리한 분석능력을 갖추어야 한다.

사용자가 C언어 등을 사용하여 자료분석을 위한 프로그램을 만들어보는 것은 힘들고 어려운 과정이라 할 수 있다. 대부분의 사용자들은 자료분석을 위한 소프트웨어를 다운받아 사용하고 있다.

모두가 알고 있듯이 컴퓨터는 모든 분야에서 이용되고 있으며 자료처리 수행능력 또한 점점 발전하고 있다. 그 중심에 SAS 라는 통계패키지가 자리하고 있다. 1967년에 개발을 시작한 SAS는 최근까지도 버전을 높여가며 활용 영역도 넓혀가고 있다. 최근의 추세인 빅데이터 분석과 인공지능 분야에서도 필수요소로 SAS를 꼽고 있다.

흔히 통계학은 어렵다는 인식이 널리 퍼져있다. 이것은 통계학을 수학의 연장선에서 바라보기 때문이다. 하지만 해석학적으로 구하기 어려운 모수라 하더라도 SAS를 이용하여 모수를 추정하는 과정을 반복한다면 통계학에 대한 친밀도와 이해도가 높아지리라고 확신한다.

정리에 대한 증명이 필요한 부분이 다수 있으나 증명과정은 가능한 한 배제하였고 이해를 돕기 위해 많은 예제를 포함시켰다.

본서에 소개된 프로그램을 독자 스스로가 프로그래밍하여 결과를 확인해보는 것은 중요하다. SAS의 사용법은 이론적으로 다룰 수 있는 학문이 아니므로 독자 스스로가 프로그래밍 할 수 있어야 하기 때문이다. 책에 실린 대부분의 예제를 해결하기 위한 SAS 프로그램을 각 장의 뒷부분에 실어놓았으므로 이를 활용한다면 사용자는 보다 수준높은 자료분석을 할 수 있을 것이다.

이 책을 출판하는데 도움을 주신 21세기사의 이범만 사장님과 직원 여러분의 노고에 감사드린다.

2018년 1월

엄 정 국

Contents

Contents

제11장 로지스틱 회귀분석 273

제12장 분산분석법 289

제13장 적합도검정 323

참고문헌 341

부록 342

서 론

1. 통계적 방법

요즘은 정보를 다루는 매체의 발달로 말미암아 정보의 홍수 속에서 살아가고 있다. 2013년 한 해 동안에 대한민국이 생성한 디지털 데이터는 930억 기가바이트(GB), 즉 전 세계 데이터의 2%에 해당한다는 조사결과가 나왔다. 오는 2020년이면 이는 8470억GB로 늘어날 전망이라고 한다. 디지털 데이터의 양이 빠르게 늘어나고 있으므로 급증하는 디지털 데이터 중에서 고부가가치를 내재한 데이터를 비용 효율적으로 선별, 분석, 저장, 관리 및 보호하는 데 주력해야 한다고 조언했다.

이를 위해서는 접근이 용이하고, 실시간 활용이 가능하며 분석 결과가 개인, 기업, 부서, 기업이 변화하는 데 영향을 미칠 수 있는지 등의 다각적인 검토를 통해 기업에 도움이 될 수 있는 고부가가치의 데이터를 선별해 활용하는 것이 중요하다고 밝히고 있다.[1)]

디지털 데이터의 증가 요인으로는 높은 인터넷 활용률, 스마트폰 및 소셜 네트워크 확산 등을 꼽을 수 있다.

이러한 정보화 사회에서 능동적으로 살아가기 위해서는 수많은 정보 중에서 올바른 정보를 획득하고 이를 정리하여 어떻게 의사결정을 해야 하는 가가 매우 중요한 일이 되고 있다. 수많은 정보는 요즘 화두가 되고 있는 빅데이터 분석과 밀접하게 연관된다.

수집된 자료를 수량화하는 것은 기본적으로 중요하다. 하지만 정보를 축적하여 데이터베이스를 만드는 것만으로는 최종 의사결정에는 아무런 도움이 되지 않는다. 수량화된 정보를 통계적 방법으로 처리하여 내재된 정보를 찾는 것이 무엇보다도 중요하다.

수량화된 정보는 많아야만 유용한 정보를 획득할 수 있는 걸까? 반드시 그런 것은 아니다. 정보의 양이 적다고 하더라도 무시할 수는 없음이 알려져 있다. 그러한 경우에 올바른 분석방법을 통해 유용한 정보를 획득하는 것도 가능하다.

대통령후보에 대한 지지율을 알아보기 위해 전국의 유권자에게 모두 물어보는 것이 최선이라 할 수 있을까? 모든 유권자에게 의견을 묻는다고 하더라도 얼마만큼 응답할지 알 수 없다. 또한 시간과 비용까지 고려한다면 최선의 방법이라 할 수는 없다. 이와 관련된 1936년 미국의 대통령선거를 사례로 소개한다.

이 선거는 '여론 조사'를 한 것으로 유명하다. 최근 5번의 선거에서 우승자를 정확히 예측했던 리터러리 다이제스트(Literary Digest)사는 A. Landon 이 선거인단표 370표를 획득해

---

1) 한국EMC가 IDC과 함께 'EMC 디지털 유니버스 보고서(IDC Digital Universe Study): 대한민국 디지털 데이터' 에서 발표한 연구 결과.

승리하겠다고 선언했다. 이 오류의 원인은 잘못된 샘플링에 의한 것으로 생각되고 있다. 리터러리 다이제스트의 독자는 공화당 지지자가 많았고, 당시 최고의 발행부수를 자랑하는 Literary Digest사는 자동차와 전화소유자 중에서 1,000만명을 선정하여 우편조사를 하여 응답한 230여만 명의 자료로부터 공화당의 A. Landon 후보의 승리를 예측하였다.

반면에 당시에 광고 회사 임원이었던 G. Gallup은 1935년에 여론조사 기관인 갤럽을 설립하였는데 이익창출을 위해 시간과 비용을 고려하여 3,000명 이내의 응답자를 대상으로 설문조사를 한 것으로 알려지고 있다. 이는 당시의 조사기법에 비하면 매우 적은 수를 사용한 것으로서 갤럽이 사용한 조사방법은 다른 방법에 비해 우수하였다는 것이 입증되었다. 갤럽은 자동차와 전화소유자를 포함한 각 계층이 골고루 포함되도록 대상자를 선정하여 조사를 실시하여 민주당의 F. Roosevelt의 당선을 예측하였다. 실제로 선거인단의 수에서는 F. Roosevelt가 523석을 얻었고 A. Landon은 8석을 얻는데 그쳤다. 선거에 참여한 유권자는 45,647,699명이었고 F. Roosevelt는 27,752,648표를 얻어 최종 결과는 61%를 득표한 F. Roosevelt의 승리였다.

현대통계학에서는 갤럽이 조사분석한 것처럼 유권자의 일부분을 선택하여 그들의 성향을 분석한다고 하더라도 전체를 조사한 것과는 거의 차이가 없다는 것을 밝혀냈다. 물론 유권자 중의 일부를 선택하는 방법이 완벽하다는 전제조건 하에서의 경우이다. 여기서 전국 유권자를 모집단(population)이라 하고, 선발된 일부 유권자를 표본(sample)이라고 부른다.

모집단은 정보 분석의 대상이 되는 전체집단이며, 표본은 모집단의 일부로서 전체집단에 관한 결론을 얻기 위해 실제로 정보를 수집할 수 있는 집단이다.

전국민의 TV 시청율에 대한 조사를 하려면 TV를 소유하고 있는 모든 가구를 대상으로 하여야만 정확한 결과를 얻을 수 있다. 하지만 전국의 모든 가구에 수시로 전화하여 시청중인 채널을 알아본다면 시청자들로부터 엄청난 불평불만을 듣게 될 것이다. 매일 아침에 발표되는 TV 시청율 발표는 전국에 3,200여개의 가구를 패널로 선정하고 TV 수상기에 작은 조사기를 부착하여 조사를 한다고 한다.[2] 여기서 전국의 모든 TV 시청가구는 모집단이며 3,200 가구는 표본이 되는 것이다.

모집단의 정보를 예측하기 위해서는 추출된 표본에 대한 통계적 추측(statistical inference) 방법을 쓰고 있다. 통계적 추측의 이론적 배경을 이루는 것은 확률(probability)이다. 확률은 일반적 경향의 추측을 가능하게 할 뿐만 아니라 추측이 신뢰받기 위한 기초가 되기도 한다.

표본에서 얻은 정보로부터 모집단을 예측하는 통계적 방법은 크게 나누어서 추정(estimation)과 가설검정(test of hypothesis)의 2개로 볼 수 있다. 추정은 모집단을 특징짓는 모수(parameter)의 값을 지정된 신뢰도로 일정한 오차범위 내에 있도록 표본으로부터 구하는 것이다. 가설검정은 관찰을 통하여 가설을 세우고 실험결과로부터 가설의 채택여부를 결정하는 분석방법이다. 이와 같은 통계적 추측법은 불확실성이 따르는 현상에 대한 방법으로서 매우 유효하며 최선의 방법으로 쓰인다.

---

2) 닐슨코리아에서 채택한 방식임.

2. 통계학의 발달

통계학이 17세기에 독일, 영국, 프랑스에서 발생하였을 때는 정치, 경제, 사회, 인구, 군사 등에 관한 사항을 주로 기술하는 것이었다.

통계학을 3개의 기원별로 살펴보면, 첫째 독일에서는 국가의 주요사항을 기재하는데 있어 "statistik"라고 하는 국세(國勢 : power of nation)학의 의미로 사용했으며 결과의 비교나 표시를 수량화 하였다. 둘째 기원은 영국에서 발생한 정치산술학파로서 사회, 경제에 관한 현상을 수량화하여 규칙성을 찾았다. 이는 경제통계학의 시초이며 인구통계에 관심이 깊었고 핼리혜성을 발견한 Halley(1656~1742)는 합리적인 인구추계를 작성하였으며 그의 사망표는 유명하다. 셋째 기원은 프랑스에서 시작된 확률론파이다. Pascal(1623~1662)이 질문한 주사위게임에서 우승할 확률을 Fermat(1601~1665)가 계산한 것은 유명하다.[3)]

세 개의 기원에 따라 발생한 분석법이 19세기에 들어 Quetelet(1795~1874)에 의하여 하나로 통합되었다. 벨기에 태생의 Quetelet는 정치산술과 같은 대상을 취하고 독일국세학파의 방법을 따서 기초통계를 확률론적인 입장에서 사회 모든 현상을 수량적으로 해석하였다.

19세기 중엽은 통계 만능시대라 부를 정도였으며 유럽 각국에서는 관청의 통계제도가 발달하고 보험통계가 발전하였으며 국제통계협회도 창설되었다. 하지만 Quetelet의 방법론에 대하여 독일 통계학자들의 비판이 일었다. 이로부터 사회통계학파와 수리통계학파가 생겨났다. 사회통계학자들은 대량 관찰법에 의하여 사회현상에 관한 여러 법칙을 추구한 것으로 분류된다.

한편 F. Galton(1822~1911)은 유전에 관한 연구를 행하고 사분위수, 백분위수, 회귀계수, 상관계수 등의 개념을 도입하였다. K. Pearson(1857~1936)은 생물통계학을 시작하였는데, 이것은 기술통계학에서 관찰이나 기술에 있어 많은 자료를 전제로 한다.

W. Gosset(1876~1936)은 1908년에 t 분포를 발견하여 소표본에 의한 추측통계학의 문을 열었다. 이전까지는 정규분포(normal distribution)가 모든 자료를 취급할 때의 기준(normal)이었다. R.A. Fisher(1890~1962)는 로담스테드 농사시험장의 통계연구원을 지내면서 포장시험결과의 자료를 정리하면서 소표본에 의한 통계학에 관심을 가졌으며 실험계획법을 최초로 시작하였다. 모집단에서 추출된 표본에 의하여 모집단에 대한 추정 및 검정이론을 명확히 전개한 사람은 J. Neyman과 E.S. Pearson이다. Neyman-Pearson의 검정이론은 근대확률론 및 게임이론의 발전에 힘입어 A. Ward (1902~1950)가 추정론, 검정론, 실험계획법 등의 여러 문제들을 종합하는 통계적 판정함수론을 확립하였다.

1940년대부터 시작된 통계적 품질관리는 관리회계, 발췌검사가 공업현장에 보급되었고 품질관리는 공업계의 상식이 되었다. 1950년대 이후에는 다변량해석, 시계열해석, 표본조사론, 비모수통계 등의 분야별 발전을 이룩하였다. 또한 선형계획법, Monte Carlo법, 정보이론, OR 등의 연구도 중요한 것 들이다.

---

3) 제2장의 [예제-1]에 설명되어 있음.

최근에는 컴퓨터의 눈부신 발전에 힘입어 시뮬레이션, 데이터마이닝, CRM(Customer Relationship Management), 빅데이터분석 등에 통계학의 쓰임이 많아졌고, 특히 전 국민이 스마트폰의 사용을 활발히 하면서 SNS(Social Network Service)를 통해 만들어지는 수많은 자료를 분석하는 것이 중요한 이슈가 되고 있다.

제1장 기술통계

기술(記述)의 사전적인 의미는 "있는 그대로 열거하거나 기록하여 서술함"으로 정의되어 있다. 따라서 획득한 자료를 덜어 내거나 임의로 추가할 수가 없다는 것을 알 수 있다.

통계란 표본에 포함된 정보로부터 모집단의 속성을 파악하는 것이라 할 수 있다. 따라서 자료를 수집하고 이들 자료에 대한 추정과 검정을 통하여 의사결정에 필요한 정보를 획득하는 방법을 연구하는 학문을 통계학이라 한다. 여기서 모집단(population)은 연구대상이 되는 모든 가능한 관측치나 측정값의 전체 모음이고 표본(sample)은 모집단에서 추출된 일부분이라 할 수 있다.

모집단의 크기가 무한일 때 무한모집단(infinite population), 유한일 때 유한모집단(finite population)이라고 한다. 예를 들어, 자동차의 베어링 생산 공장에서는 매일같이 수많은 베어링을 생산하므로 생산된 베어링은 무한모집단으로 볼 수 있다. 이러한 베어링의 출하검사를 위하여 유한 개의 로트(lot)를 하나의 모집단으로 하는 경우는 유한모집단이라고 볼 수 있는 것이다.

우리는 통계와 집계에 대하여 구분을 하지 않고 사용하는 경향이 있다. 경찰청(교통사고관리시스템)의 통계표를 보면 2010년도 교통사고 사망자수가 5,505명으로 나와 있다. 이 표현은 올바를까? 경찰청에서 사용한 통계라는 용어는 실제로는 단순집계를 의미하므로 올바른 표현이라 할 수 없다. 어쩌면 5,505명은 모집단이라고 볼 수도 있기 때문이다.

통계학은 기술통계학(Descriptive Statistics)과 추측통계학(Inductive Statistics)으로 나눌 수 있다. 기술통계학은 방대한 자료를 그래프나 숫자로 표시함으로써 자료의 전반적인 내용을 쉽고 빠르게 파악할 수 있는 기법을 다루는 것이고, 추측통계학은 표본의 자료를 기초로 하여 모집단에 대한 추론을 목적으로 한다.

일반적으로 표본은 모집단의 특성을 완벽하게 반영하고 있지 않으므로 불가피하게 오차를 수반하게 된다. 추측통계학은 발생된 오차를 확률적으로 설명하며 모집단의 일반성을 찾아내는 분야라고 할 수 있다.

1. 모수와 통계량

통계학을 다룰 때면 흔히 나타나는 값으로 모수(parameter)와 통계량(estimator)이 있는데 모수는 모집단의 특성값이고, 통계량은 표본의 특성값이다. 일반적으로 모수는 그리스 문자로 나타내고, 통계량은 영문자로 표시한다. 예를 들면 다음과 같다.

표-1 모수와 통계량의 표시

	평균	분산	상관계수
모 수	μ	σ^2	ρ
통계량	$\bar{x}$	s^2	r

집단에 속하는 개체들의 공통적 특성을 수량으로 나타낸 것을 변량(Variate)이라하고 영문 대문자로 표기한다. 예를 들어, 학생들의 키와 몸무게 또는 성적 등은 학생집단의 특성 중의 하나이며 수량으로 나타낼 수 있으므로 변량이라 할 수 있다.

일반적으로 변량의 측정값을 문자로 나타낼 때는 영문소문자로 나타내며, 자료의 특성에 따라 연속적 변량(Continuous Variate)과 이산적 변량(Discrete Variate)으로 나눈다. 키, 온도 등과 같이 연속적인 양으로 표시할 수 있는 변량을 연속적변량이라 하고 인구나 물건의 개수와 같이 하나하나 셀 수 있는 변량을 이산적변량이라 한다.

수집된 자료는 질적 자료(qualitative data)와 양적 자료(quantitative data)로 구분할 수도 있다. 질적 자료는 범주형 자료(categorical data)라고도 부르는 데, 성별이나 혈액형과 같이 범주에 속하는 관측 자료를 말한다. 이처럼 질적자료 중에는 숫자로 표시한다고 하더라도 의미를 갖지는 못하는 경우가 있다. 양적 자료는 숫자로 표시되는 자료로서 학생수, 키와 몸무게 자료가 이에 속한다. 양적 자료 중에서 정수로 표시되는 자료를 이산형자료라고 하고, 연속적인 양으로 표시되는 자료를 연속형자료라고 부른다.

2. 도수분포

통계조사에 의해 얻어진 자료는 표식에 따라 분류하고 집계하여 통계표를 만들게 된다. 자료의 값을 몇 개의 구간으로 나누어 도수분포표(Table of Frequency Distribution)을 만들게 되는 데, 이 때 나누어진 구간을 계급(Class)이라고 하며 계급에 속한 자료의 개수를 도수(Frequency)라 한다.

획득한 자료를 도수분포표로 나타내면 도수의 분포에 대한 모양을 대략적으로 알 수 있다. 제일 간단한 방법은 각각의 자료를 하나의 점으로 대응시켜 나타내는 산점도(Scatter Diagram)이다. 하지만 자료의 개수가 많을 때에는 계급을 이용하여 자료를 분석하는 것이 좋다.

계급을 이용하여 자료를 분석하려면 우선 계급의 수를 정해야 하는 데, 많이 사용하는 방법으로는 Sturges(1926)의 공식을 들 수가 있다. Sturges의 공식은 이항분포에 기초한 것일 뿐 이론의 근거는 약하다.

$$\text{계급의 수} = 1 + \frac{\log n}{\log 2}$$

여기서 n은 자료의 개수이다.

[예제-1] 1,000개의 자료로 도수분포표를 작성할 때 계급의 수는 얼마로 하는 것이 좋은가?

[해] Sturges 공식으로부터 $1+\dfrac{\log 1000}{\log 2} \cong 10.96$ 이므로 계급의 수는 11개로 한다.

Sturges 공식에 의하여 계급의 수가 결정되면 계급의 폭이 계산될 것이다. 계급의 폭은 다음과 같이 계산된다.

$$\text{계급의 폭} = \frac{\text{최대값} - \text{최소값}}{\text{계급의 수}}$$

계급의 수를 정하는 Sturges의 공식은 절대적인 것이 아니며, 계급의 수는 자료의 개수, 자료의 성질, 이용목적을 고려하여 정하는 것이 오히려 좋다. 경험상으로는 10개 내외가 적당한 것으로 되어있다.

변량의 계급에 도수를 대응시킨 것을 도수분포라 한다. 주사위를 600회 던진 실험 결과에 대한 도수분포표의 예가 다음과 같다.

표-2 주사위를 600번 던졌을 때의 도수분포표

주사위의 눈	1	2	3	4	5	6	합계
출현 회수	101	104	89	108	94	104	600

각 계급의 도수의 크기에 따라 막대기로 나타낸 그림표를 막대그래프(Bar Diagram)라 한다. 계급을 나타내는 구간을 밑변으로 하고 도수를 높이로 하는 직사각형을 만들어 표시하는 것을 기둥그래프 또는 히스토그램(Histogram)이라 한다. 막대그래프의 끝점을 연결하여 얻어진 그래프를 도수다각형(Frequency Polygon)이라 한다.

도수분포 그래프는 데이터가 갖고 있는 속성을 나타내는 데 불과하다. 하지만 John Tukey(1969)가 제안한 줄기-잎(stem-leaf) 그림은 데이터가 갖고 있는 속성 외에도 데이터 값을 동시에 나타낼 수 있다는 장점이 있다.

이제 다음과 같은 78개의 자료를 이용하여 여러 가지의 도수분포 그래프를 나타내보기로 한다.

```
35  14  66  60  42  53  56  68  25  54  44  54  47
35  40  24  30  56  47  65  30  41  34  68  18  53
47  74  60  67  17  55  11  51  56  55  14  39  66
62  75  62  60  58  28  61  41  57  58  30  58  16
25  81  66  96  34  58  76  14  37  20  37  68  31
47  38  59  33  62  76  66  44  57  45  37  94  47
```

먼저 이들 자료를 SAS를 이용하여 처리하기 위해서는 다음 그림에서와 같이 stat 라이브

러리에 n78이라는 데이터세트로 저장하는 과정이 필요하다. (<<프로그램 1-1>> 참조)

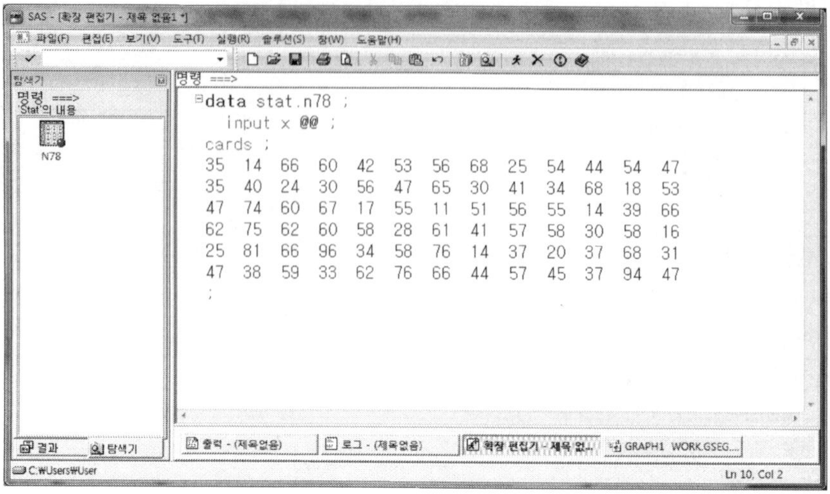

그림-1 데이터세트 n78로 자료 입력하기

1) 산점도(scatter plot)

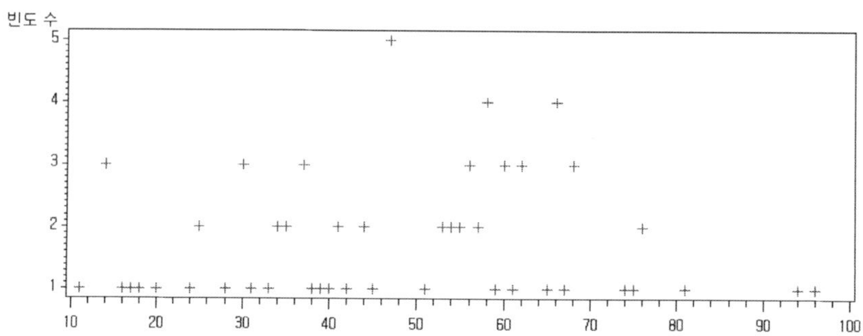

그림-2 78개 자료의 산점도

산점도의 단점은 자료의 개수가 큰 경우에는 불리하며 또한 자료의 전반적인 구조파악이 어렵다. 산점도를 그리는 프로그램은 <<프로그램 1-2>>에 실어놓았다.

2) 도수분포표

앞의 78개 자료에 대해 Stugres 공식을 이용하여 계산하면 [4] 계급의 수는 8개가 되므로

4) 실제로는 11이지만 편의상 12로 하였고, 첫 번째 계급은 6이상 18미만을 나타낸다.

계급의 폭은 12가 된다. 이를 도수분포표를 만들면 다음과 같다.

표-3 78개 자료에 대한 도수분포표

계 급	계급의 중앙값	도 수	누적도수
6~18	12	6	6
18~30	24	6	12
30~42	36	17	29
42~54	48	12	41
54~66	60	22	63
66~78	72	12	75
78~90	84	1	76
90~	96	2	78
합 계		78	

SAS 프로그램을 이용하여 78개의 데이터를 8개의 계급으로 나누어 히스토그램을 만드는 과정은 약간 복잡한 절차를 거쳐야한다. 이에 대한 절차는 <<프로그램 1-2>>에 실려 있다.

3) 원그래프와 장미도표

78개 자료에 대한 원그래프(pie chart)를 그려보면 다음과 같다. 원 그래프에 나타난 숫자(위의 값은 계급의 중앙값, 아래의 값은 도수)는 앞의 도수분포표의 숫자와 거의 일치하고 있음을 보게 된다. 하지만 계급의 폭은 나타나지 않는다는 단점이 있다.

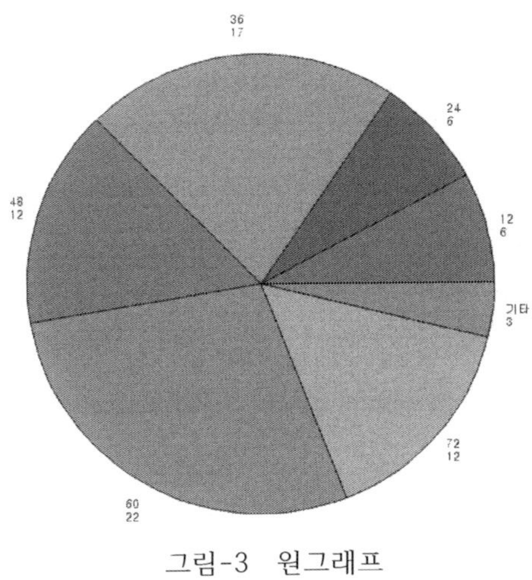

그림-3 원그래프

계급으로 나누어진 자료를 원의 중심을 정점으로 계급의 도수에 따라 호의 길이를 대응시켜 부채꼴을 만드는 도표를 장미도표(rose diagram)라고 한다.

장미도표는 백의의 천사로 알려진 나이팅게일이 크림전쟁에서 부상당한 영국군의 사망원인은 부상 때문이 아니라 열악한 의료시설 때문이라는 것을 당시의 빅토리아 여왕에게 보고하기 위한 만든 그래프이다. 여왕에게 보고한 그래프는 다음 그림에서처럼 월별로 사망한 군인의 수와 원인이 표시되어 있는데 마치 장미꽃이 피어나는 것처럼 그려졌기 때문에 이러한 이름이 붙은 것이다.

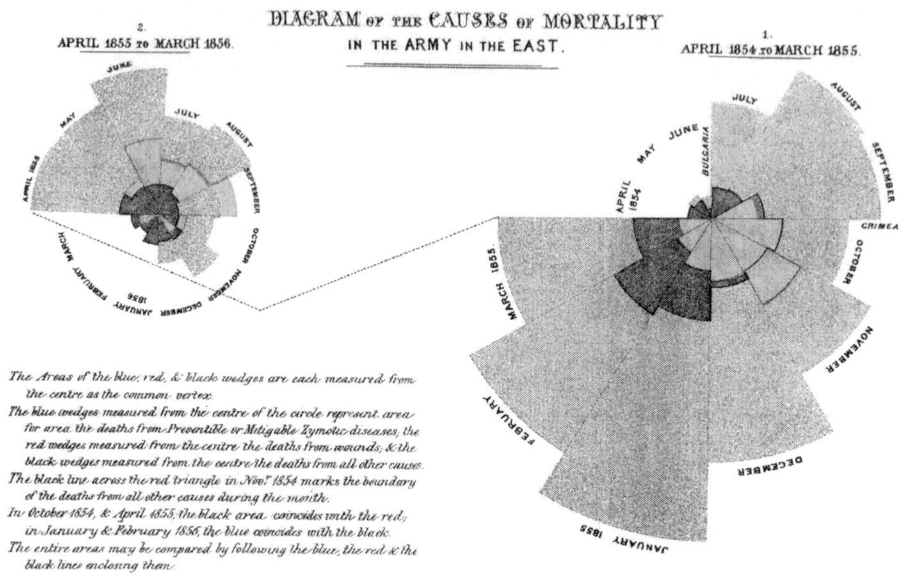

그림-4 나이팅게일의 장미도표

[예제-2] 바람과 관련된 다음 자료는 풍향, 풍속, 백분율이 포함되어 있다. 이를 사용하여 장미도표를 만들어라. 5)

N	1-9	1.7	N	10-19	1.0	NE	1-9	1.4
NE	10-19	.8	E	1-9	2.4	E	10-19	1.4
SE	1-9	1.2	SE	10-19	.4	S	1-9	2.7
S	10-19	1.6	SW	1-9	3.7	SW	10-19	3.2
W	1-9	3.1	W	10-19	3.4	NW	1-9	2.1
NW	10-19	1.7						

[해] <<프로그램 1-3>>을 실행시키면 다음과 같은 장미도표가 그려진다. 6)

5) 출처. SAS/GRAPH® 9.4: Reference Examples GRADAR
6) 실행화면에서는 색깔로 구분이 되지만 본 교재에서는 흑백으로 출력하여 그래프의 구분이 되지 않는다.

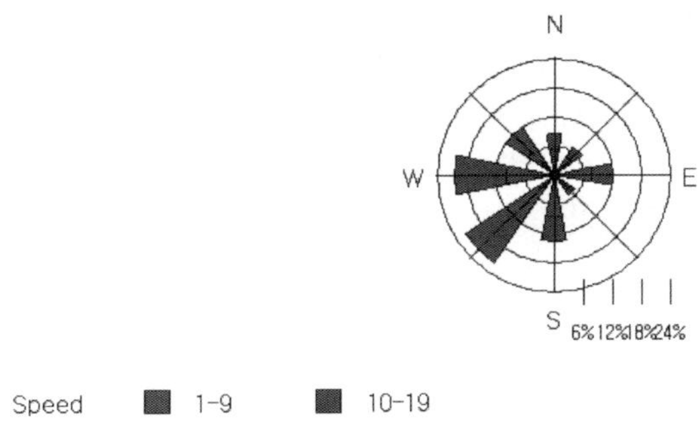

그림-5　풍속자료의 장미도표

4) 줄기와 잎, 상자그림

줄기와 잎(stem-leaf) 그림은 막대그래프와 유사하지만 측정값에 대한 정보를 남겨둔다는 장점이 있다. 처음의 줄기-잎 자료인 (9 6)은 9.6 을 의미하고, 하단에 나와 있는 계산방식에 따라 (줄기.잎)*10을 하면 실제 자료인 96과 일치한다.

상자그림은 상자수염도라고 부르기도 한다. 상자그림에서 세 개의 수평선은 각각 제 1 사분위수, 중위수, 제 3 사분위수를 표시하고 상자 속의 + 는 평균값의 위치를 나타낸다. 상자에서 1.5 사분위편차 이내에서 가장 먼 점까지 수염(whisker)이라고 하는 수직선을 그린다. 그림에는 표시되어 있지 않으나 상자에서 3분위편차까지는 영(zero)으로 표시하고 그 이상으로 먼 부분에는 * 표시를 하여 극단값(extreme value)을 표현할 때 사용한다.

```
줄기 잎                         #        상자그림
  9 6                           1            |
  9 4                           1            |
  8                                          |
  8 1                           1            |
  7 566                         3            |
  7 4                           1            |
  6 566667888                   9            |
  6 0001222                     7        +-----+
  5 556667788889               12        |     |
  5 13344                       5        *-----*
  4 577777                      6        |  +  |
  4 011244                      6        |     |
  3 5577789                     7        +-----+
  3 0001344                     7            |
  2 558                         3            |
  2 04                          2            |
  1 678                         3            |
  1 1444                        4            |
    ----+----+----+----+
값: (줄기.잎)*10**+1
```

그림-6　줄기와 잎, 상자그림

<<프로그램 1-4>>를 실행시키면 상자수염도가 만들어지며, 그림을 살펴보면 수염이 일부 달려 있고 박스 중간의 + 표시로부터 평균은 45~47 사이이며, 중위수는 51~54 사이의 값임을 짐작할 수 있다.

"도구-옵션-우선 설정-결과-☑HTML 생성"을 실행시키면 다음과 같은 그림이 생성된다. 그림-7에는 히스토그램이 나타나며, 이것은 앞의 표-3에 대한 히스토그램이다.

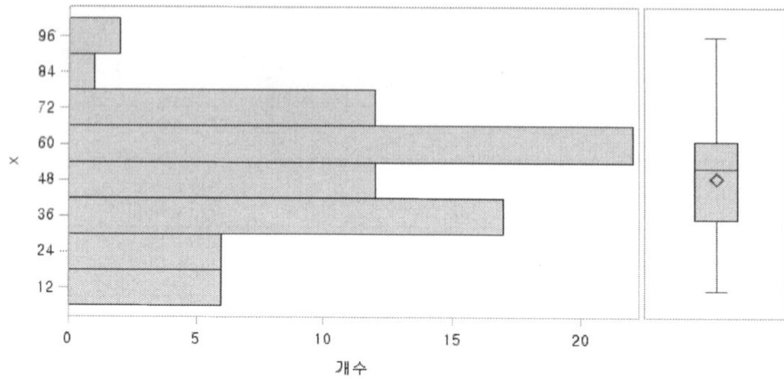

그림-7 히스토그램과 상자도표

5) 누적도수분포표

도수분포표에서 각 계급의 한계 이하의 도수를 합하면 누적도수(Cumulative Frequency)가 얻어진다. 누적도수를 각 계급에 대응시킨 것이 누적도수분포표이다. 이것은 연속형 자료에서의 분포함수(Frequency distribution)와 같은 개념으로 통계학에서는 매우 중요한 분포이다.

다음은 표-3 의 도수분포표에 <<프로그램 1-5>>를 실행시커 얻은 누적도수분포표 그림이다.

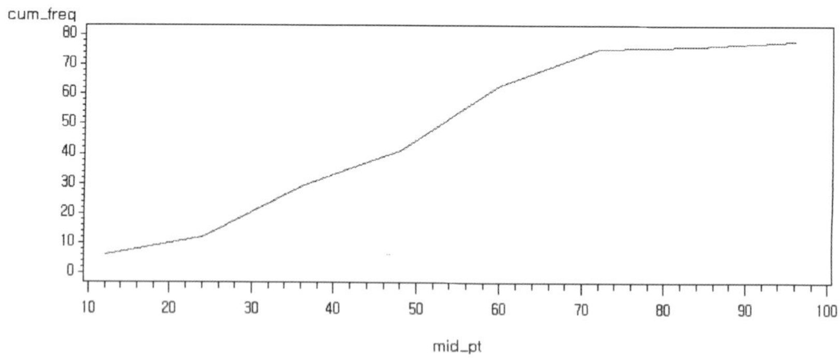

그림-8 도수분포표(표-3)에 따른 누적분포함수

누적도수 그래프의 일종으로 로렌츠(Lorentz) 곡선이 있다. 이것은 소득분포의 평등과 불평

등을 측정하는 방법으로 쓰인다. 가로축은 누적인원 백분율, 세로축은 누적소득액 백분율로 하여 정해진 점을 연결한 곡선이 로렌츠 곡선이다. 소득의 분포가 완전히 균등하면 곡선은 대각선과 일치한다. 곡선과 대각선 사이의 면적의 크기가 불평등도의 지표가 되며 면적의 값이 작을수록 평등에 가깝다고 할 수 있다.

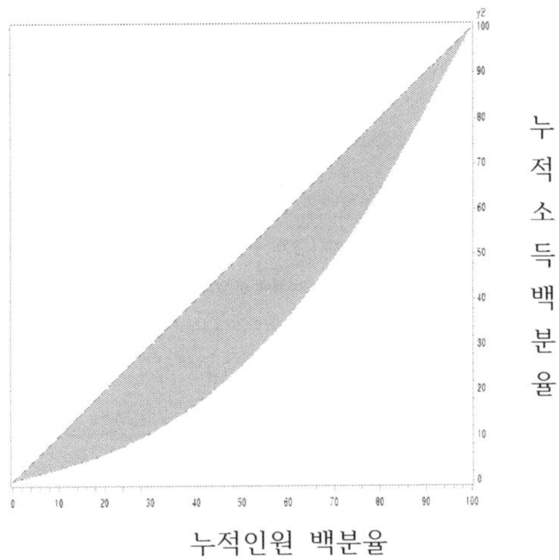

그림-9 로렌츠곡선

3. 대표값

도수분포는 자료 집단의 분포 모양을 직관적으로 아는 데는 좋으나 분포의 특징을 계수적으로 나타내지 못한다. 자료 집단을 1개의 수치로 대표하려고 할 때 대표값이 사용된다.

1) 산술평균(mean)

n 개의 관측치(observation) $x_1, x_2, ..., x_n$의 표본평균 $\overline{X}$ 는

$$\overline{X} = \frac{1}{n}\sum_{i=1}^{n} x_i$$

이다. 일반적으로 표본평균은 $\overline{X}$ 로 표시하며 , 모집단 평균은 μ로 표시한다. 산술평균은 계산이 간편하다는 장점을 갖지만 극단값이 존재하면 모집단을 대표하지는 않는다. [7]

7) 브루나이 공화국의 1인당 국민소득은 한 때는 세계 5위 내에 속한 적도 있는 부국으로 알려졌지만 국가소득의 대부분은 국왕과 왕족의 것이었다. 따라서 국가의 총소득을 국민의 수로 나눈 1인당 국민소득은 높아질 수 밖에 없어 대표값이라고 보기는 어렵다.

2) 중위수(median)

자료를 크기순으로 나열하였을 때, 가운데 위치하는 관측치를 말한다. 보통 중위수는 Me로 표기한다. 자료를 크기순으로 나열한 순서통계량(order statistic)을 $x_{(1)}, x_{(2)}, \cdots, x_{(n)}$ 이라고 하면, 중위수는 다음과 같다.

$$Me = X_{(\frac{n+1}{2})} \ , \ n\text{이 홀수} \qquad Me = \frac{X_{(\frac{n}{2})} + X_{(\frac{n}{2}+1)}}{2} \ , \ n\text{이 짝수}$$

자료의 개수가 세 개이면 두 번째 수가 중위수가 된다. 하지만 자료가 4개 있을 경우에는 정확히 가운데에 존재하는 수가 없으므로 두 번째와 세 번째 수의 평균이 중위수가 된다.

중위수는 극단값(extreme value)이 존재할 때 사용하면 평균보다 더 좋은 결과를 얻을 수 있다. 또한 중위수에 대한 편차의 절대값의 합은 다른 어떤 수에 대한 편차의 절대값의 합보다 작거나 같다. 즉, $\sum |x_i - Me| \leq \sum |x_i - a|$ 이다.

[예제-3] 주어진 78개 자료에 대한 평균, 중위수를 구하여라.
[해] <<프로그램 1-6>>을 사용하여 계산한 결과는 다음과 같다.

평균 = $\frac{1}{78}(11 + 14 + 14 + \cdots + 96) = 48.525$, 중위수 = 52

미리 만들어진 누적도수분포표에서의 평균과 중위수를 구할 때는 약간의 기술이 필요하다. 평균은 가중치를 사용하면 쉽게 계산된다. 중위수를 구하려면, 중위수가 포함된 계급을 밑변으로 하는 큰 삼각형을 만들고, 계급의 시작에서 중위수까지의 거리를 밑변으로 하는 작은 삼각형을 그린 후에 닮음비를 이용하면 된다.

[예제-4] 다음 도수분포표에 대해 평균과 중위수를 구하여라.

표-4 도수분포표

계 급	계급의 중앙값	도 수	누적도수
6~18	12	6	6
18~30	24	6	12
30~42	36	17	29
42~54	48	12	41
54~66	60	22	63
66~78	72	12	75
78~90	84	1	76
90~	96	2	78

[해] 가중치에 대한 평균을 구하는 <<프로그램 1-7>>을 시행하면 다음의 평균을 얻는다.

$$\text{평균} = \frac{1}{78}(12\times6+24\times6+36\times17+\cdots+96\times2)=49.538 \text{ 이다.}$$

하지만 가중치를 갖는 도수분포는 means 프로시저를 사용하여 중위수를 구할 수는 없다. 자료가 78개이므로 중위수는 39.5번째의 값이다. 이 값이 포함된 계급은 42~54 이며, 다음 그림에서와 같이 닮음비를 사용하여 계산한다. 큰 삼각형의 밑변의 길이는 12이고 높이도 12 이다.[8] 작은 삼각형의 밑변의 길이가 10.5이므로 높이도 동일한 10.5가 된다. 따라서 중위수는 $42+10.5=52.5$가 된다.

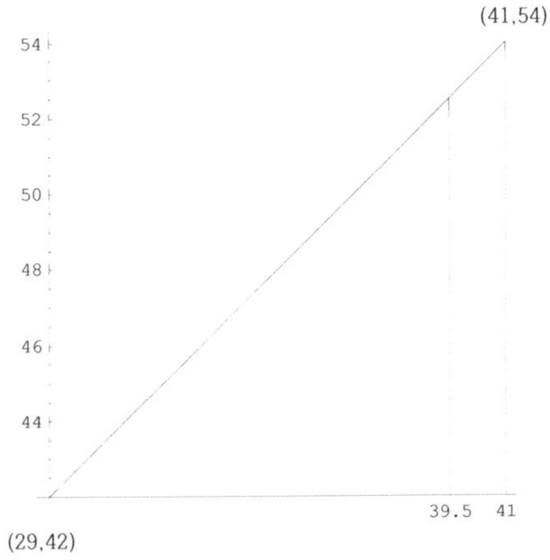

그림-10 닮음비를 이용하여 중위수 구하기

4. 산포도(dispersion)

산포도란 변량의 측정값이 대표값 주위에 얼마나 퍼져 있는가의 정도를 말한다. 자료분석을 할 때에는 관찰치가 대표값으로부터 얼마나 흩어져 있는가를 알아볼 필요가 있다. 퍼짐의 정도가 크면 데이터에 대한 신뢰성은 떨어진다고 볼 수 있다.

두 집단의 대표값이 비슷하거나 같다고 해서 동일한 성질의 집단이라고 말할 수는 없다. 다음의 데이터를 보면 쉽게 이해할 수 있다.

표-5 두 집단 데이터

x	3	5	6	5	8	4	5	2	6	6
y	4	4	5	6	6	5	6	5	4	5

8) 밑변의 길이는 계급의 폭, 높이는 중위수가 포함된 구간의 도수이다.

두 집단 x, y 의 평균은 5 로 동일하지만 다음의 그림-11 에서처럼 산포도는 차이가 있다. x는 평균값으로부터의 거리가 y보다는 멀리 떨어져 있음을 확인할 수 있다. 다음의 산포도는 <<프로그램 1-8>>을 실행시키면 얻어진다.

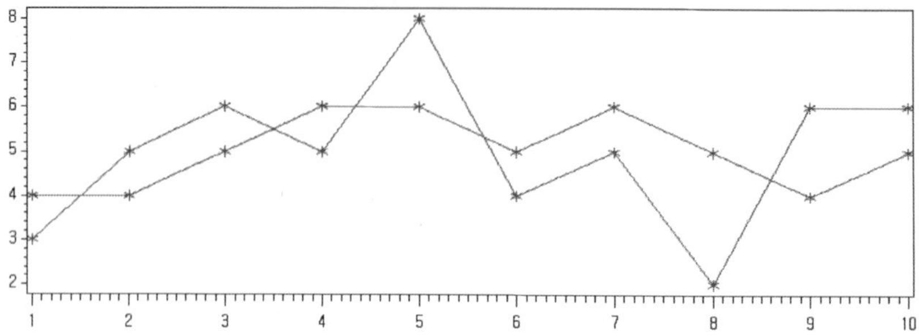

그림-11 두 집단의 산포도

> [정의-1] 관찰치 x_i와 일정한 수 x_0와의 차를 x_0을 기준으로 하는 편차라고 한다. 따라서 $\overline{X}$에 대한 편차는 다음과 같이 정의된다.
>
> 편차 = $x_i - \overline{X}$

> [정리-1] 편차의 합은 영이다.

[예제-5] 다음 자료에 대한 편차의 합을 구하여라.

3 5 6 5 8 4 5 2 6 6

[해] 평균은 5이므로 편차의 합은 (3-5) + (5-5) + (6-5) + ⋯ + (6-5) = 0 이다.

SAS를 사용하여 편차의 합을 구하는 프로그램은 여러 단계를 거쳐야 만들어진다. 9)

산포도를 나타내는 대표적인 측정치는 범위, 평균편차, 분산 등과 같은 절대적 산포도와 변이계수, 사분위편차 등과 같은 상대적 산포도가 있다. 상대적 산포도는 계량단위가 다르거나 대표값의 차이가 큰 경우의 산포를 비교하기 위해 사용한다.

9) <<프로그램 1-9>>를 참조하라.

1) 범위

범위는 다음의 정의에서 확인할 수 있듯이 항상 양(+)의 값을 갖는다.

> [정의-2] 범위(Range) = 관측치 중의 최대값 - 관측치 중의 최소값

2) 평균편차

평균편차는 편차들의 평균이다. 주어진 자료에서 편차를 구하려면 자료의 평균값을 먼저 구해야 한다.

> [정의-3] 평균편차(Mean Deviation) = $\frac{1}{n}\sum_{i=1}^{n}|x_i - \overline{X}|$

[예제-6] 6개의 관찰치가 다음과 같을 때, 범위와 평균편차를 구하여라.

13 8 6 10 8 9

[해] 범위는 13 - 6 = 7 이다. 평균은 9 이므로

평균편차 = $\frac{1}{6}\{\,|13-9|+|8-9|+\cdots+|9-9|\,\} = \frac{5}{3}$

3) 분산(variance)

편차는 산포의 측정치로는 적합하지 못하다. 왜냐하면 편차의 합은 언제나 0이 되므로 산포의 측정치가 될 수 없기 때문이다. 이러한 문제점을 해결하기 위하여 편차를 제곱한 경우가 고려될 수 있다. 하지만 편차를 제곱한다면 그 값은 적어도 0보다는 크기 때문에 산포의 정도를 나타낼 수 있게 되며, 편차의 제곱합으로부터 분산이 정의된다.

> [정의-4] 일반적으로 모집단 분산은 σ^2, 표본의 분산은 S^2 으로 표시하며 각각은 다음과 같다.
>
> $$\sigma^2 = \frac{1}{n}\sum_{i=1}^{n}(x_i - \mu)^2 \qquad S^2 = \frac{1}{n-1}\sum_{i=1}^{n}(x_i - \overline{X})^2$$

여기서 주목할 점은 표본분산의 계산식에서 $(n-1)$로 나눈 것인데, 이유는 제7장의 통계적 추정에서 설명하도록 한다.

[예제-7] 5개의 관찰치가 3, 5, 7, 7, 38 이라고 할 때, 표본분산을 계산하라.
[해] 평균은 12이고 표본수가 5개이므로

$$S^2 = \frac{(3-12)^2+(5-12)^2+(7-12)^2+(7-12)^2+(38-12)^2}{(5-1)} = 214$$

4) 표준편차(standard deviation)

분산의 제곱근을 표준편차라 한다. 자료분석을 할 때는 분산보다는 표준편차가 더 많이 쓰이므로 SAS에서는 표준편차를 구하는 명령어가 따로 존재한다. 표준편차도 분산과 마찬가지로 모집단의 표준편차(σ)과 표본의 표준편차(S)가 있다.

[예제-8] 5개의 관찰치가 3, 5, 7, 7, 38 이라고 할 때, 표준편차를 계산하라.
[해] 앞의 [예제-7]에서 계산된 표본분산이 214이므로 표준편차는

$$S = \sqrt{214} = 14.6287$$

분산과 표준편차를 구하는 <<프로그램 1-10>> 을 실행시키면 직접 계산한 결과와 동일함을 확인할 수 있다.

5) 표준화변량(Standardized Variable)

통계학에서 많이 사용되는 표준화변량에 대해 간단히 언급을 한다. 표준화변량은 모든 자료에 적용 가능하며 산포의 요인을 제거할 수 있어 절대적비교가 가능하다는 장점이 있다.

[정의-5] 변량 X의 평균을 $\overline{X}$, 표준편차를 S라고 하면 표준화변량은 다음과 같이 정의된다.

$$Z = \frac{X-\overline{X}}{S}$$

[예제-9] 두 집단의 자료 각각에 대해 변량 6.2의 표준화변량을 구하여라.

표-6 두 집단의 자료

집단 1	3	5	6	5	8	4	5	2	6	6
집단 2	4	4	5	6	6	5	6	5	4	5

[해] 집단 1의 평균과 표준편차는 5, 1.6997이고, 집단 2의 평균과 표준편차는 5, 0.8165이다. 따라서 변량 6.2에 대한 각각의 표준화변량은

$$Z_1 = \frac{(6.2-5)}{1.6997} = 0.7060$$

$$Z_2 = \frac{(6.2-5)}{0.8165} = 1.4697$$

일반적으로 표준화변량은 자료의 값이 너무 크거나 너무 작은 경우, 자료의 값을 현실세계에서 볼 수 있는 값인 -4부터 +4 시이의 값으로 변환된다.

[예제-10] 지구로부터 태양계의 행성 간의 거리에 대한 자료는 다음과 같다. 각각의 행성까지의 거리를 표준화변량으로 변환시켜라.

[해] 8개 행성 사이의 평균과 표준편차를 구하면 $\bar{x}$ = 12억6862.50 , S = 1억62559.04 이다. 여기에 <<프로그램 1-11>>을 실행시키면 다음과 같은 표준화변량이 구해진다.

표-7 행성간 거리와 표준화변량

행성	태양과의 거리 (단위 : km)	표준화변량
수 성	5790만	-0.74479
금 성	1억 820만	-0.71385
지 구	1억 4960만	-0.68838
화 성	2억 2800만	-0.64015
목 성	7억 7830만	-0.30163
토 성	14억 3000만	0.09927
천왕성	29억	1.00356
해왕성	44억 9700만	1.98597

[정리-2] 표준화변량의 평균은 0, 분산은 1 이다.

[정리-2]는 기대값의 성질을 이용하면 쉽게 증명이 된다. 하지만 여기서는 다루지 않고 제3장의 확률분포에서 자세히 다룬다.

6) 변이계수

성격이 다른 통계집단이나 동종의 집단일지라도 평균이 크게 다른 경우는 산포도에 변이계수(Coefficient of Variation)가 쓰이며 통상적으로 백분율로 표시된다.

> [정의-6] 변량 X의 평균을 $\overline{X}$, 표준편차를 S라고 하면 변이계수는 다음과 같다
>
> $$V_c = \frac{S}{\overline{X}} \times 100$$

[예제-11] 10대와 40대 여성의 체중에 대한 자료가 다음과 같을 때, 변이계수를 구하여라.

표-8 체중데이터

연령	$\overline{X}$	S
10대	26.5	3.7
40대	51	5

[해] 10대의 변이계수는 $V_c = \frac{3.7}{26.5} \times 100 = 14\%$ 이고, 40대는 $V_c = \frac{5}{51} \times 100 = 9.8\%$ 이다. 따라서 10대가 40대보다 상대적으로 산포도가 크다고 할 수 있다.

[예제-12] 다음 자료의 변이계수를 구하여라.

(ⅰ) 1, 2, 3, 4, 5
(ⅱ) 20, 40, 60, 80, 100

[해] (ⅰ) 평균은 3, 분산은 2.5 이므로 $V_c = \frac{\sqrt{2.5}}{3} \times 100 = 52.7\%$

(ⅱ) 평균은 60, 분산은 1000 이므로 $V_c = \frac{\sqrt{1000}}{60} \times 100 = 52.7\%$

따라서 두 개의 변이계수는 동일하다. (<<프로그램 1-12>> 참조)

7) 사분위편차

[정의-7] 사분위수는 자료를 4등분하는 위치의 수를 말한다. 제1사분위수를 Q_1, 제3사분위수를 Q_3라 하면, 사분위편차(Quartile Deviation) D는 다음과 같다.

$$D = \frac{Q_3 - Q_1}{2}$$

사분위편차는 가계소득과 같이 꼬리가 긴 비대칭분포의 산포를 측정할 때 사용한다. 사분위수를 계산할 때는 자료를 크기순으로 나열하므로 제2사분위수는 중위수가 된다. 각각의 사분위에 포함된 자료 중에서 가운데 2개 부분(Q_1부터 Q_3까지)의 자료들의 평균을 계산한 것을 Trimmed Mean 이라고 한다. Trimmed Mean은 극단변량과는 무관하므로 극단변량이 있는 경우에는 보다 좋은 대표값이 된다.

[예제-13] 크기순으로 배열된 0, 52, 53, 57, 58, 58, 60, 60, 62, 65, 65, 100 에 대한 사분위편차를 구하여라.

[해] 자료의 개수가 12개이므로 $Q_1 = \frac{53+57}{2} = 55$, $Q_3 = \frac{62+65}{2} = 63.5$ 이다. 사분위편차는 $D = \frac{63.5-55}{2} = 4.25$ 이다. 이 값은 <<프로그램 1-12>>를 실행시키면 확인할 수 있다.

5. 적률

변량 X의 도수분포가 다음과 같고, 산술평균을 $\overline{X}$, 분산을 S^2이라 하자.

표-9 X의 도수분포

X	x_1	x_2	$\cdots$	x_k
도수	f_1	f_2	$\cdots$	f_k

1) 원점에 대한 적률

[정의-8] 변량 X의 원점에 관한 r차 적률 ν_r은 다음과 같이 정의한다.

$$\nu_r = \frac{1}{n}\sum_{i=1}^{k} f_i x_i^r \qquad \left(n = \sum_{i=1}^{k} f_i\right)$$

원점에 대한 적률은 통계량 중에서 평균, 분산 등을 포함하고 있다. $r=0$ 이면 $\nu_0=1$ 이고, $r=1$ 이면 $\nu_1=\frac{1}{n}\sum_{i=1}^{k} f_i x_i=\overline{X}$ 이다. 또한 $\nu_2-\nu_1^2=\frac{1}{n}\sum_{i=1}^{k} f_i x_i^2-(\overline{X})^2=S^2$ 이다.

2) 평균에 대한 적률

[정의-9] 변량 X의 평균에 관한 r차 적률 μ_r은 다음과 같이 정의한다.

$$\mu_r=\frac{1}{n}\sum_{i=1}^{k} f_i(X_i-\overline{X})^r \qquad (n=\sum_{i=1}^{k} f_i)$$

[예제-14] 평균에 관한 1차, 2차 적률을 구하여라.

[해] $r=1$ 이면 $\mu_1=\frac{1}{n}\sum_{i=1}^{k} f_i(x_i-\overline{X})=\frac{1}{n}\sum_{i=1}^{k} f_i x_i-\overline{X}=0$ 이다.

$r=2$ 이면 $\mu_2=\frac{1}{n}\sum_{i=1}^{k} f_i(X_i-\overline{X})^2=S^2$ 이다.

[예제-15] 7개의 자료 3, 4, 5, 6, 7, 8, 9 의 평균에 대한 3차 적률을 구하여라.

[해] 평균은 6 이므로 평균에 대한 3차 적률 μ_3은

$$\mu_3=\frac{1}{6}\{(3-6)^3+(4-6)^3+(5-6)^3+(6-6)^3+(7-6)^3+(8-6)^3+(9-6)^3\}=0$$

6. 왜도(skewness)와 첨도(kurtosis)

왜도(歪度)는 치우침의 정도를 표시하는 값이다. 즉, 데이터의 분포가 평균을 기준으로하여 어느 쪽으로 기울어졌는가를 나타낸다.

[정의-10] 왜도는 다음과 같은 적률의 비로 표시된다.

$$\alpha=\frac{\mu_3}{\sigma^3}=\frac{\mu_3}{(\sqrt{\mu_2})^3}$$

α가 0이면 평균을 기준으로 좌우대칭인 분포이고, α가 0보다 크면 좌측으로 치우친 분포가 된다. α가 0보다 작으면 우측으로 기울어진 분포가 된다. [10)]

10) 포아손분포나 카이제곱 분포는 좌측으로 치우친 분포이다.

첨도(尖度)는 뾰족한 정도를 나타내는 값이다.

> [정의-11] 첨도는 다음과 같은 적률의 비로 표시된다.
> $$\beta = \frac{\mu_4}{\sigma^4} = \frac{\mu_4}{(\mu_2)^2}$$

첨도를 판정하는 기준은 정규분포이며, 정규분포의 첨도는 3이다. 이로부터 β가 3보다 크면 급첨(leptokurtic), 3보다 작으면 완첨(flatykurtic)이라고 부른다.

[예제-16] 다음 5개의 데이터에 대하여 왜도, 첨도를 구하여라.

3 6 2 2 7

[해] <<프로그램 1-14>>를 실행시키면 왜도는 0.5814565 , 첨도는 -2.6280992 이다.

7. 상관계수

두 개의 특성치(예를 들면, 키와 몸무게 또는 가계수입과 지출)에 대한 자료를 비교하여 양자 간에 존재하는 상호관계를 수치로 표시한 것을 상관계수(Correlation Coefficient)라고 한다. 상관계수를 구하기 전에 상관도(Correlation diagram)을 그려보면 변량사이의 관련성을 알 수 있으므로 미리 상관도를 그리는 것이 좋다.

상관계수를 구하는 방법은 여러 가지가 있다. 본 교재에서는 피어슨(Pearson)의 상관계수와 스피어만(Spearman)의 순위상관계수만 다루도록 한다.

1) 피어슨(Pearson)의 상관계수

> [정의-10] 두 개의 변량 $X=(x_1,x_2,\cdots,x_n)$과 $Y=(y_1,y_2,\cdots,y_n)$의 상관계수 r은 다음과 같이 정의한다.
> $$r = \frac{\frac{1}{n}\sum(x_i-\overline{X})(y_i-\overline{Y})}{\sqrt{\frac{1}{n}\sum(x_i-\overline{X})^2}\sqrt{\frac{1}{n}\sum(y_i-\overline{Y})^2}}$$

상관계수의 정의 중에서 분자의 값을 특히 공분산(covariance)이라고 한다. 공분산은 변량 간의 독립성과 밀접한 관련이 있다. 만일 두 변량이 독립이면 공분산은 0이 되어 상관관계는

0이 되지만 상관관계가 0이라 하더라도 두 변량이 독립이라고 할 수 없다.

상관계수의 값은 -1과 1 사이의 값을 가지며 앞서 언급한 것처럼 상관계수가 0이면 두 변량은 무상관이라고 한다. 만일 상관계수의 값이 ±1의 값을 가지면 완전상관이라고 부른다. 완전상관인 경우는 두 변수의 산포도가 직선으로 표시된다.

[예제-17] 다음 데이터에 대한 상관도와 상관계수를 구하여라.

표-10

x	1	2	3	4
y	1	4	3	6

[해] 다음의 그림-12는 <<프로그램 1-15>>을 실행시키면 얻을 수 있다.

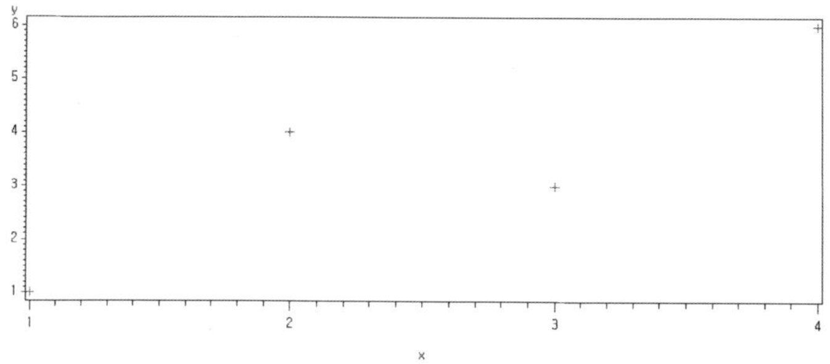

그림-12 산포도

이제 x, y의 자료로부터 x^2 , y^2 , xy 를 계산하여 다음과 같이 정리하여보자.

표-11 산포도의 자료

	x	y	x^2	y^2	xy
	1	1	1	1	1
	2	4	4	16	8
	3	3	9	9	9
	4	6	16	36	24
합계	10	14	30	62	42

여기서 $\overline{X}$ = 2.5 , $\overline{Y}$ = 3.5 이므로

$$\frac{1}{n}\sum(x_i-\overline{X})^2 = \frac{1}{n}\sum x_i^2 - (\overline{X})^2 = \frac{30}{4} - (2.5)^2 = 1.25$$

$$\frac{1}{n}\sum(y_i-\overline{Y})^2 = \frac{1}{n}\sum y_i^2 - (\overline{Y})^2 = \frac{62}{4} - (3.5)^2 = 3.25$$

$$\frac{1}{n}\sum(x_i-\overline{X})(y_i-\overline{Y}) = \frac{1}{n}\sum x_i y_i - \overline{X}\,\overline{Y} = \frac{42}{4} - 2.5\times 3.5 = 1.75$$

이다. 따라서 $r = \frac{1.75}{\sqrt{1.25}\sqrt{3.25}} = 0.8682$ 이다.

[예제-18] 다음의 데이터에서 키와 몸무게 간의 상관도와 상관계수를 구하여라.

표-12 Class 데이터 (단위 : 키는 인치, 몸무게는 파운드)

이름	키	몸무게	나이	이름	키	몸무게	나이
Alfred	69.0	112.5	14	Alice	56.5	84.0	13
Barbara	65.3	98.0	13	Carol	62.8	102.5	14
Henry	63.5	102.5	14	James	57.3	83.0	12
Jane	59.8	84.5	12	Janet	62.5	112.5	15
Jeffrey	62.5	84.0	13	John	59.0	99.5	12
Joyce	51.3	50.5	11	Judy	64.3	90.0	14
Louise	56.3	77.0	12	Mary	66.5	112.0	15
Philip	72.0	150.0	16	Robert	64.8	128.0	12
Ronald	67.0	133.0	15	Thomas	57.5	85.0	11
William	66.5	112.0	15				

[해] 이 자료는 sashelp.class 라는 데이터세트에 저장되어 있다. <<프로그램 1-15>>를 실행시키면 상관도와 상관계수 0.87779가 얻어진다.

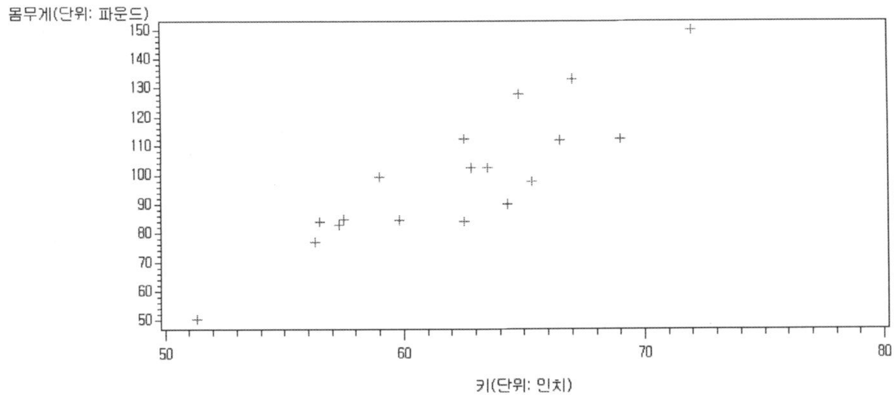

그림-13 키와 몸무게 사이의 산포도

상관계수는 -1부터 1 사이의 값을 갖는다. 두 개의 변량이 독립(independent)이면 상관계수는 0 이다. 하지만, 상관계수가 0 이라 해도 두 변량은 독립이라 할 수 없다.

2) 순위상관계수

음악경연대회나 미인선발대회와 같이 성적으로 평가하는 것보다 순위로 평가하는 것이 용이한 경우에는 상관계수의 대용으로 순위상관계수를 사용한다.

[정의-11] 두 변량 X, Y의 측정값에 각각 순위 $x_i, y_i (i = 1,2,...,n)$를 붙이고 순위쌍 (x_i, y_i)을 만든다. i번째 개체의 X, Y에 관한 순위차를 d_i라 하면 순위상관계수 r_s는 다음과 같이 정의한다.

$$r_s = 1 - \frac{6\sum_{i=1}^{n} d_i^2}{n(n^2-1)}$$

[예제-19] 다음은 10명의 학생의 음악과 미술이 성적순위이다. 순위상관계수를 구하여라.

표-13 음악, 미술의 성적순위

학생	음악성적 순위(u)	미술성적 순위(v)	$d = u - v$	d^2
1	2	1	1	1
2	9	5	4	16
3	7	9	-1.5	2.25
4	1	2	-1.5	2.25
5	4	6	-1.5	2.25
6	3	2	0.5	0.25
7	4	7	-2.5	6.25
8	7	4	3.5	12.25
9	6	8	-2.0	4
10	10	10	0	0
합계				46.5

[해] 3번과 7번 학생의 음악성적 순위는 동일하므로 각각의 순위를 4.5로 처리해야 한다. 마찬가지로 4번과 6번 학생의 미술성적 순위는 동일하므로 각각을 2.5로 바꿔주어야 한다. 이렇게 각각의 순위를 조정한 값으로 계산한 d가 표에 나타나있다.

$$r_s = 1 - \frac{6\sum_{i=1}^{n} d_i^2}{n(n^2-1)} = 1 - \frac{6 \times 46.5}{10(10^2-1)} = 0.72$$

이러한 순위상관계수는 <<프로그램 1-16>>을 실행하여 확인할 수 있다.

8. SAS 프로그램

<<프로그램 1-1>> 78명의 자료를 n78이라는 데이터세트로 저장하기.

```
data stat.n78 ;
  input x@@ ;
cards ;
35  14  66  60  42  53  56  68  25  54  44  54  47
35  40  24  30  56  47  65  30  41  34  68  18  53
47  74  60  67  17  55  11  51  56  55  14  39  66
62  75  62  60  58  28  61  41  57  58  30  58  16
25  81  66  96  34  58  76  14  37  20  37  68  31
47  38  59  33  62  76  66  44  57  45  37  94  47
run ;
```

<<프로그램 1-2>> 78개 자료의 산점도 그리기. freq 프로시저 실행에서 생성되는 빈도수 데이터를 a 라는 데이터세트에 저장하고, 이를 불러들어 그래프를 그리는 프로그램이다.

```
proc freq data = n78 ;
  table x / out = a ;
run ;

proc gplot data = a ;
  plot count*x ;
run ;
```

<<프로그램 1-3>> 풍속자료에 대한 장미도표

```
data wind ;
   input Direction $ Speed $ Percent @@ ;
datalines ;
N    1-9     1.7    N    10-19  1.0    NE  1-9     1.4
NE   10-19   0.8    E    1-9    2.4    E   10-19   1.4
SE   1-9     1.2    SE   10-19  0.4    S   1-9     2.7
S    10-19   1.6    SW   1-9    3.7    SW  10-19   3.2
W    1-9     3.1    W    10-19  3.4    NW  1-9     2.1
NW   10-19   1.7
;
```

```
proc gradar data = wind ;
    chart direction / sumvar=percent  windrose  speed=speed  noframe ;
run ;
```

<<프로그램 1-4>> n78 자료에 대한 줄기와 잎, 상자그림 그리기

```
ods graphics off ;
proc univariate data = n78 plot ;
   var x ;
run ;
```

<<프로그램 1-5>> 표-3의 도수분포표에 대한 누적확률 그리기

```
data cumulative_plot ;
  input mid_pt  cum_freq @@ ;
cards ;
12  6     24 12     36 29     48 41
60 63     72 75     84 76     96 78
;

symbol1 i=join ;
proc gplot ;
  plot cum_freq*mid_pt ;
run ;
```

<<프로그램 1-6>> 78개 자료에 대한 평균과 중위수

```
proc means mean median data = n78 ;
run ;
```

<<프로그램 1-7>> 가중치 자료의 평균구하기

```
data freq ;
  input x weight @@ ;
cards ;
12    6     24    6     36    17     48    12
60    22    72    12    84    1      96    2
```

```
;

proc means mean ;
  var x ;
  freq weight ;
run ;
```

<<프로그램 1-8>> 두 집단의 산포도를 겹쳐 그리기

```
data dispersion ;
  n=_N_ ;
  input x y @@ ;
cards ;
3 4   5 4   6 5   5 6   8 6
4 5   5 6   2 5   6 4   6 5
run ;

symbol1 i=join value=star;
symbol2 i=join value=square ;
proc gplot ;
  plot x*n y*n / overlay ;
run ;
```

<<프로그램 1-9>> 편차의 합 구하기. 편차의 합을 구하기 위해 다음과 같이 프로그램을 (i) 부터 (v)까지 만들어야 한다.

```
(i) 자료를 입력하고 means 프로시저에서 평균만을 구하여 데이터세트 a에 저장하기.
data mean_dev ;
  i = _N_ ;
  input x @@ ;
cards ;
3  5  6  5  8  4  5  2  6  6
;

proc means mean data = mean_dev ;
  output out = a ;
run ;

(ii) 데이터세트 a에는 여러 개의 변수에 대한 값이 저장되어 있다. 이 중에서 _STAT_
```

이라는 변수 중에서 MEAN 이라는 단어를 제외하고는 모두 지우고 x값을 mean 이라는 변수에 저장하는 프로그램.

```
data b ;
  set a ;
  if _STAT_ ^= 'MEAN' then delete ;
  mean = x ;
  keep mean ;
run ;
```

(iii) 생성된 mean 자료를 10개 만드는 프로그램

```
data c ;
  set b ;
  do i=1 to 10 ;
     mean = mean ;
     output ;
  end ;
run ;
```

(iv) 두 개의 데이터세트 mean_dev와 c를 변수 i 에 따라 결합하고 y 값 계산하기

```
data d ;
  merge mean_dev c ;
  by i ;
  y = x - mean ;
run ;
```

(v) 결과를 출력할 때는 변수 y의 합을 출력하기.

```
proc print ;
  sum y ;
run ;
```

<<프로그램 1-10>> 평균, 분산과 표준편차 구하기

```
data sample_var ;
  input x@@ ;
cards ;
3 5 7 7 38
;

proc means mean var stddev ;
run ;
```

<<프로그램 1-11>> 평균, 분산을 사용하여 행성간 거리를 표준화변량으로 만들기

```
data std ;
  input distance @@ ;
  mean = 126862.50 ;
  stddev = 162559.04 ;
  z = (distance - mean) / stddev ;
cards ;
5790      10820     14960     22800
77830     143000    290000    449700
;

proc print ;
  var distance z ;
run ;
```

<<프로그램 1-12>> 변이계수 구하기

```
data cv ;
  do x = 1 to 5 ;
     input a b ;
     output ;
  end ;
cards ;
  1    20
  2    40
  3    60
  4    80
  5   100
run ;

proc means cv ;
  var a b ;
run ;
```

<<프로그램 1-13>> 사분위수 구하기

```
data q_dev ;
   input x @@ ;
   infile cards delimiter=',' ;
```

```
cards ;
0, 52, 53, 57, 58, 58, 60, 60, 62, 65, 65, 100
;

proc means q1 q3 ;
run ;
```

<<프로그램 1-14>> 왜도와 첨도

```
data cv ;
     input a @@ ;
cards ;
3  6  2  2  7
run ;

proc means skewness kurtosis ;
  var a ;
run ;
```

<<프로그램 1-15>> 산포도 그리기

```
data plot_data ;
  input x y @@ ;
cards ;
1  1    2  4     3  3     4  6
;

proc gplot ;
  plot y*x ;
run ;
```

<<프로그램 1-16>> 상관계수 구하기

```
proc corr data=plot_data ;
   var x y ;
run ;
```

<<프로그램 1-17>> class 데이터의 산포도와 상관계수 구하기

```
proc corr data=sashelp.class ;
   var height weight ;
run ;

proc gplot data=sashelp.class ;
   plot weight * height ;
run ;
```

<<프로그램 1-18>> 순위상관계수

```
data plot_data ;
  input x y @@ ;
cards ;
  2  1     9  5     7  9     1  2     4  6
  3  2     4  7     7  4     6  8    10 10
;

proc corr spearman ;
run ;
/* 또는
proc freq data=plot_data ;
  table x*y / measures ;
run ;
*/
```

9. 설문조사 분석

건강에 관한 방송매체의 영향을 알아보기 위한 kwt의 설문지 내용은 다음과 같다. 실제의 설문에 응답한 사람은 모두 529명이고, 문항수는 91개이지만 여기서는 문항수 23개, 45명의 자료만 사용하기로 한다. 또한 설문에 응답한 자료는 f:\kwt.txt 라는 파일에 저장되어 있다고 한다. kwt.txt 자료에서 23개의 변수를 quest_1 부터 qu3est_23 으로 정하기로 한다. 이러한 자료를 읽어오는 프로그램은 다음과 같다.

```
data kwt ;
   infile 'f:\kwt.txt' ;
   input quest_1 - quest_23 ;
run ;
```

(i) 건강상태(quest_3)에 대한 도수분포표 출력하기

```
proc freq data=kwt ;
   table quest_3 ;
run ;
```

(ii) 성별(quest_19)과 학력(quest_21) 간의 분할표를 만드는 프로그램.

```
proc freq data=kwt ;
   table quest_19 * quest_21 / nopercent norow nocol ;
run ;
```

(iii) 성별(quest_19)과 학력(quest_21) 사이의 상관계수를 구하는 프로그램.

```
proc corr data=kwt ;
   var quest_19 quest_21 ;
run ;
```

(iv) 프로그램에서 제공하는 건강 정보를 이해하는 것(8번)과 프로그램의 내용을 실천하는 것(10번)은 5점 척도로 구성되어 있다. 두 변수간의 상관계수를 구하는 프로그램.

```
proc corr data=kwt spearman ;
   var quest_8 quest_10 ;
run ;
```

(v) 응답자들의 월 소득(quest_22)의 평균값을 계산하는 프로그램. 이것을 계산하기 위해서는 다음과 같이 약간의 조정이 필요하다.

1백만원 미만	→	50만
1백만원~2백만원 미만	→	150만
2백만원~3백만원 미만	→	250만
3백만원~4백만원 미만	→	350만
4백만원 이상	→	600만 [11)]
무응답	→	제거

```
data mon_income ;
  set kwt ;
  if quest_22 = 1 then income=50 ;
  else if quest_22 = 2 then income=150 ;
  else if quest_22 = 3 then income=250 ;
  else if quest_22 = 4 then income=350 ;
  else if quest_22 = 5 then income=600 ;
  else delete ;
run ;

proc means data=mon_income mean ;
  var income ;
run ;
```

11) 2015년 국세청 연말정산결과, 연봉 1억 이상인 사람은 53만명으로 발표되었다. 이를 고려하여 450만원으로 책정하지 않고 600만원으로 임의 책정하였음.

1. 귀하는 TV건강프로그램을 일주일에 평균 몇 시간 정도 보십니까?
①약 1시간 미만 ②약 1시간~2시간 미만 ③약 2시간~3시간 미만
④약3시간~4시간 미만 ⑤약 4시간 이상
2. 귀하께서 TV건강프로그램을 시청하는 이유는 무엇입니까?
①건강과 관련된 정보를 얻기 위해 ②건강에 유익한 정보가 많아서
③프로그램이 재미있어서 ④무료감을 달래기 위해서 ⑤텔레비전이 틀어져 있어서
3. 귀하의 현재의 건강상태는 어떻습니까?
①건강이 매우 안좋다 ②건강이 않좋다 ③보통이다 ④건강한 편이다 ⑤매우 건강하다
4. 귀하는 건강에 대한 관심이 어느 정도 입니까?
①전혀 관심이 없다 ②관심이 없는 편이다 ③보통이다 ④관심이 있는 편이다 ⑤관심이 매우 많다
5. 귀하는 건강에 대한 걱정을 어느 정도 하십니까?
①전혀 걱정하지 않는다 ②걱정하지 않는 편이다 ③보통이다 ④걱정하는 편이다 ⑤매우 걱정한다

(만족도조사) 귀하가 가장 즐겨 시청하시는 TV 건강정보 프로그램에 대해 어느 정도 만족하시는 지에 대한 질문입니다. (해당되는 곳에 √표를 해 주십시오)

항 목	매우 불만족	불만족	보통	만족	매우 만족
6. 프로그램의 주제와 수준이 다양하다					
7. 프로그램을 진행시간이 만족스럽다					
8. 프로그램에서 제공하는 건강정보가 이해하기 쉽다					
9. 프로그램 진행자와 패널(출연자)이 전문성이 있다					
10. 프로그램에 나온 내용을 실천하기 쉽다					
11. 프로그램에서 제공하는 건강정보가 유익하다					
12. 프로그램이 전반적으로 만족스럽다					

(신뢰도조사) 귀하가 가장 즐겨 시청하시는 TV 건강정보 프로그램에 대해 어느 정도 믿으시는지에 대한 질문입니다. (해당되는 곳에 √표를 해 주십시오)

항 목	매우 불만족	불만족	보통	만족	매우 만족
13. 건강 문제에 대한 정확한 정보를 제공한다					
14. 출연하는 전문가들은 정확한 정보를 바탕으로 이야기한다					
15. 제공되는 정보는 믿고 받아들일 수 있다					
16. 최신의 정보를 제공하고 있다					
17. 프로그램 진행자는 정확한 사실을 전달하려 노력한다					
18. 프로그램이 전반적으로 만족스럽다					

19. 귀하의 성별은 어떻게 되십니까?

① 남자 ②여자

20. 귀하의 나이는 어떻게 되십니까?

① 만 50세 미만 ② 만 50세~60세 미만 ③ 만 60~70세 미만 ④ 만 70세 이상

21. 귀하의 학력은 어떻게 되십니까?

① 고등학교 졸업 이하 ② 대학교 재학/졸업 이상

22. 귀하(또는 가족 전체)의 월 수입은 어떻게 되십니까?

① 1백만원 미만 ② 1백만원~2백만원 미만 ③ 2백만원~3백만원 미만
④ 3백만원~4백만원 미만 ⑤ 4백만원 이상

23. 귀하의 가족동거상황은?

① 혼자서 ② 배우자와 둘이서 ③ 혼자+가족과 함께 ④ 배우자+가족과 함께

kwt.txt

```
2 1 4 4 4 2 3 3 3 2 3 3 4 3 4 2 3 3 1 2 2 5 4
1 2 3 3 2 3 3 3 4 3 3 3 3 3 4 3 3 3 1 3 2 3 4
2 5 3 3 3 3 3 3 4 3 3 3 3 3 3 3 4 3 1 2 2 4 4
2 2 4 4 4 3 3 4 4 4 4 4 3 3 3 3 4 3 1 3 2 5 3
1 2 4 4 4 3 4 3 4 3 3 3 3 3 3 4 4 4 1 2 2 5 4
2 2 4 3 3 4 4 4 4 3 4 4 4 3 3 4 3 3 1 2 2 4 4
1 4 3 3 2 3 4 3 4 3 4 4 4 3 4 4 4 3 1 3 2 5 4
1 5 3 3 3 3 3 3 3 3 3 3 3 3 3 3 3 3 1 1 1 3 4
1 5 3 4 4 3 3 3 3 3 3 3 3 3 3 3 3 3 2 1 2 2 4
2 1 4 4 4 4 4 5 4 4 4 4 4 4 4 5 4 4 1 2 2 5 4
2 2 4 3 4 4 3 4 3 1 4 4 4 4 4 4 4 4 1 1 2 3 4
1 1 4 2 2 3 4 4 4 3 3 4 3 3 4 3 3 4 2 2 2 5 4
2 1 2 4 3 3 3 3 3 3 3 3 3 4 3 2 4 3 2 2 2 5 4
1 2 4 4 3 4 3 2 3 4 4 4 4 2 4 4 4 4 1 1 2 2 3
9 5 5 2 2 4 4 5 5 2 4 4 2 2 2 2 3 2 1 1 2 2 1
1 5 4 4 2 3 4 4 3 3 3 3 3 3 3 3 3 3 1 2 2 5 4
3 1 2 4 4 4 4 4 3 4 4 4 4 3 4 4 4 4 2 2 2 5 4
1 5 4 3 3 3 3 2 3 3 3 2 3 3 3 3 3 2 2 2 2 3 4
1 5 3 5 4 4 2 2 1 3 3 4 2 3 3 2 4 3 2 2 2 3 4
1 1 3 5 3 4 4 4 4 4 4 4 4 4 4 4 4 4 1 4 2 1 4
1 5 3 4 3 3 3 3 3 3 3 3 3 3 3 3 3 3 1 3 1 4 2
2 2 4 5 2 9 5 4 4 4 4 4 4 4 4 2 2 4 2 4 2 4 3
3 2 3 5 4 3 3 3 3 2 3 3 3 3 3 3 3 3 1 3 2 4 4
1 5 4 4 3 3 3 4 4 3 4 3 3 4 4 3 4 3 1 3 2 5 4
1 2 4 3 3 4 3 4 4 3 4 3 4 4 4 4 3 3 1 2 1 5 4
1 1 1 4 4 5 5 4 3 3 3 3 3 3 3 3 3 3 1 3 2 3 4
3 1 4 4 3 4 4 3 4 5 4 3 4 3 3 3 4 4 2 2 1 3 4
1 5 2 4 4 3 3 4 4 3 4 3 4 3 4 3 4 3 1 3 2 1 4
1 1 4 4 4 3 3 4 3 3 4 3 3 3 4 3 4 3 2 3 2 4 4
3 1 3 5 3 4 3 5 4 4 4 4 4 4 4 4 4 4 2 3 2 3 4
1 2 4 4 4 3 3 4 3 2 3 3 2 3 3 2 2 3 1 3 2 4 4
2 1 4 4 3 4 3 4 3 4 4 4 4 4 3 3 4 3 1 2 2 4 4
5 5 3 3 4 3 3 4 4 3 3 3 3 4 3 4 3 4 1 2 1 3 2
3 1 2 5 5 3 3 4 4 3 5 5 4 4 4 5 4 4 2 2 2 9 4
1 1 4 4 3 3 3 4 4 3 4 4 4 4 4 4 4 4 1 1 2 2 3
1 5 4 4 2 3 3 3 3 3 3 9 3 3 3 3 3 3 1 2 2 3 3
3 2 5 5 1 4 5 3 4 3 5 5 4 5 4 5 5 5 1 4 1 1 1
2 1 3 4 3 3 4 4 4 4 4 4 4 4 3 4 4 4 1 4 2 4 4
1 5 3 5 4 3 3 4 3 3 3 3 3 2 2 2 3 3 1 4 2 5 2
2 2 4 4 3 3 4 3 5 3 4 4 4 3 4 5 3 3 1 4 1 9 1
3 3 4 5 3 3 2 5 3 4 5 5 2 3 3 3 4 3 1 4 2 3 2
1 2 3 5 4 4 4 4 4 4 4 4 4 4 4 4 4 4 1 4 2 4 2
1 1 4 5 3 3 3 3 3 3 4 3 3 3 4 3 3 4 1 2 2 5 4
1 3 4 5 2 4 4 4 4 4 4 4 4 4 4 4 4 4 1 3 2 4 1
2 2 4 4 3 4 4 3 3 9 4 4 4 3 5 4 4 4 1 3 4 4 2
```

▸ ▸ ▶ 연습문제 ◀ ◂ ◂

1. 다음은 1.5미터 높이에서의 나무의 지름을 측정한 결과이다. 도수분포표를 작성하여라.

16	24	36	31	27	23	27	24	28	27
22	46	12	44	24	28	24	26	47	19
33	22	29	36	26	39	24	32	39	23
24	29	33	29	33	22	39	24	32	29
23	28	28	36	26	44	19	43	29	40
34	16	21	29	39	14	26	36	21	27

2. 15개의 측정값에 대해 다음에 답하여라.

5 3 9 5 12 7 8 8 4 10 6 6 9 7 10

(1) 평균을 구하여라
(2) 분산을 구하여라.
(3) 중위수를 구하여라.
(4) 편차의 합을 구하여라.
(5) 사분위편차를 구하여라.
(6) 변이계수를 구하여라.

3. 다음 도수분포표의 평균, 중위수를 구하여라.

점수	도수
45~59	14
60~74	29
75~89	53
90~104	100
105~119	119
120~134	79
135~149	42
150~164	33
165~179	20
180~194	11

4. 다음은 헬스클럽을 다니는 중년 남성들의 자료이다. (노스캐롤라이나 대학 자료) 이 자료를 사용하여 다음에 답하여라.

체중	허리둘레	맥박수	턱걸이회수	윗몸일으키기	멀리뛰기
191	36	50	5	162	60
189	37	52	2	110	60
193	38	58	12	101	101
162	35	62	12	105	37
189	35	46	13	155	58
182	36	56	4	101	42
211	38	56	8	101	38
167	34	60	6	125	40
176	31	74	15	200	40
154	33	56	17	251	250
169	34	50	17	120	38
166	33	52	13	210	115
154	34	64	14	215	105
247	46	50	1	50	50
193	36	46	6	70	31
202	37	62	12	210	120
176	37	54	4	60	25
157	32	52	11	230	80
156	33	54	15	225	73
138	33	68	2	110	43

(1) 체중의 평균, 표준편차, 변이계수를 구하여라.
(2) 허리둘레의 평균과 분산을 구하여라.
(3) 턱걸이회수의 평균과 분산을 구하여라.
(4) 윗몸일으키기의 중위수와 사분위편차를 구하여라.

5. 문제 4의 노스캐롤라이나 자료에서 다음에 답하여라.
(1) 체중과 허리둘레의 공분산을 구하여라.
(2) 턱걸이와 윗몸일으키기 사이의 상관계수를 구하여라.
(3) 턱걸이와 멀리뛰기 사이의 상관계수를 구하여라.

6. 다음과 같은 자료에 대하여 평균편차를 구하는 SAS 프로그램을 작성하라.

3 5 6 5 8 4 5 2 6 6

7. sashelp.class 의 남녀별로 구분된 자료에 대하여 키(height)의 변이계수를 구하기

8. 다음은 A, B, C, D 네 명의 학생의 성적순위 X와 체력순위 Y를 나타낸 것이다. X, Y의 순위상관계수를 구하여라.

학생	A	B	C	D
X	1	2	3	4
Y	3	1	2	4

9. 크기가 n_1 , n_2인 두 자료의 평균이 각각 $\overline{x}_1$, $\overline{x}_2$ 이라고 한다. 두 자료를 합하였을 때의 평균 $\overline{x}$를 구하여라.

10. 두 집단의 산포도를 비교하여 어느 집단이 평균에 밀집되어 있는가를 설명하라.

	평균	표준편차
집단 1	200	30
집단 2	150	25

11. 다음 데이터에 대하여 왜도와 첨도를 구하려고 한다. 빈 칸을 채우고 왜도와 첨도를 구하여라.

번호	x	$(x-\overline{x})^2$	$(x-\overline{x})^3$	$(x-\overline{x})^4$
1	3			
2	5			
3	3			
4	6			
5	8			
통계량	$\overline{x}=$	$\sigma^2=$	$\alpha=$	$\beta=$

12. sashelp.cars 에는 여러 종류의 차종에 관한 정보가 실려있다. 이 중에서 BMW에 대한 자료 중에서 일부 변수만 추출하는 프로그램과 출력결과는 다음과 같다. 다음의 각 문항에 대

하여 답하여라.

변수명	설명
type	차량의 형태
invoice	가격
engine size	배기량(*1000)
horsepower	마력수
mpg_city	도시에서의 1갤런당 주행 마일수
mpg_highway	고속도로에서의 1갤런당 주행 마일수
weight	차량 종 중량(파운드)

```
proc print data=sashelp.cars noobs ;
  where make='BMW' ;
  var type invoice enginesize horsepower mpg_city mpg_highway weight ;
run ;
```

Type	Invoice	Engine Size	Horsepower	MPG_City	MPG_ Highway	Weight
SUV	$33,873	3.0	225	16	23	4023
SUV	$47,720	4.4	325	16	22	4824
Sedan	$26,155	2.5	184	20	29	3219
Sedan	$28,245	2.5	184	20	29	3197
Sedan	$34,800	2.5	184	19	27	3560
Sedan	$27,745	2.5	184	19	27	3461
Sedan	$32,525	3.0	225	20	30	3285
Sedan	$33,890	3.0	225	20	30	3285
Sedan	$34,115	3.0	225	20	29	3483
Sedan	$36,620	2.5	184	19	28	3428
Sedan	$40,530	3.0	225	19	28	3616
Sedan	$41,170	3.0	225	20	30	3472
Sedan	$50,270	4.4	325	18	26	3814
Sedan	$63,190	4.4	325	18	26	4376
Sedan	$66,830	4.4	325	18	26	4464
Sports	$44,170	3.2	333	16	24	3415
Sports	$51,815	3.2	333	16	23	3781
Sports	$31,065	2.5	184	20	28	2932
Sports	$37,575	3.0	225	21	29	2998
Wagon	$30,110	2.5	184	19	26	3594

1) 가격(invoice)의 평균, 표준편차, 표준화변량을 구하여라.
2) 차량중량에 대한 사분위수 Q_1, Q_3를 구하여라.
3) 엔진크기와 도시에서의 1갤런당 주행 마일수 사이의 상관계수를 구하여라.
4) mpg_city와 mpg_highway 간의 산포도를 그려라.

13. 나이팅게일의 자료를 사용하여 장미도표를 그려라.(출처 : R - HistData - Nightingale)

Month	Year	Army	Disease	Wounds	Other	Disease.rate	Wounds.rate	Other.rate
Apr	1854	8571	1	0	5	1.4	0.0	7.0
May	1854	23333	12	0	9	6.2	0.0	4.6
Jun	1854	28333	11	0	6	4.7	0.0	2.5
Jul	1854	28722	359	0	23	150.0	0.0	9.6
Aug	1854	30246	828	1	30	328.5	0.4	11.9
Sep	1854	30290	788	81	70	312.2	32.1	27.7
Oct	1854	30643	503	132	128	197.0	51.7	50.1
Nov	1854	29736	844	287	106	340.6	115.8	42.8
Dec	1854	32779	1725	114	131	631.5	41.7	48.0
Jan	1855	32393	2761	83	324	1022.8	30.7	120.0
Feb	1855	30919	2120	42	361	822.8	16.3	140.1
Mar	1855	30107	1205	32	172	480.3	12.8	68.6
Apr	1855	32252	477	48	57	177.5	17.9	21.2
May	1855	35473	508	49	37	171.8	16.6	12.5
Jun	1855	38863	802	209	31	247.6	64.5	9.6
Jul	1855	42647	382	134	33	107.5	37.7	9.3
Aug	1855	44614	483	164	25	129.9	44.1	6.7
Sep	1855	47751	189	276	20	47.5	69.4	5.0
Oct	1855	46852	128	53	18	32.8	13.6	4.6
Nov	1855	37853	178	33	32	56.4	10.5	10.1
Dec	1855	43217	91	18	28	25.3	5.0	7.8
Jan	1856	44212	42	2	48	11.4	0.5	13.0
Feb	1856	43485	24	0	19	6.6	0.0	5.2
Mar	1856	46140	15	0	35	3.9	0.0	9.1

14. 2017년 하와이에서 열린 롯데클래식 토너먼트에서의 골프선수 성적이 다음과 같았다.

선수	1회전 점수	2회전 점수	1회전 순위	2회전 순위	순위차
1	71	69			
2	73	69			
3	70	69			
4	67	67			
5	67	69			
6	68	69			
7	68	68			
8	69	66			
9	69	71			
10	69	69			
11	68	70			

1) 빈 칸을 완성하라.
2) 순위상관계수를 구하는 프로그램을 작성하라.
3) 순위상관계수는 얼마인가?
4) 실제로 얻은 점수를 이용하여 상관계수를 구하여라.

15. sashelp.baseball 에는 1986년도 미국 메이저리그 야구선수 322명의 연간 자료가 들어있다. 데이터세트 칼럼보기의 레이블에는 각각의 변수에 대한 설명이 있으며 이 중에서 career 라고 설명된 부분은 "현재까지 기록중인"으로 해석하면 된다. 예를 들어 career hits 는 통산안타(현재까지 기록한 안타수) 이다.

1) baseball 데이터세트에서 name, team, natbat(1986년도 타석수), nhits(1986년도 안타수), cratbat, crhits, salary(연봉) 변수만을 데이터세트 base에 저장하는 프로그램을 작성하라.
2) base 데이터세트에서 Atlanta 팀에 속한 선수명단을 출력하는 프로그램을 작성하라.
3) 322명의 연봉을 도수분포표로 만들기 위해서는 몇 개의 계급으로 하여야 하는가? 계급의 수를 계산하는 프로그램을 작성하라.
4) 322명의 야구선수들의 연봉을 도수분포표로 만들어라.
5) 322명의 연봉에 대한 평균, 분산, 중위수를 구하여라.
6) 통산안타와 1986년도 안타와의 상관계수를 구하여라.

제2장 확 률

확률이란 불확실한 상황에서 사건이 발생할 가능성을 수량화한 것이다. 고혈압이 있는 사람은 보험에 가입하기가 무척 까다롭다. 일반인이 보험에 가입했다고 하더라도 나중에 고혈압이 발견되면 보험혜택이 대폭 줄어든다. 보험회사에서는 고혈압이 있는 보험가입자가 사고로 인해 보험금을 수령할 확률이 그렇지 않은 사람보다 높게 보기 때문이다.

최근에 빙판길에서의 자동차 사고에 따른 사망확률이 눈길 사고에서의 사망확률보다 크다는 국토교통부의 발표가 있었다.

이것은 특정한 예이지만 확률과 관련된 것은 우리의 주변에서 흔히 볼 수 있다. 단지 무심코 지나쳤기 때문에 대부분의 사건이 확률과 관련된 것인가를 인지하지 못한 것이다.

도박은 확률과 밀접하게 관련되어 있다. 미래에 어떤 일이 발생할지 모르는 상황에서 선물투자를 하는 것은 고수익을 노리는 도박이다. 선물거래에서는 확률이 낮은 곳에 투자하여 적중시키면 수십 수백 배의 이익을 얻을 수 있기 때문에 많은 사람들이 선물거래에 매달리고 있는 실정이다.

도박이 언제 시작되었는지는 아무도 모른다. 고대의 이집트에서는 동물의 복숭아 뼈를 사면체로 갈아 만든 것으로 스포츠를 하였다고 한다. 로마의 황제 클라디우스는 도박에 관한 최초의 서적인 "주사위 던지기에서 이기는 방법"이라는 것을 저술한 것으로 알려져 있으나 불행히도 이 책은 전해지지 않고 있다.

경주의 안압지에서 출토된 통일 신라 시대의 12면체 주사위인 주령구가 확률과 관련된 것인지는 알려져 있지 않지만 주사위 던지기 게임을 할 때에 각각의 면에 새겨진 벌칙 중에서 강도가 낮은 것을 택하기 위해 노력했을 것으로 추측된다. 다음 그림에서 확인할 수 있듯이 주령구의 면은 사각형과 육각형으로 구성되어 있다. 실제로 14면 중에서 사각형의 면적의 합과 육각형 면적의 합은 거의 동일한 것으로 계산된다. 불행하게도 안압지에서 출토된 주령구는 소실되었으며, 이를 본떠 만든 주령구가 다음의 그림과 같다.

그림-1 주령구

현재 사용하고 있는 주사위 놀이는 중세시대에 보편화되었고, 르네상스 시대의 슈발리에 드 미어(Chevalier De Mere)는 다음과 같은 주사위 던지기 문제를 제안하였다.

(1) 하나의 주사위를 4회 던졌을 때 6의 눈은 얼마나 나타날 것으로 예상할 수 있는가?
(2) 두 개의 주사위를 24회 던졌을 때 6의 눈이 2회 동시에 나타나는 것은 얼마로 예상되는가?

De Mere는 다음과 같이 계산을 하고는, 두 경우의 가능성이 동일하다고 하였다.

첫 번째 경우 = $4 \times \frac{1}{6} = \frac{2}{3}$,　　두 번째 경우 = $24 \times \frac{1}{36} = \frac{2}{3}$

그런데 첫 번째 경우에 돈을 거는 사람이 승률이 높다는 것을 알았다. 문제점이 무엇인가를 알아보기 위해 De Mere는 이러한 문제를 친구인 파스칼(B. Pascal)에게 질문하였다. 당시 파스칼은 다른 분야에 탐닉해 있어서 수학을 그만 둔 상태였으므로 난관에 봉착하였다. 그래서 파스칼은 De Mere로부터 받은 질문을 동료인 페르마(P. De Fermat)에게 편지로 보냈다. 이로부터 근대의 확률론이 태동하게 되었다.

[예제-1] 드 미어(De Mere)의 주사위 던지기 문제에 대한 각각의 확률을 구하여라.

[해] (1) $1-(\frac{5}{6})^4$ = 0.518　　(2) $1-(\frac{35}{36})^{24}$ = 0.491

일상생활이나 여러 가지 실험연구 또는 연구조사 등에서 결과를 처음부터 단정할 수 없는 경우는 흔히 발생한다. 어떤 사건이 일어날 가능성을 수량적으로 나타내려면 어떻게 하는 것이 좋으며, 그것이 어떠한 성질을 갖고 있는가에 이론적인 체계를 세운 것이 확률론이다.

1. 표본공간과 사상

주사위를 던진다든지 주머니에서 1개의 공을 꺼내는 실험을 행하는 것을 확률론에서는 시행(Trial)이라고 한다.

[정의-1] 시행에 의해 일어날 수 있는 가능한 모든 결과로 만들어진 집합을 표본공간(Sample Space)이라 하고 표본공간의 부분집합을 사상(Event)이라 한다. 일반적으로 표본공간은 S, 사상은 영문대문자로 나타낸다.

> **[정의-2]** 표본공간의 단 하나의 원으로 된 부분집합을 근원사상(Elementary Outcome)이라 한다.

이제부터 표본공간과 관련된 예를 들어보기로 한다.

[예제-2] 한 개의 주사위를 던졌을 때 나타난 눈(찍힌 점)의 수를 관찰하는 시행에서의 표본공간을 구하여라.
[해] $S=\{1,2,3,4,5,6\}$

[예제-3] 5개의 동전을 던졌을 때, 앞면이 나타난 개수를 관찰하는 시행에서의 표본공간은 무엇인가?
[해] $S=\{0,1,2,3,4,5\}$

[예제-4] 1,000개 중에 3개의 불량품이 들어있는 용수철 중에서 5개의 용수철을 뽑았을 때, 불량품의 개수를 관찰하는 시행에서의 표본공간은 무엇인가?
[해] $S=\{0,1,2,3\}$

[예제-5] 동전을 동시에 2개 던졌을 때 나타나는 표면의 개수를 관찰하는 시행에서 표본공간과 근원사상은 무엇인가?
[해] 표본공간 : $S=\{0,1,2\}$, 근원사상 : $\{0\},\{1\},\{2\}$

사상(event)은 표본공간의 부분집합이므로, 결국 사상의 연산은 집합의 연산을 하는 것과 동일하다.

[예제-6] 주사위를 1회 던지는 경우에서 사상 A는 짝수의 눈이 나타나는 것이고 사상 B는 4 이하의 눈이 나타나는 것이고 사상 C는 5이상의 눈이 나타나는 것이라고 할 때 다음에 답하여라.

(i) A 또는 B가 일어나는 사상
(ii) A와 B가 동시에 일어나는 사상
(iii) B와 C가 동시에 일어나는 사상

[해] $A=\{2,4,6\}$, $B=\{1,2,3,4\}$, $C=\{5,6\}$ 이다. 따라서

(ⅰ) $A \cup B = \{2,4,6\} \cup \{1,2,3,4\} = \{1,2,3,4,6\}$
(ⅱ) $A \cap B = \{2,4,6\} \cap \{1,2,3,4\} = \{2,4\}$
(ⅲ) $B \cap C = \{1,2,3,4\} \cap \{5,6\} = \varnothing$

2. 확률

라플라스(Laplace)는 각각의 근원사상이 일어날 가능성이 같은 경우(equally likely)에 다음과 같이 확률을 정의하였다.

[정의-3] N개의 원소로 구성된 표본공간 S가 주어졌을 때, m개의 단순사상 A가 일어날 확률(Probability)은 다음과 같이 정의한다.

$$P(A) = \frac{m}{N}$$

모든 근원사상의 확률을 더하면 1 이 된다. 또한 발생할 수 없는 사상의 확률은 0 이므로 확률은 0부터 1사이의 값을 갖는다.

[예제-7] 두 개의 동전을 던졌을 때, 모두 앞면이 나타날 확률은 얼마인가?
[해] 동전을 던졌을 때 나타나는 앞면을 H, 뒷면을 T 라고 하자. 그러면

표본공간 $S = \{HH, HT, TH, TT\}$
모두 앞면인 사상 : $\{HH\}$

이다. 따라서 확률은 0.25 이다.

[정의-4] 사상 A, B에 대해 $A \cap B = \varnothing$이면 A, B는 상호배반사상(Mutually Exclusive event)이라 한다.

확률의 공리 [1)]
공리 1. $0 \le P(A) \le 1$
공리 2. $P(S) = 1$
공리 3. $A_1, A_2, \cdots$ 이 상호배반인 사상이면 $P(A_1 \cup A_2 \cup \cdots \cup A_n) = \sum_{i=1}^{n} P(A_i)$

1) 어떠한 논리적 체계를 구성할 때, 가장 기본이 되는 명제들을 증명 없이 받아들이기로 하고 사용하는 것.

[예제-8] 균질인 주사위를 던졌을 때 나온 눈이 4 또는 5일 확률은 얼마인가?
[해] A 는 4가 나타나는 사상, B 는 5가 나타나는 사상이라고 하자. 두 개의 사상 A , B 는 상호배반이므로

$$P(A \text{ 또는 } B) = P(A \cup B) = P(A) + P(B) = \frac{1}{6} + \frac{1}{6} = \frac{1}{3}$$

3개의 공리는 확률에 관한 다양한 결과들을 증명하는데 사용된다. 예를 들면, A와 A^c 는 항상 상호배반이므로

$$1 = P(S) = P(A \cup A^c) = P(A) + P(A^c)$$

가 성립한다. 따라서 다음과 같은 여사상의 확률이 만들어진다.

> **[정리-1]** 사상 A의 여집합을 A^c라고 하면 다음과 같은 여사상의 확률이 성립한다.
> $P(A^c) = 1 - P(A)$

[예제-9] A, B 두 명의 포수가 과녁을 명중시킬 확률은 각각 $\frac{3}{4}$, $\frac{1}{3}$이라 한다. 적어도 하나의 과녁에 명중시킬 확률은 얼마인가?
[해] A 가 명중, B가 명중, 두 사람이 동시에 명중인 확률을 더하면 된다. 이것은 번거롭기 때문에 여사건의 확률을 이용하는 것이 편리하다.

$$P(\text{적어도 한명은 명중}) = 1 - P(\text{둘 다 불발}) = 1 - \frac{1}{4} \times \frac{2}{3} = \frac{5}{6}$$

> **[정리-2]** 임의의 두 사상 A, B 에 대해 다음 식이 성립한다.
> $P(A \cup B) = P(A) + P(B) - P(A \cap B)$

[예제-10] 1부터 20까지의 자연수 중에서 임의로 하나를 뽑을 때, 2 또는 3의 배수가 뽑힐 확률을 구하여라.
[해] A는 2의 배수인 사상이고 B는 3의 배수인 사상이라고 하면 $A \cap B$는 6의 배수인 사상이다. 따라서

$$P(A) = \frac{10}{20}\ ,\ P(B) = \frac{6}{20}\ ,\ P(A \cap B) = \frac{3}{20}$$

이므로

$$P(A \cup B) = P(A) + P(B) - P(A \cap B) = \frac{10}{20} + \frac{6}{20} - \frac{3}{20} = \frac{13}{20}$$

3. 조건부확률과 독립

> [정의-5] 사상 E가 일어났을 때, 사상 A가 일어나는 확률을 E에 대한 A의 조건부확률(Conditional Probability)이라 하고, 이것을 $P(A|E)$로 표시하고 다음과 같이 정의한다.
>
> $$P(A|E) = \frac{P(A \cap E)}{P(E)}$$

[예제-11] 2개의 주사위를 던졌을 때, 나타난 눈의 합이 6이면서 주사위 하나가 2인 눈이 나올 확률을 구하여라.

[해] 눈의 합이 6인 사상을 E, 2의 눈이 나타날 사상을 A라고 하면

$$E = \{(1,5),(2,4),(3,3),(4,2),(5,1)\}$$
$$A \cap E = \{(2,4),(4,2)\}$$

따라서

$$P(A|E) = \frac{P(A \cap E)}{P(E)} = \frac{2}{5}$$

[예제-12] 불량품 20개, 양품 80개로 구성된 로트에서 임의로 2개를 연속하여 추출할 때 둘 다 불량품일 확률을 구하여라.

[해] A는 첫 번째 제품이 불량품인 사상이고 B는 두 번째 제품이 불량품인 사상이라고 하면 조건부확률의 정의로부터

$$P(A \cap B) = P(B|A)P(A) = \frac{19}{99} \times \frac{1}{5} = \frac{19}{495}$$ 2)

---

2) 조건부확률을 이용하지 않더라도 확률의 계산이 가능하다. 예제는 100개 중에서 2개를 뽑을 때, 불량품 20개 중에서 2개 뽑는 확률이므로 $\frac{{}_{20}C_2}{{}_{100}C_2} = \frac{190}{4950}$

[예제-13] 다음은 어느 회사 종업원들을 학력(A)과 직종(B)의 두 변수로 분류해 놓은 결합확률분포표이다. 생산직에 근무하는 직원이 대졸 이상일 확률을 구하여라.

표-1 학력과 직종

학력 \ 직종	고졸 이하(A_1)	대졸 이상(A_2)	합 계
생산직(B_1)	0.5	0.2	0.7
사무직(B_2)	0.1	0.2	0.3
합 계	0.6	0.4	1.0

[해] 구하려는 확률은 $P(A_2 | B_1)$ 이다. 따라서 $P(A_2 | B_1) = \dfrac{P(A_2 \cap B_1)}{P(B_1)} = \dfrac{0.2}{0.7} = 0.29$

> [정의-6] 임의의 두 사상 A, B에 대해 $P(B) > 0$일 때 $P(A | B) = P(A)$가 성립하면 두 사상 A, B는 독립(Independence)이라 한다.

> [정리-3] 2개의 사상 A와 B가 독립이면 $P(A \cap B) = P(A)P(B)$이고, 역도 성립한다.

[예제-14] 1개의 동전을 3번 던져서 다음과 같은 표본공간을 얻었다.

$$S = \{HHH, HHT, HTH, HTT, THH, THT, TTH, TTT\}$$

A={첫 번째 던진 것이 표면}, B={두 번째 던진 것이 표면}, C={연속하여 2번이 표면} 인 사상이라고 정의할 때 각각의 사상이 독립인 가를 알아보라.

[해] 이제 다음과 같이 각각의 확률을 계산하여 보자.

$$P(A) = P(\{HHH, HHT, HTH, HTT\}) = \frac{4}{8} = \frac{1}{2}$$

$$P(B) = P(\{HHH, HHT, THH, THT\}) = \frac{4}{8} = \frac{1}{2}$$

$$P(C) = P(\{HHT, THH\}) = \frac{2}{8} = \frac{1}{4}$$

$$P(A \cap B) = P(\{HHH, HHT\}) = \frac{1}{4}$$

$$P(A \cap C) = P(\{HHT\}) = \frac{1}{8}$$

$$P(B \cap C) = P(\{HHT, THH\}) = \frac{1}{4}$$

그러면

$$P(A)P(B) = \frac{1}{2}\times\frac{1}{2} = \frac{1}{4} = P(A\cap B)$$

$$P(A)P(C) = \frac{1}{2}\times\frac{1}{4} = \frac{1}{8} = P(A\cap C)$$

$$P(B)P(C) = \frac{1}{2}\times\frac{1}{4} = \frac{1}{8} \neq P(A\cap B)$$

따라서 A와 B, A와 C는 독립사상이고, B와 C는 종속사상이다.

[예제-15] 2개의 동전을 던질 때, 다음과 같은 사상 A, B, C의 독립을 알아보라.

A: {첫 번째 동전이 표면}
B: {두 번째 동전이 표면}
C: {2개 중 하나만 표면}

[해] 표본공간은 $S=\{HH, HT, TH, TT\}$이다. 여기서 H는 앞면, T는 뒷면을 나타낸다.

$$P(A) = P(B) = P(C) = \frac{1}{2}$$

$$P(A\cap B) = P(\{HH\}) = \frac{1}{4} = P(A)P(B)$$

$$P(B\cap C) = P(\{TH\}) = \frac{1}{4} = P(B)P(C)$$

$$P(A\cap C) = P(\{HT\}) = \frac{1}{4} = P(A)P(C)$$

따라서 두 개씩 짝지었을 때는 독립이다. 그러나

$$P(A\cap B\cap C) = P(\varnothing) = 0 \neq P(A)P(B)P(C)$$

이므로 3개의 사상 A, B, C는 독립이 아니다.

4. 베이즈(Bayes)의 정리

다음 그림과 같은 표본공간 S의 분할 $\{A_1, A_2, \cdots A_n\}$을 생각해보자. 빗금친 부분 B는

$$B = S\cap B = (A_1\cup A_2\cup \cdots \cup A_n)\cap B = (A_1\cap B)\cup(A_2\cap B)\cup\cdots\cup(A_n\cap B)$$

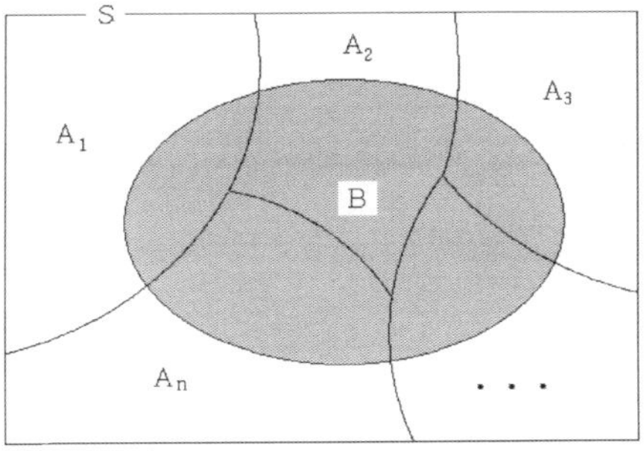

그림-2 베이즈의 정리

이므로

$$P(B) = P(A_1 \cap B) + P(A_2 \cap B) + \cdots + P(A_n \cap B)$$
$$= P(A_1)P(B|A_1) + P(A_2)P(B|A_2) + \cdots + P(A_n)P(B|A_n)$$

가 된다. B가 주어졌을 때 A_i의 조건부확률은 정의에 의해

$$P(A_i|B) = \frac{P(A_i \cap B)}{P(B)} = \frac{P(A_i)P(B|A_i)}{P(B)}$$

이로부터 다음과 같은 Bayes 정리가 만들어진다.

[정리-4] 표본공간 S의 분할집합을 $\{A_1, A_2, \cdots A_n\}$ 이라하고 B를 S의 임의의 사상이라고 하면 어떤 $i(1 \leq i \leq n)$ 에 대하여 다음이 성립한다.

$$P(A_i|B) = \frac{P(A_i)P(B|A_i)}{P(A_1)P(B|A_1) + P(A_2)P(B|A_2) + \cdots + P(A_n)P(B|A_n)}$$

[예제-16] A 대학교의 학생의 구성비는 남학생이 60%, 여학생이 40%이다. 그런데 남학생의 70%와 여학생의 20%가 담배를 피우는 것으로 알려졌다. 전체학생 중에서 학생 한명을 뽑았을 때, 그 학생이 담배를 피우는 여학생일 확률을 구하여라.

[해] 다음과 같은 사상을 고려해보자.

B: 뽑힌 학생이 남학생인 사상
G: 뽑힌 학생이 여학생인 사상
S: 뽑힌 학생이 담배를 피우는 사상
N: 뽑힌 학생이 담배를 피우지 않는 사상

그러면 $P(S|B)=0.7$, $P(S|G)=0.2$, $P(B)=0.6$, $P(G)=0.4$ 이다. 구하는 확률은

$$P(G|S)=\frac{P(G\cap S)}{P(S)}=\frac{P(G)P(S|G)}{P(G)P(S|G)+P(B)P(S|B)}$$

$$=\frac{0.4\times0.2}{0.4\times0.2+0.6\times0.7}=0.16$$

Bayes 정리는 수식으로 값을 계산하는 것보다는 그림으로 나타내면 쉽게 이해된다. 사각형은 남녀학생의 비율이고, 타원은 담배를 피우는 학생을 나타낸 것이다. 주어진 문제는 담배를 피우는 학생(타원) 중에서 여학생의 비율을 구하는 것과 동일하다. 그림에서 타원의 넓이는 $0.6\times0.7+0.4\times0.2=0.48$ 이다.

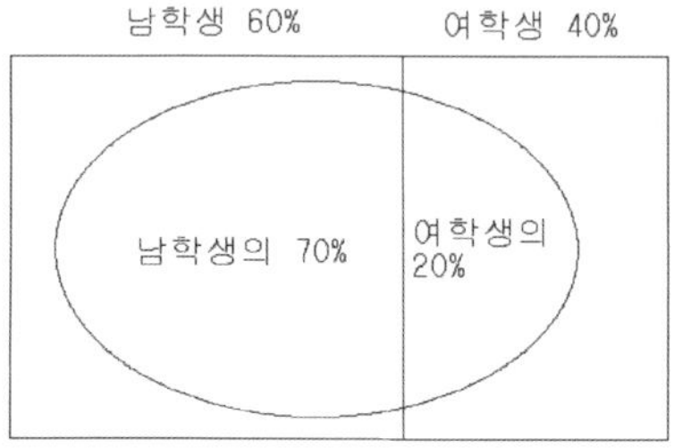

그림-3 성별-흡연 비율

[예제-17] 어떤 공장의 3대의 기계 A, B, C는 제품의 50%, 30%, 20%를 생산하고 있다. 이들 기계의 불량품 생산비율은 3%, 4%, 5%라고 한다. 생산된 제품 중에서 1개의 제품을 임의로 뽑았을 경우 다음 확률을 구하여라.

(ⅰ) 뽑힌 제품이 불량품일 확률
(ⅱ) 뽑힌 제품이 불량품일 때, 그것을 기계 A가 생산하였을 확률

[해] X를 뽑힌 제품이 불량품인 사상을 나타낸다고 하자.

(ⅰ) $P(X)=P(A)P(X|A)+P(B)P(X|B)+P(C)P(X|C)$

$$=0.5\times0.03+0.3\times0.04+0.2\times0.05$$

$$=0.037$$

(ⅱ) 그림-4를 통해 주어진 확률을 계산해본다. 가운데 타원의 전체 넓이가 0.037이고, 그 중에서 A에 포함되는 타원의 넓이는 $0.5\times0.03=0.015$ 이므로 주어진 확률은 $\dfrac{0.015}{0.037}=0.4054$ 이다.

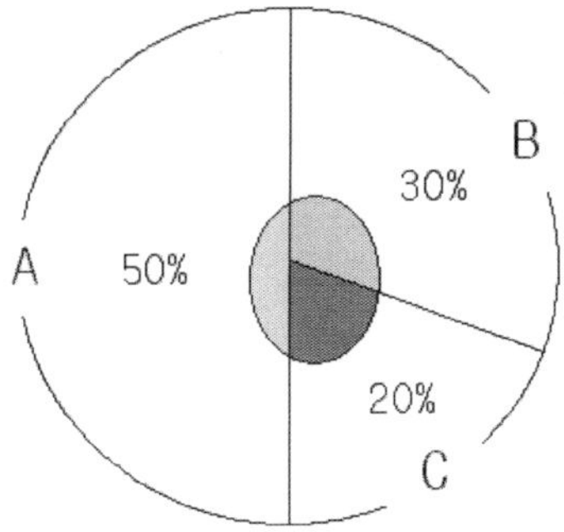

그림-4 기계별 불량품의 비율

5. 복합시행의 독립

2개의 시행 T_1, T_2의 표본공간을

$$\Omega_1 = \{a_1, a_2, \cdots, a_m\}$$
$$\Omega_2 = \{b_1, b_2, \cdots, b_n\}$$

이라 하면 T_1, T_2는 복합시행의 표본공간 Ω는 다음과 같이 표시한다.

$$\Omega = \Omega_1 \times \Omega_2$$

> [정의-7] T_1, T_2의 복합시행에 의한 표본공간 Ω가 $\Omega = \{(a_1,b_1),(a_1,b_2),\cdots,(a_m,b_n)\}$ 일 때 임의의 단순사상 $\{(a_i,b_j)\}$의 확률이 $P(\{a_i,b_j\}) = P(\{a_i\}) \cdot P(\{b_j\})$을 만족하는 시행 T_1, T_2를 독립이라 한다.

[예제-18] 1개의 동전을 던지는 시행을 2회 반복할 때의 다음 확률을 구하여라.

(i) 처음에 앞면, 다음에 뒷면이 나오는 사상
(ii) 적어도 1회는 표면이 나오는 사상

[해] 동전을 1회 던지는 시행의 표본공간은 $\Omega_1 = \Omega_2 = \{H, T\}$ 이다. 따라서 2회 시행을 하였을 때의 표본공간은

$$\Omega = \Omega_1 \times \Omega_2 = \{H, T\} \times \{H, T\} = \{(H,H),(H,T),(T,H),(T,T)\}$$

이다. 두 개의 시행은 독립이므로

$$\text{(i)}\ P(\{H,T\}) = P(\{H\}) \times P(\{T\}) = \frac{1}{2} \times \frac{1}{2} = \frac{1}{4}$$

$$\text{(ii)}\ P(\{H,H\},\{H,T\},\{T,H\}) = P(\{H,H\}) + P(\{H,T\}) + P(\{T,H\}) = \frac{1}{4} + \frac{1}{4} + \frac{1}{4} = \frac{3}{4}$$

[예제-19] 3마리의 말 A, B, C가 경주를 할 때 우승확률은 각각 $\frac{1}{2}, \frac{1}{3}, \frac{1}{6}$이다. 말들이 2회의 경주를 할 때, 1차 경주에서는 C가 우승하고 2차 경주에서는 A가 우승할 확률을 구하여라.

[해] 말들이 2차례 경주를 하므로 2회 반복시행에서의 표본공간은

$$\begin{aligned} \Omega &= \Omega_1 \times \Omega \\ &= \{a,b,c\} \times \{a,b,c\} \\ &= \{(a,a), (a,b), (a,c), (b,a), (b,b), (b,c), (c,a), (c,b), (c,c)\} \end{aligned}$$

와 같고 1차 경주와 2차 경주는 독립이므로 구하는 확률은 다음과 같다.

$$P\{(c,a)\} = P\{(c)\} \times P\{(a)\} = \frac{1}{6} \times \frac{1}{2} = \frac{1}{12}$$

▸ ▸ ▶ 연습문제 ◀ ◂ ◂

1. 6명의 투수와 10명의 내야수, 8명의 외야수가 있는 야구팀에서 1명의 투수와 5명의 내야수 그리고 3명의 외야수를 뽑는 방법은 몇 가지가 있는가?

2. 동전을 4번 던졌을 때, 앞면이 2회 나오는 확률을 구하여라.

3. 주머니 속에 3개의 검은 공과 4개의 흰 공이 들어있다. 이 중에서 4개의 공을 추출할 때, 그 중에서 검은 공이 2개는 반드시 뽑히는 시행에서 다음 확률을 구하여라.
(1) 공을 1개씩 복원추출하는 경우
(2) 공을 1개씩 비복원추출하는 경우

4. 두 개의 주사위를 던질 때 눈의 곱이 7과 13 사이에 있을 확률을 구하여라.

5. 5발을 발사하여 평균 3발을 명중시키는 사수가 있다.
(1) n발을 발사하여 1발도 명중하지 않을 확률 p_1을 구하여라.
(2) n발을 발사하였을 때 적어도 k발이 명중할 확률 p_2를 구하여라.

6. 남자 아이가 태어날 확률은 0.51 이다. 4명의 아기가 있는 가정에서 다음 확률을 구하여라.
(1) 1명만 남자일 확률
(2) 1명만 남자일 확률
(3) 적어도 1명이 남자일 확률
(4) 적어도 1명이 여자일 확률

7. 어떤 기계가 생산하는 제품 중에는 평균 15%의 불량품이 나오고 있다. 지금 10개의 제품을 임의로 추출하였을 때 다음 확률을 구하여라.
(1) 불량품이 포함되어 있지 않을 확률
(2) 적어도 1개의 불량품이 포함되어 있을 확률

8. 1개의 주사위를 던질 때 홀수의 눈이 나오는 사상을 A, 5 이상의 눈이 나오는 사상을 B라 한다. 이 때 조건부확률 $P(B|A)$를 구하여라.

9. 주머니에 3개의 흰공과 4개의 붉은 공이 들어있다. 여기서 1개씩 차례로 2개를 뽑을 때 처음에 흰공, 나중에 붉은 공이 뽑힐 확률은 얼마인가?

10. $P(A|B)=0.6$, $P(B|A)=0.3$ 일 때 $P(B)$의 범위를 구하여라.

11. 수직선 상의 원점을 출발하여 각 회에 +1 이나 -1 만큼 이동하는 점이 있다. 단, 각 회에 +1 만큼 이동하는 확률을 p, -1 만큼 이동하는 확률을 $(1-p)$라 한다. $2n$ 회째에 원점으로 돌아가 있을 확률을 구하여라.

12. 어떤 질병은 1,000명 중에 한 명꼴로 걸린다고 한다. 그리고 질병에 걸린 사람에게 검출시약을 사용하였을 때 양성반응을 나타나 질병에 걸린 것을 찾을 확률이 0.99임이 알려져 있다. 건강한 사람에게 검출시약을 사용하였을 때 양성반응이 나타날 확률이 0.05라고 한다. 그렇다면 건강한 사람을 질병에 걸린 것으로 진단할 확률은 얼마인가?

제3장 확률분포

1. 확률변수

동전의 앞면을 H, 뒷면을 T라고 하자. 동전을 두 번 던지는 시행을 하면 표본공간은 $\{HH, HT, TH, TT\}$이다. 만일 함수 X를 앞면의 개수라고 정의하면 X가 취하는 값은 0,1,2가 된다. 이를 수직선을 이용한 그림으로 나타내면 다음과 같다.

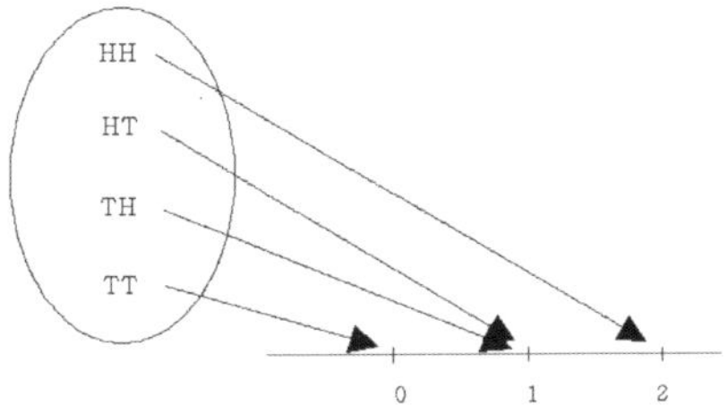

그림-1 확률변수의 실수값 대응

> [정의-1] 표본공간의 각 원소를 하나의 실수값으로 대응시키는 함수를 확률변수(Random Variable)라고 하고, 확률변수의 각 값에 확률을 대응시킨 것을 확률분포(Probability Distribution)라 한다. 일반적으로 확률변수는 영문대문자로 표시하며, 확률변수가 취하는 값은 영문소문자로 나타낸다.

[예제-1] 상자 속에 흰 공 4개, 붉은 공 3개가 들어있다. 2개의 공을 임의추출할 때의 확률변수 X를 '흰 공의 개수'라고 할 때 X의 값을 구하여라.

[해] X가 취할 수 있는 값은 0, 1, 2 이다.

[예제-2] 동전 2개 던지기 실험에서 '앞면의 개수'를 확률변수 X로 정의할 때의 확률분포표를 구하여라.

[해] X가 취할 수 있는 값은 0, 1, 2 이다.

표-1 동전 2회 던지기에서의 확률분포표

x	0	1	2
$P(X=x)$	0.25	0.50	0.25

[예제-3] 2개의 주사위를 던지는 시행에서 '나타난 눈의 합'으로 확률변수 X를 정의할 때, X의 확률분포표를 구하여라.

[해] 2개의 주사위를 던졌을 때 나타날 수 있는 경우의 수는 36가지이다. 예를 들어 눈의 합이 5인 경우는 $\{1,4\},\{2,3\},\{3,2\},\{4,1\}$의 4가지이므로 전체의 확률분포표는 다음과 같다.

표-2 주사위를 2회 던졌을 때의 확률분포표

x	2	3	4	5	6	7	8	9	10	11	12
$P(X=x)$	$\frac{1}{36}$	$\frac{2}{36}$	$\frac{3}{36}$	$\frac{4}{36}$	$\frac{5}{36}$	$\frac{6}{36}$	$\frac{5}{36}$	$\frac{4}{36}$	$\frac{3}{36}$	$\frac{2}{36}$	$\frac{1}{36}$

2 이산확률분포

> [정의-2] 확률변수 X가 취할 수 있는 값을 $x_1, x_2, \cdots x_i, \cdots, x_n$이라고 하자. 이 때 X가 x_i를 취할 확률이 $P(X=x_i)=f(x_i)$로 표시되면 X는 이산확률분포를 한다고 한다.

여기서 $f(x_i)$는 X의 확률질량함수(probability mass function) 또는 확률함수라고 부른다. 확률함수는 다음과 같은 두 조건을 만족한다.

(i) $f(x_i) \geq 0$, 모든 i에 대해

(ii) $\sum_{i=1}^{n} f(x_i) = 1$

확률변수 X의 확률분포상태를 파악하려면 확률분포를 그려보면 된다. 예를 들어,

표-3 확률분포표

x	1	2	3	4
$P(X=x)$	0.125	0.25	0.50	0.125

이러한 확률분포표를 확률기둥그래프로 그리기 위해 <<프로그램 2-1>>을 실행시킨 결과, 그림-2 가 얻어진다.

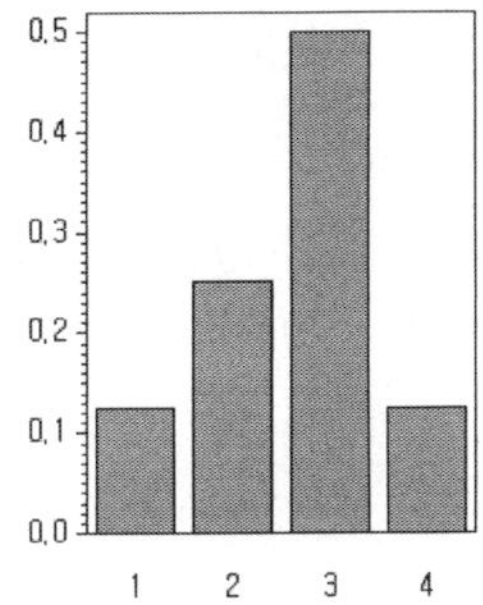

그림-2 확률기둥그래프

확률기둥그래프는 각 직사각형의 넓이가 x값에 대응하는 확률을 나타낸다. 실제로 그림에서 직사각형의 밑변의 길이는 1이므로 이를 확인할 수 있다.

[예제-4] 2개의 주사위를 동시에 던지는 시행에서 표본공간을 정의하여라. 그리고 '나타난 두 눈 중에서 큰 것'을 나타내는 확률변수를 X라고 할 때 X의 확률분포를 구하여라.

[해] 표본공간은 S = { (1,1), (1,2), (1,3), (1,4), ... , (6,5), (6,6) } 이다. 그리고, 확률변수 X가 취할 수 있는 값의 집합은 { 1, 2, 3, 4, 5, 6 } 이므로 각각에 대한 확률분포를 계산하여보자.

$$f(1) = P(X=1) = P((1,1)) = \frac{1}{36}$$

$$f(2) = P(X=2) = P((1,2),(2,2),(2,1)) = \frac{3}{36}$$

$$f(3) = P(X=3) = P((1,3),(2,3),(3,3),(3,2),(3,1)) = \frac{5}{36}$$

$$f(4) = P(X=4) = \frac{7}{36}$$

$$f(5) = P(X=5) = \frac{9}{36}$$

$$f(6) = P(X=6) = \frac{11}{36}$$

따라서 X의 확률분포표는 다음과 같다.

표-4 주사위 2회 던지기에서 큰 눈 출현에 대한 확률분포표

x	1	2	3	4	5	6
$P(X=x)$	$\frac{1}{36}$	$\frac{3}{36}$	$\frac{5}{36}$	$\frac{7}{36}$	$\frac{9}{36}$	$\frac{11}{36}$

[예제-5] 복권을 1,000장 발매하였는데, 1000만원 당첨권이 1장, 500만원 당첨권이 4장, 400만원 당첨권이 5장, 100만원 당첨권이 10장 들어있다고 한다. 확률변수 X를 당첨금액이라고 할 때, X의 확률분포를 구하여라.
[해] 당첨권이 모두 20장이므로 낙첨이 980장이 있다. 이제 당첨금액별 확률값을 구해보면 다음과 같다.

$P(X=1000\text{만})$ = 0.001 , $P(X=500\text{만})$ = 0.004
$P(X=400\text{만})$ = 0.005 , $P(X=100\text{만})$ = 0.010
$P(X=0)$ = 0.980

따라서 확률분포표는 다음과 같다.

표-5 복권당첨 확률분포표

x	0	100만	400만	500만	1000만
$P(X=x)$	0.980	0.010	0.005	0.004	0.001

[예제-6] 5개의 흰공, 4개의 검은공이 담긴 항아리에서 3개의 공을 뽑을 때 '흰공의 수'를 확률변수 N 이라고 할 때 확률분포표를 구하여라.
[해] 확률변수가 취할 수 있는 값은 0, 1, 2, 3 이다.

표-6 항아리에서 공을 뽑을 때의 확률분포표

n	0	1	2	3
$P(N=n)$	$\frac{\binom{5}{0}\binom{4}{3}}{\binom{9}{3}}$	$\frac{\binom{5}{1}\binom{4}{2}}{\binom{9}{3}}$	$\frac{\binom{5}{2}\binom{4}{1}}{\binom{9}{3}}$	$\frac{\binom{5}{3}\binom{4}{0}}{\binom{9}{3}}$

여기서 $\binom{9}{3}$은 9개의 공에서 3개를 뽑는 방법이며 총 84가지의 방법이 존재한다.

3. 연속확률분포

연속확률변수는 이산적인 점의 값(Point Value)을 취하는 것이 아니고 연속적인 구간의 값(Interval Value)을 취한다.

X가 어떤 구간의 값을 취하는 연속확률변수라 하자. 집합 $\{a \le X \le b\}$는 표본공간상의 한 사상이면, 그 확률은 $P(a \le X \le b)$로 표시한다. $P(a \le X \le b)$는 폐구간 $[a,b]$ 사이에서의 연속함수 $f(x)$의 넓이이며 적분기호를 사용하면

$$P(a \leq X \leq b) = \int_a^b f(x)dx$$

이고, 그림으로 나타내면 다음과 같다.

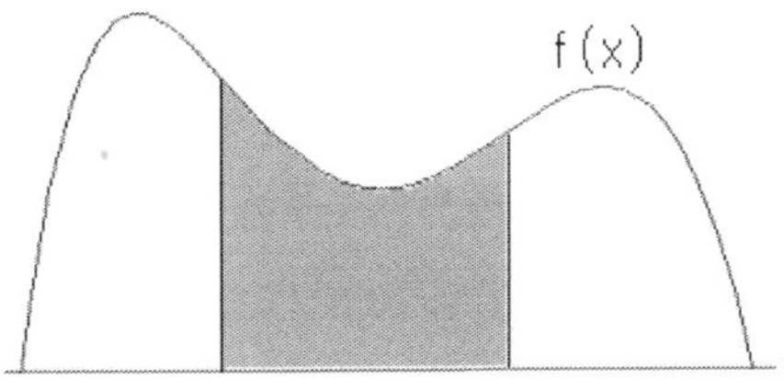

그림-3 구간 [$[a, b]$에서의 확률

[정의-3] 연속확률변수 X의 사상 $\{a \leq X \leq b\}$의 확률이

$$P(a \leq X \leq b) = \int_a^b f(x)dx$$

일 때, $f(x)$를 확률밀도함수(Probability Density Function)라 한다.

연속확률변수 X의 확률밀도함수 $f(x)$의 성질은 다음과 같다.

1) $\int_{-\infty}^{+\infty} f(x)dx = 1$

2) $P(a \leq X \leq b) = \int_a^b f(x)dx$

3) $f(x) \geq 0$

[예제-7] 확률밀도함수가 $f(x) = \frac{3}{4}(1-x^2)$ $(-1 \leq x \leq 1)$일 때, 다음 확률 계산을 하라.

(i) $P(-1 \leq x \leq -0.5)$
(ii) $P(-0.5 \leq x \leq 0.5)$

[해] (i) $\int_{-1}^{-0.5} \frac{3}{4}(1-x^2)dx = 0.15625$

(ii) $\int_{-0.5}^{0.5} \frac{3}{4}(1-x^2)dx = 0.6875$

[예제-8] 확률밀도함수가 다음과 같을 때, $P(X \leq a) = \frac{1}{4}$을 만족하는 양의 정수 a의 값을 구하여라.

$$f(x) = \begin{cases} x^3, & 0 \leq x \leq \sqrt{2} \\ 0, & \text{그 밖의 구간} \end{cases}$$

[해] $P(X \leq a) = \int_0^a x^3 dx = \left[\frac{x^4}{4} \right]_0^a = \frac{a^4}{4}$

따라서 $\frac{a^4}{4} = \frac{1}{4}$의 관계식이 만들어지므로 $a = 1$이 된다.

[예제-9] 전화 통화시간을 X라 하면 확률변수 X는 다음과 같은 확률밀도를 갖는다고 한다.

$$f(x) = \begin{cases} Ce^{-x/5}, & x > 0 \\ 0, & x \leq 0 \end{cases}$$

(i) $f(x)$가 확률밀도함수가 되도록 C 값을 구하여라.
(ii) 전화통화 길이가 5분 이내일 확률을 구하여라.
(iii) 통화가 b분 이상인 사상을 $A(b)$라 할 때, $P(A(a+b)|A(a)) = P(A(b))$임을 증명하라.

[해] (i) $\int_{-\infty}^{\infty} f(x)dx = C\int_0^{\infty} e^{-x/5}dx = -5C\left[e^{-x/5}\right]_0^{\infty} = 5C = 1$

$\therefore$ $C = 0.2$ 이다.

(ii) $\frac{1}{5}\int_0^5 e^{-x/5}dx = \frac{1}{5}\left[-5e^{-x/5}\right]_0^5 = 1 - \frac{1}{e} \cong 0.6321$

(iii) $P(A(b)) = \frac{1}{5}\int_b^{\infty} e^{-x/5}dx = \frac{1}{5}\left[-5e^{-x/5}\right]_b^{\infty} = e^{-b/5}$

$$\therefore P(A(a+b)|A(a)) = \frac{P(A(a) \cap A(a+b))}{P(A(a))} = \frac{P(A(a+b))}{P(A(a))} = \frac{e^{-(a+b)/5}}{e^{-a/5}} = e^{-b/5}$$

(iii)은 중요한 의미를 갖는다. 이미 a분 동안 통화를 하고 있다는 조건하에서의 통화의 길이가 $(a+b)$분 이상이 될 조건부 확률은 지금 시작한 통화의 길이가 b분 이상이 될 확률과 같다. 즉, 지금까지의 통화 길이는 이제부터의 통화 길이와 무관함을 알 수 있다.

4. 기대값과 분산

기대값과 관련된 재미있는 일화로 합리적 기대가설이 있다. 경제학의 기대이론 중 하나로

경제주체들은 현재 이용 가능한 모든 정보를 이용하여 미래를 예측한다는 가설이다. 이 가설을 거시경제학에 적용한 사람은 로버트 루카스(Robert Lucas)이다. 루카스는 1989년에 이혼을 하면서 이혼합의서에 "만일 1995년 이전에 노벨상을 받으면 상금을 반으로 나눈다"라는 조항을 넣었다고 한다. 이것은 부인인 리타가 제안한 것이었고, 당시에 음악에 몰두하였던 루카스는 음향기기와 레코드판을 갖는 조건으로 합의서에 서명을 하였다. 루카스는 합리적 기대가설을 발전시키고 거시경제학에 적용한 공로를 인정받아 1995년에 노벨경제학상을 수상하였고, 결국은 상금 100만불의 절반인 50만불을 부인에게 지불하여야 했다.

기대값은 이론적인 값이라고 할 수 있다. 예를 들어, 주사위를 600번 던지면 각각의 눈은 이론상으로 100번씩 나타날 것으로 기대되는 것과 마찬가지이다. 하지만 실제로 주사위를 던졌을 때 각각이 100번씩 나타나기는 정말 어려운 상황이다.

[정의-4] 확률변수 X의 기대값(Expected Value)은 $E(X)$ 로 나타내며 다음과 같이 정의한다.

X가 이산형 확률변수일 때 $E(X) = \sum_{\text{모든} i} x_i f(x_i)$

X가 연속형 확률변수일 때 $E(X) = \int_{-\infty}^{\infty} x f(x) dx$

확률변수의 함수에 대한 기대값도 마찬가지로 정의할 수 있다. 이제 $g(X)$ 가 X의 함수라고 하면 $g(X)$ 의 기대값은 다음과 같다.

X가 이산형 확률변수일 때 $E[g(X)] = \sum_{\text{모든} i} g(x_i) f(x_i)$

X가 연속형 확률변수일 때 $E[g(X)] = \int_{-\infty}^{\infty} g(x) f(x) dx$

[예제-10] 동전을 세 번 던졌을 때, X를 '앞면의 개수'로 정의하면 X의 기대값은 얼마인가?
[해] 확률변수가 취하는 값은 0, 1, 2, 3 이고, 이때의 확률분포표는 다음과 같다.

표-7 동전 3회 던졌을 때의 확률분포표

x	0	1	2	3
$P(X=x)$	0.125	0.375	0.375	0.125

따라서

$$E(X) = 0 \times 0.125 + 1 \times 0.375 + 2 \times 0.375 + 3 \times 0.125 = 1.5$$

동전을 세 번 던졌을 때는 실제로 나타난 현상은 정수값 뿐이다. 그런데 기대값을 구하면 1.5가 된 것처럼 기대값은 이론상의 값임을 알 수 있다.

[예제-11] 복권을 1,000장 발매하였는데, 1000만원 당첨권이 1장, 500만원 당첨권이 4장, 400만원 당첨권이 5장, 100만원 당첨권이 10장 들어있을 때의 X의 확률분포는 다음과 같다. 복권 1장의 기대값을 구하여라.

표-8 복권 당첨의 확률분포표

x	0	100만	400만	500만	1000만
$P(X=x)$	0.980	0.010	0.005	0.004	0.001

[해] $E(X)=0\times0.980+100\times0.010+400\times0.005+500\times0.004+1000\times0.001=6$(만원)

[예제-12] 다음 확률밀도함수의 기대값을 구하여라.

$$f(x)=\begin{cases} x\ , & 0\le x\le\sqrt{2} \\ 0\ , & \text{그 밖의 구간} \end{cases}$$

[해] $E(X)=\int_0^{\sqrt{2}} x\cdot x\,dx=\left.\frac{x^3}{3}\right]_0^{\sqrt{2}}=\frac{2\sqrt{2}}{3}$

[정리-1] X는 확률변수이고 a, b는 임의의 실수라고 할 때 다음이 성립한다.

(1) $E(a)=a$
(2) $E(aX)=aE(X)$
(3) $E(aX+b)=aE(X)+b$

[예제-13] $E[X]=30$ 일 때 $Y=2X+5$인 확률변수 Y의 기대값을 구하여라.
[해] $E[Y]=E[2X+5]=2E[X]+5=65$

[정의-5] 확률변수 X의 분산(Variance) $V(X)$ 는 다음과 같이 정의된다.

$$V(X)=E[(X-E(X))^2]$$

$E(X)=\mu$라고 하면 분산은

X가 이산확률분포일 때 $V(X)=E[(X-E(X))^2] = \sum_i (x_i-\mu)^2 f(x_i)$

X가 연속확률분포일 때 $V(X)=E[(X-E(X))^2] = \int_{-\infty}^{\infty}(x-\mu)^2 f(x)dx$

가 된다. 확률변수가 X의 함수일 때에도 분산을 정의할 수 있다. $g(X)$가 X의 함수이고 $E[g(X)]=\mu$라 하면 $g(X)$의 분산은 다음과 같다.

X가 이산형 확률변수일 때 $V[g(X)] = \sum_{모든 i}[(g(x_i)-\mu)^2]\, f(x_i)$

X가 연속형 확률변수일 때 $V[g(X)] = \int_{-\infty}^{\infty}[g(x)-\mu]^2 f(x)dx$

$E(X)=\mu$라고 하면 정의된 분산은 다음과 같이 간편하게 계산할 수 있다.

$$V(X)=E[(X-\mu)^2]=E[X^2-2\mu X+\mu^2]$$
$$=E(X^2)-2\mu E(X)+\mu^2=E(X^2)-\mu^2$$

[정리-2] X를 확률변수라 하고 a, b를 임의의 실수라고 할 때 다음이 성립한다.

(1) $V(X)\geqq 0$
(2) $V(a)=0$
(3) $V(X+a)=V(X)$
(4) $V(aX+b)=a^2V(X)$

[예제-14] 동전을 세 번 던졌을 때 확률변수 X를 앞면의 개수라고 할 때의 확률분포표는 다음과 같다. 분산을 구하여라.

표-9 동전 3회 던질 때의 앞면 출현의 확률분포표

x	0	1	2	3
$P(X=x)$	0.125	0.375	0.375	0.125

[해] 앞의 **[예제-10]**에서 $E(X)=1.5$ 임을 보였다. 이제 $E(X^2)$을 계산하여보자.

$$E(X^2) = 0 \times 0.125 + 1^1 \times 0.375 + 2^2 \times 0.375 + 3^2 \times 0.125 = 3$$

$$\therefore \; V(X) = E(X^2) - [E(X)]^2 = 3 - 1.5^2 = 0.75$$

> [정의-6] 확률변수 X의 기대값과 표준편차를 각각 μ_x, σ_x라 할 때 $Z = \dfrac{X - \mu_x}{\sigma_x}$를 X의 표준화 확률변수(Standardized Random Variable)라 한다. 1)

> [정리-3] Z가 표준화 확률변수이면 Z의 기대값과 분산은 다음과 같다.
> $E(Z) = 0$, $V(Z) = 1$

증명) $E(Z) = E\left(\dfrac{X-\mu}{\sigma}\right) = \dfrac{1}{\sigma}E(X-\mu) = 0$

$V(Z) = V\left(\dfrac{X-\mu}{\sigma}\right) = \dfrac{1}{\sigma^2}V(X-\mu) = \dfrac{1}{\sigma^2}V(X) = 1$

5. 결합확률분포

2개의 확률변수 X, Y의 확률분포를 결합확률분포(Joint Probability Distribution)라 한다. 이제 X와 Y가 각각 n개와 m개의 값을 취한다고 하자.

$X: \; x_1, x_2, \ldots, x_n$

$Y: \; y_1, y_2, \ldots, y_m$

이 경우 (X, Y)는 $n \times m$개의 값을 갖게 되며 (x_i, x_j)에 대한 확률 $f(x_i, x_j)$는

$$P(X = x_i, Y = y_j) = f(x_i, x_j) \quad (i = 1, 2, \ldots, n;\; j = 1, 2, \ldots, m)$$

가 된다. 이것을 X와 Y의 결합확률분포(Joint Probability Function)라 한다.

X, Y의 결합확률분포에서 X 또는 Y 하나만의 확률분포를 주변확률분포(Marginal Probability Function)이라 하며, 결합확률분포에서 행의 합 또는 열의 합으로 주어진다.

[예제-15] 확률변수 X와 Y의 결합확률분포가 다음과 같을 때, X와 Y의 주변확률분포를 구하여라.

1) 표준화변량이라고 부르기도 한다.

표-10 X와 Y의 결합확률분포표

X \ Y	0	1	2	3
0	0.05	0.05	0.10	0.00
1	0.05	0.10	0.25	0.10
2	0.00	0.15	0.10	0.05

주변확률분포는 결합확률분포의 행 또는 열의 합으로 만들어지므로 다음과 같은 표를 얻게 된다.

표-11 X의 주변확률분포

x	0	1	2
$P(X=x)=f(x)$	0.20	0.50	0.30

표-12 Y의 주변확률분포

y	0	1	2	3
$P(X=y)=f(y)$	0.10	0.30	0.45	0.15

[예제-16] 주머니에 흰 공이 2개, 붉은 공이 3개, 검은 공이 2개 들어 있다고 하자. 여기서 2개의 공을 뽑는 시행에서 확률변수 X는 흰 공의 수, Y는 붉은 공의 수라고 할 때의 결합확률분포를 구하여라.

[해] 뽑는 공의 개수가 2개이므로 X, Y 가 취하는 값에 유념해야 한다. 예를 들어, $X=1$인 경우는 Y가 취할 수 있는 값은 0(검은 공에서 1개 뽑기), 1(흰 공 1개, 붉은 공 1개)밖에는 없다.

$$P(X=0, Y=0)=\frac{{}_2C_2}{{}_7C_2}=\frac{1}{21}$$

$$P(X=0, Y=1)=\frac{{}_3C_1\times{}_2C_1}{{}_7C_2}=\frac{6}{21}$$

$$P(X=0, Y=2)=\frac{{}_3C_2}{{}_7C_2}=\frac{3}{21}$$

$$P(X=1, Y=0)=\frac{{}_2C_1\times{}_2C_1}{{}_7C_2}=\frac{4}{21}$$

$$P(X=1, Y=1)=\frac{{}_2C_1\times{}_3C_1}{{}_7C_2}=\frac{6}{21}$$

$$P(X=2, Y=0)=\frac{{}_2C_2}{{}_7C_2}=\frac{1}{21}$$

$$P(X=1, Y=2)=P(X=2, Y=1)=P(X=2, Y=2)=0$$

이를 표로 작성하면 다음과 같다.

표-13 주머니에서 2개의 공을 뽑을 때의 결합확률분포표

X \ Y	$Y=0$	$Y=1$	$Y=2$
$X=0$	$\frac{1}{21}$	$\frac{6}{21}$	$\frac{3}{21}$
$X=1$	$\frac{4}{21}$	$\frac{6}{21}$	0
$X=2$	$\frac{1}{21}$	0	0

[예제-17] 앞의 결합확률분포표에 대한 X와 Y의 주변확률분포를 구하여라.
[해] 주변확률분포는 결합확률분포의 행 또는 열의 합으로 만들어지므로 X와 Y의 주변확률분포는 다음과 같다.

표-14 X의 주변확률분포

x	0	1	2
$P(X=x)=f(x)$	$\frac{10}{21}$	$\frac{10}{21}$	$\frac{1}{21}$

표-15 Y의 주변확률분포

y	0	1	2
$P(X=y)=f(y)$	$\frac{6}{21}$	$\frac{12}{21}$	$\frac{3}{21}$

SAS 프로그램을 작성하면 결합확률분포의 값만 입력하더라도 주변확률분포가 곧바로 출력된다. <<프로그램 3-2>>를 실행시키면 확인할 수 있다.

6. 공분산

2개의 확률변수 X, Y의 결합된 정도를 알기 위해 공분산이 사용된다. 공분산의 정의는 다음과 같다.

> [정의-7] X와 Y의 기대값을 각각 μ_x, μ_y라 하면, X와 Y의 공분산(Covariance)은 다음과 같이 정의된다.
>
> $$Cov(X, Y) = E[(X-\mu_x)(Y-\mu_y)]$$

공분산은 다음의 정리에서처럼 간편하게 계산할 수 있다.

> [정리-4] $Cov(X, Y) = E(XY) - \mu_x \mu_y$

[예제-18] 다음 결합확률분포에서의 X, Y의 공분산을 구하여라.

표-16 X, Y의 결합확률분포표

Y \ X	$Y=0$	$Y=1$	$Y=2$
$X=0$	$\frac{1}{21}$	$\frac{6}{21}$	$\frac{3}{21}$
$X=1$	$\frac{4}{21}$	$\frac{6}{21}$	0
$X=2$	$\frac{1}{21}$	0	0

[해] 앞의 예제에서 X, Y의 주변확률분포가 계산되어 있으므로 이로부터 $E(X)$, $E(Y)$를 계산하면

$$E(X)=\mu_x=0\times\frac{10}{21}+1\times\frac{10}{21}+2\times\frac{1}{21}=\frac{11}{21}$$
$$E(Y)=\mu_y=0\times\frac{6}{21}+1\times\frac{12}{21}+2\times\frac{3}{21}=\frac{18}{21}$$

이 된다. 그리고

$$E(XY)=1\times1\times\frac{6}{21}=\frac{6}{21}$$ [2)]

따라서

$$Cov(X,\ Y)=\frac{6}{21}-\frac{11}{21}\times\frac{18}{21}=-\frac{8}{49}$$

[정리-5] 두 개의 독립확률변수 X, Y 에 대해 다음이 성립한다.

$V(X+Y)=V(X)+V(Y)+Cov(X,Y)$

[정의-8] X와 Y의 표준편차를 각각 σ_x, σ_y라고 하면, 상관계수(Correlation Coefficient) $\rho(X,Y)$는 다음과 같이 정의된다.

$$\rho(X,Y)=\frac{Cov(X,Y)}{\sigma_x\sigma_y}$$

2) $X=1, Y=1$인 경우 이외는 확률값이 0 이거나 변량의 값이 0 이므로 계산할 필요가 없다.

상관계수 $\rho(X,Y)$는 다음과 같은 성질이 있다.

(1) $\rho(X,Y) = \rho(Y,X)$ (2) $-1 \le \rho(X,Y) \le 1$ (3) $\rho(X,X) = 1$, $\rho(X,-X) = -1$ (4) $\rho(aX+b, cY+d) = \rho(X,Y)$, ($a,c \ne 0$)

[예제-19] X, Y의 결합확률분포가 다음과 같을 때, 상관계수를 구하여라.

표-17 X, Y의 결합확률분포표

X \ Y	2	3	4	합계
1	0.06	0.15	0.09	0.30
2	0.14	0.35	0.21	0.70
합계	0.20	0.50	0.30	1.00

[해] $E(X) = 1 \times 0.30 + 2 \times 0.70 = 1.70$

$E(X^2) = 1 \times 0.30 + 4 \times 0.70 = 3.10$

$E(Y) = 2 \times 0.20 + 3 \times 0.50 + 4 \times 0.30 = 3.10$

$E(Y^2) = 4 \times 0.20 + 9 \times 0.50 + 16 \times 0.30 = 10.1$

$E(XY) = 2 \times 0.06 + 3 \times 0.15 + 4 \times 0.23 + 6 \times 0.35 + 8 \times 0.21 = 5.27$

따라서

$$V(X) = 3.10 - 1.7^2 = 0.21 \quad , \quad V(Y) = 10.1 - 3.1^2 = 0.49$$

이므로 상관계수는

$$\rho(X,Y) = \frac{Cov(X,Y)}{\sigma_x \sigma_y} = \frac{5.27 - 1.7 \times 3.1}{\sqrt{0.21}\sqrt{0.49}} = 0$$ [3)]

7. 확률변수의 독립성

확률변수의 독립성은 2가지 방식으로 계산할 수 있다. 그 중의 하나는 주변확률분포의 곱을

3) <<프로그램 3-3>>을 실행시키면 Pearson 상관계수가 나와 있다.

계산하는 것이고, 다른 하나는 두 변수의 공분산을 계산하는 것이다.

> [정의-9] 두 확률변수 X와 Y가 독립이라는 것은 모든 (x_i, y_j)에 대하여
>
> $$P(X=x_i,\ Y=y_j) = P(X=x_i)P(Y=y_j)$$
>
> 이면 두 개의 확률변수 X와 Y는 독립이라고 한다.

> [정의-10] X와 Y의 결합확률분포가 $f(x,y)$ 이고 주변확률분포가 각각 $g(x)$, $h(y)$ 라고 할 때 $f(x,y)$ =$g(x)$ $h(y)$ 이면 확률변수 X와 Y는 독립이라고 한다.

[예제-20] 두 개의 확률변수 X, Y의 결합확률분포 $f(x,y)$ 가 다음과 같을 때, 두 개의 확률변수 X, Y는 독립인가?

표-18 X, Y의 결합확률분포표

X \ Y	2	3	4
1	0.06	0.15	0.09
2	0.14	0.35	0.21

[해] X, Y의 주변확률분포 $g(x)$, $h(y)$ 를 구하면 다음과 같다.

표-19 X, Y의 주변확률분포표

X \ Y	2	3	4	$g(x)$
1	0.06	0.15	0.09	0.30
2	0.14	0.35	0.21	0.70
$h(y)$	0.20	0.50	0.30	1.00

위의 표-19 를 보면 $f(1,3) = P(X=1\,,\ Y=3) = g(1)h(3)$ 의 관계가 성립함을 알 수 있다. 일반적으로 $f(x,y)$ =$g(x)$ $h(y)$ 의 관계가 성립하므로 [정의-9]에 의해 X, Y는 독립이라 할 수 있다.

이제 다음과 같은 결합확률분포표를 살펴보자.

표-20 X, Y의 주변확률 및 결합확률분포표

Y \ X	6	8	10	합계
1	0.2	0.0	0.2	0.4
2	0.0	0.2	0.0	0.2
3	0.2	0.0	0.2	0.4
합계	0.4	0.2	0.4	1.0

먼저 공분산을 계산하여 보자.

$$E(X) = 6\times 0.4 + 8\times 0.2 + 10\times 0.4 = 8$$
$$E(Y) = 1\times 0.4 + 2\times 0.2 + 3\times 0.4 = 2$$
$$E(XY) = 6\times 0.2 + 10\times 0.2 + 16\times 0.2 + 18\times 0.2 + 30\times 0.2 = 16$$

이므로

$$Cov(X, Y) = E(XY) - E(X)E(Y) = 16 - 16 = 0$$

이다. 그런데, 표를 살펴보면 주변확률분포의 곱이 결합확률분포가 되지 않으므로 X, Y는 독립이라 할 수 없다. [4]

> [정리-6] 두 개의 변수 X, Y가 독립이면 공분산은 0이다. 하지만 역은 성립하지 않는다.

> [정리-7] 두 개의 확률변수 X, Y가 독립이면 다음이 성립한다.
>
> (1) $E(XY) = E(X)E(Y)$
> (2) $V(X+Y) = V(X) + V(Y)$
> (3) $Cov(X, Y) = 0$

8. 대수의 법칙

확률변수 X의 표준편차 σ는 자료 x_i ($i = 1,2,\ldots,n$)가 평균값 μ로부터 얼마나 떨어져 있는가를 나타내기 때문에 표준편차가 작다면 $|X-\mu|$의 값은 커질 수가 없다. 이것을 확률의

4) $f(1,8) = 0 = P(X=1, Y=8) \neq P(X=1)P(Y=8) = 0.4\times 0.2 = 0.08$

개념으로 나타내면

$$P(|X-\mu|>\epsilon) \rightarrow 0 \quad , \epsilon\text{의 값이 충분히 큰 경우}$$

가 된다. 이로부터 다음과 같은 체비세프 부등식이 만들어진다.

[정리-8] 확률변수 X의 평균이 μ이고 분산이 σ^2일 때, 임의의 $k>0$에 대하여 다음이 성립한다.

$$P(|X-\mu| \geq k\sigma) \leq \frac{1}{k^2}$$

체비세프 부등식으로부터 $k\sigma$를 ϵ 으로 치환하면 다음의 관계식이 성립한다.

$$P(|X-\mu|<\epsilon) \leq 1-\frac{\sigma^2}{\epsilon^2}$$

[예제-21] 어느 백화점에서 계산을 위해 기다리는 고객들의 평균 대기시간은 5분이며, 표준편차는 1.5분이라고 한다. 전체 고객 중에서 대기시간이 2분과 8분 사이인 고객의 비율은 얼마인가?

[해] $\mu=5$, $\sigma=1.5$이므로 $k=2$이면 체비세프 부등식으로부터 주어진 조건을 만족하지 않는 확률이 계산된다. 즉,

$$P(|X-5| \geq 2\times 1.5) \leq \frac{1}{2^2}=0.25$$

따라서 구하는 확률은 0.75 이다.

이제 n 회의 독립시행에서 사상 A가 일어난 회수 r을 확률변수 X라고 하자. 새로운 확률변수 $\frac{X}{n}$을 고려해보면 기대값과 분산은

$$E(\frac{X}{n})=\frac{1}{n}E(X)=p \quad , \quad V(\frac{X}{n})=\frac{1}{n^2}V(X)=\frac{pq}{n}$$

이 된다. 따라서 체비세프 부등식에 의해 다음이 성립한다.

$$P(|\frac{X}{n}-p|) \geq 1-\frac{pq}{n\epsilon^2}$$

이 식은 중요한 의미를 갖는데, 윗 식에서 n 충분히 크면 우변은 1 로 수렴하므로 다음과 같은 베르누이 정리가 얻어진다.

> [정리-9] 사상 A가 일어나는 확률은 p이고, n회의 독립시행에서 A가 일어난 상대도수를 $\frac{r}{n}$이라 할 때, n이 충분히 크면 $\frac{r}{n}$은 p에 수렴한다. 즉,
>
> $$\lim_{n\to\infty} P(|\frac{r}{n} - p| < \epsilon) = 1$$

이상의 Bernoulli 정리에 의하여 통계적확률과 수학적확률의 관계를 확실히 알 수 있다. 여기서 통계적확률이란 실험에 의해 얻는 확률이고 수학적확률이란 실험을 하기 전에 예상할 수 있는 이론상의 확률이다.

주사위를 600회 던진다면 이론상으로는 각각의 확률이 $\frac{1}{6}$로 동일하므로 각각의 눈이 100회씩 나타날 것으로 예상되지만 실제로는 100회씩 나타나기가 어렵다. 하지만 주사위 던지는 실험을 무수히 시행한다면 각각의 눈이 나타날 확률은 $\frac{1}{6}$로 수렴하게 된다.

다음은 대수의 법칙(Law of Large Number)이라고 부르는 중요한 정리이다. 표본의 수가 커지면 표본평균 $\overline{X}$은 모평균 μ로 확률적인 수렴을 한다는 의미이다.

> [정리-10] 서로 독립인 확률변수 $X_1, X_2, \cdots, X_n$이 동일한 평균 μ와 분산 σ^2을 갖는다고 하자. 그러면 임의의 $\epsilon > 0$에 대하여 다음이 성립한다.
>
> $$\lim_{n\to\infty} P(|\frac{X_1 + X_2 + \cdots + X_n}{n} - \mu| < \epsilon) = 1$$

[예제-22] 주사위를 던지는 실험을 1,000회 실시하여 각각의 눈이 나타나는 확률을 구하여라.
[해] 주사위를 1,000번 던지는 실험을 하기는 어렵다. 따라서 SAS를 이용하여 모의실험을 수행하여야 한다. 모의실험 프로그램은 <<프로그램 3-4>>이며, 1,000번 던지는 실험을 하였을 때의 나타난 결과는 다음과 같다.

표-21 주사위 1,000 던졌을 때의 확률분포표

눈	1	2	3	4	5	6
출현횟수	159	162	173	177	176	153
확률	0.159	0.162	0.173	0.177	0.176	0.153

<<프로그램 3-4>>를 이용하여 1,000,000번 주사위를 던지는 실험 결과는 다음과 같다.

표-22 주사위 1,000,000 던졌을 때의 확률분포표

눈	1	2	3	4	5	6
출현횟수	166817	166218	167287	166916	166191	166571
확률	0.166	0.166	0.167	0.170	0.166	0.167

이처럼 시행횟수를 증가시키면 이론상의 확률인 $\frac{1}{6} = 0.166$에 근접하는 것을 확인할 수 있다.

9. 분포함수

확률변수 X가 x보다 작은 값을 취할 사상의 확률, 즉 사상 $\{X \leq x\}$의 확률을 $F(x)$로 표시하자. 이것은 x가 변할 때 $F(x)$도 변하므로 $F(x)$는 x의 함수이다.

[정의-11] 임의의 실수 x에 대하여 확률변수 X가 x보다 작거나 같은 값을 취하는 다음의 확률을 분포함수(Distribution Function)이라 한다.

$$F(x) = P(X \leq x)$$

X가 확률함수 $f(x_i)$를 갖는 이산확률변수이면 $F(x)$는

$$F(x) = \sum_{x_i < x} f(x_i)$$

이며, 이 때의 분포함수 $F(x)$는 계단함수가 된다.

[예제-23] X가 다음의 분포를 갖는 이산확률변수라 하자. 분포함수 $F(x)$를 정의하고 그래프를 그리는 프로그램을 작성하여라.

표-23 확률분포표

x	-2	1	2	4
$f(x)$	0.250	0.125	0.500	0.125

[해]

$$F(x)=\begin{cases} 0 & , \quad x \leqq -2 \\ 0.25 & , \quad -2 \leqq x < 1 \\ 0.375 & , \quad 1 \leqq x < 2 \\ 0.875 & , \quad 2 \leqq x < 4 \\ 1 & , \quad x \geqq 4 \end{cases}$$

표-23의 확률분포 값을 입력하여 <<프로그램 3-5>>를 실행시키면 분포함수 그림을 그릴 수 있다. $F(x)$의 그래프는 다음과 같다.

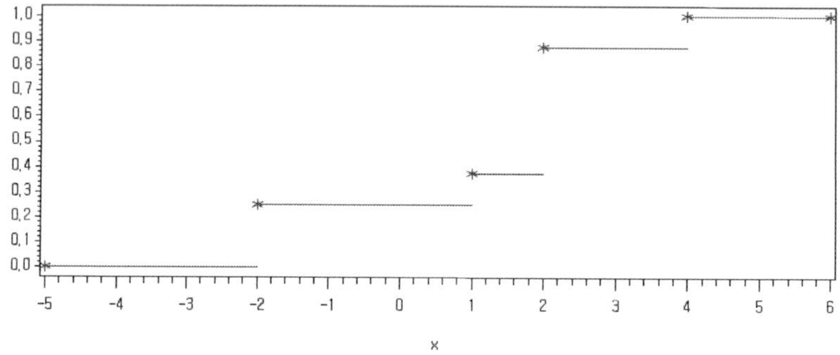

그림-4 분포함수의 그래프

한편 X가 확률밀도함수 $f(x)$를 갖는 연속확률변수이면 $F(x)$는

$$F(x)=\int_{-\infty}^{x} f(t)dt$$

와 같이 된다.

[정리-11] X가 연속확률변수일 때, 분포함수와 확률밀도함수 사이에는 다음의 관계식이 성립한다.

$$F'(x)=f(x)$$

[예제-24] X는 다음과 같은 확률밀도함수 $f(x)$를 갖는 연속확률변수이다. X의 분포함수 $F(x)$를 구하고 그래프를 그려라.

$$f(x)=\begin{cases}\dfrac{x}{2} & ; \quad 0\leq x\leq 2\\ 0 & ; \quad \text{나머지 구간}\end{cases}$$

[해] $F(X)=P(X\leq x)=\int_0^x \frac{t}{2}dt=\frac{t^2}{4}\Big]_0^x=\frac{x^2}{4}$ 이므로 분포함수는 다음과 같다. 5)

$$F(x)=\begin{cases}0 & ; \quad x<0\\ \dfrac{x^2}{4} & ; \quad 0\leq x\leq 2\\ 1 & ; \quad x\geq 2\end{cases}$$

[예제-25] 확률변수 X의 확률밀도함수 $f(x)$는 다음과 같다고 할 때, X의 분포함수 $F(x)$의 그래프를 그려라.

$$f(x)=\frac{1}{\sqrt{2\pi}}e^{-x^2/2} \quad ,-5<x<5$$

[해] $F(x)=P(X\leq x)=\int_{-5}^{x} f(t)dt=\int_{-5}^{x}\frac{1}{\sqrt{2\pi}}e^{(-t^2/2)}dt$

$$=\frac{1}{2}\left(1+Erf[\frac{x}{\sqrt{2}}]\right)$$

이다. 6) <<프로그램 3-6>>을 실행시키면 분포함수의 그래프가 얻어진다.

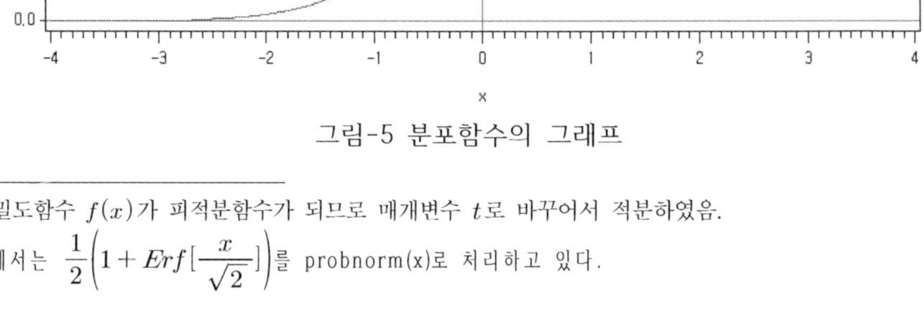

그림-5 분포함수의 그래프

5) 확률밀도함수 $f(x)$가 피적분함수가 되므로 매개변수 t로 바꾸어서 적분하였음.

6) SAS에서는 $\frac{1}{2}\left(1+Erf[\frac{x}{\sqrt{2}}]\right)$를 probnorm(x)로 처리하고 있다.

10. SAS 프로그램

<<프로그램 3-1>> 확률분포를 기둥그래프로 그리기

```
data pdf_1 ;
  input x pr @@ ;
cards ;
1  0.125      2  0.25      3  0.5      4  0.125
;

proc gchart ;
  vbar x / sumvar=pr midpoints=1 2 3 4 ;
run ;
```

<<프로그램 3-2>> 결합확률분포표를 만들면 주변확률분포표까지 출력되는 것을 확인하기

```
data a ;
   input x y n @@ ; /* 첫 번째 값은 x=0, y=0, n=1 */
   p = n / 21 ;     /* 첫 번째 p는 1/21           */
cards ;
0 0 1   0 1 6   0 2 3
1 0 4   1 1 6   1 2 0
2 0 1   2 1 0   2 2 0
run ;

proc freq ;
   weight p ;
   tables x*y / nopercent nocol norow ;
run ;
```

<<프로그램 3-3>> 결합확률분포의 상관계수 구하기

```
data corr ;
  input x y pr @@ ;
cards ;
1  2  0.06    1  3  0.15    1  4  0.09
2  2  0.14    2  3  0.35    2  4  0.21
run ;
```

```
proc freq ;
  weight pr ;
  table x*y / all ;
run ;
```

<<프로그램 3-4>> 주사위 1,000번 던지는 모의실험

```
data dice ;
d1 = 0 ; d2 = 0 ; d3 = 0 ; d4 = 0 ; d5 = 0 ; d6 = 0 ;
  do i=1 to 1000 ;   /* 1,000번 반복수행 */
    d = int(ranuni(i)*6 + 1 ) ;
    if d=1 then d1 = d1 + 1 ;
    if d=2 then d2 = d2 + 1 ;
    if d=3 then d3 = d3 + 1 ;
    if d=4 then d4 = d4 + 1 ;
    if d=5 then d5 = d5 + 1 ;
    if d=6 then d6 = d6 + 1 ;
  end ;
  output ;
run ;

proc print ;
  var d1-d6 ;
run ;
```

<<프로그램 3-5>> 분포함수의 그래프 그리기 - 계단식 그래프

```
data step_ftn ;
cumulativ = 0 ;
  do i=1 to 10 ;
    input x prob ;
    cumulativ = cumulativ + prob ;
    output ;
  end ;
cards ;
-5  0.0        -2  0.25
 1  0.125       2  0.5
 4  0.125       6  0.0
run ;
```

```
symbol1 i=step v=star ;
proc gplot ;
  plot cumulativ*x ;
run ;
```

<<프로그램 3-6>> 연속형 분포함수 그래프 그리기

```
data nmal_fig6 ;
pi = 4*atan(1) ;
  do x=-4 to 4 by 0.2 ;
    f = probnorm(x) ;
    output ;
  end ;
run ;

symbol1 I=join  ;
proc gplot ;
  plot f*x / vaxis = 0, 0.3, 0.6, 1 vref=0 href=0 ;
run ;
```

▸ ▸ ▶ 연습문제 ◀ ◂ ◂

1. 2개의 주사위를 던졌을 때, 확률변수 X를 '나온 눈의 차'라고 하자. 확률분포표를 구하고 평균과 분산을 계산하라.

2. 다음 확률분포에 대하여 답하여라

x	2	3	4	5	6
$f(x)$	0.1	0.3	0.3	0.2	0.1

(1) $E(X)$를 구하여라
(2) $Y=(2X-8)^2$ 이라 할 때 Y의 분포와 $E(Y)$를 구하여라
(3) X, Y의 분산을 구하여라.

3. 하나의 주사위를 던질 때, 소수(prime number)가 나오면 그 수에 해당하는 금액을 받고 합성수가 나오면 그 수에 해당하는 금액을 상대방에게 주는 게임에서의 기대값을 구하여라.

4. 다음 확률밀도함수의 기대값과 분산을 구하여라.

$$f(x)=\begin{cases} 1 & 0 \leq x \leq 1 \\ 0 & \text{그 밖의 영역} \end{cases}$$

5. X는 연속확률변수로서 구간 [0 , 2]에서 다음과 같은 확률밀도함수를 갖는다고 한다. 다음의 확률을 구하여라.

$$f(x)=\begin{cases} \dfrac{x}{2} & 0 \leq X \leq 2 \\ 0 & \text{그 밖의 영역} \end{cases}$$

(1) $P(1 \leq X \leq 1.5)$
(2) $P(X \leq 1)$

6. 1개의 주사위를 던질 때 X는 나타난 수의 2배를, Y는 홀수가 나타나면 1을 짝수면 3을 얻는다고 하자. 다음 변수들의 확률분포표, 평균, 분산을 구하여라.

(1) X (2) Y (3) $X + Y$

7. 다음 자료의 공분산을 구하여라.

X	1	2	3	4
Y	2	6	4	8

8. X, Y의 결합확률분포가 다음과 같다.

X \ Y	0	1	2
0	0.1	0.3	0.05
1	0.2	0.25	0.1

(1) X와 Y의 주변분포를 구하여라
(2) $E(X)$, $V(X)$, $E(X+Y)$ 를 구하여라.
(3) $Cov(X, Y)$를 구하여라.
(4) X, Y의 독립성을 알아보라.

9. X, Y의 결합확률분포가 다음과 같다.

$$f(x, y) = \begin{cases} 1, & (0 < x < 1 \ , \ 0 < y < 1) \\ 0, & \text{그 밖의 구간} \end{cases}$$

(1) X와 Y의 주변분포를 구하여라
(2) X, Y의 공분산을 구하여라.
(3) X, Y의 독립성을 알아보라.

10. 확률변수 X가 0, 1, 2에서 각각 $\frac{1}{2}, \frac{1}{3}, \frac{1}{6}$의 확률을 갖는다고 할 때, 누적분포함수를 구하여라.

11. 연속확률변수 X의 확률밀도함수가 다음과 같다.

$$f(x)=\frac{x}{6}+k \quad , \quad 0 \leq x \leq 3$$

(1) k의 값을 구하여라.
(2) $P(1 \leq X \leq 2)$ 를 구하여라.
(3) 분포함수를 구하여라.

12. 다음 증명을 하여라.
(1) $E(aX+b)=aE(X)+b$
(2) $V(aX+b)=a^2 V(X)$
(3) $Cov(X, Y)=E(XY)-\mu_x \mu_y$
(4) $\rho(aX+b, cY+d) = \rho(X, Y)$, ($a, c \neq 0$)

제4장 이산확률분포

1. 베르누이 분포

동전을 던지는 시행에서는 가능한 출현은 두 가지만 있음을 알고 있다. 석유시추를 하여 유전을 찾는 경우에도 가능한 출현은 두 가지 뿐이다. 생산된 제품의 검사결과는 합격과 불합격이 된다. 이처럼 매 시행마다 오직 두 가지의 결과인 성공(S), 실패(F)만 일어나는 경우의 분포를 베르누이분포(Bernoulli Distribution)라고 한다. 만일 확률변수 X를

X : 성공회수

라고 정의하고 성공률을 p 라고 하면 X의 확률분포표는 다음과 같다.

표-1 베르누이 확률분포표

x	0	1
$P(X=x)$	$1-p$	p

따라서 베르누이 분포의 확률질량함수(Probability Mass Function)는 성공률이 p 인 경우에

$$f(x)=p^x(1-p)^{1-x},\ x=0,1$$ [1]

이며 표기는 $b(1,p)$ 로 한다.

> **[정리-1]** 성공률이 p인 베르누이 분포를 따르는 확률변수 X의 기대값과 분산은 다음과 같다.
> $E(X)=p$, $V(X)=p(1-p)$

[예제-1] 성공률이 0.7인 베르누이 시행에서의 확률분포표를 구하여라.

---

1) x가 취할 수 있는 값(0과 1)을 대입하면 주어진 확률분포표가 얻어진다. 또한 확률질량함수를 앞으로는 확률밀도함수(probability density function)라고 부르기로 한다.

[해] $p=0.7$이므로 다음의 확률분포표가 만들어진다. 이것은 <<프로그램 4-1>>을 실행시켜도 동일한 결과를 얻는다.

표-2 $p=0.7$인 베르누이 확률분포표

x	0	1
$P(X=x)$	0.3	0.7

한번의 시행으로 성공-실패가 결정되고 곧바로 끝나는 경우는 현실 세계에서는 거의 발생하지 않는다. 많은 경우에, 베르누이 시행이 독립적으로 반복되는 실험을 하게 된다.

2. 2항 분포

2항 분포(Binomial Distribution)는 베르누이 분포의 일반형이라고 할 수 있다. 이제 성공률이 p 인 베르누이 시행이 n 회 실시된 경우를 생각하여보자. 여기서 확률변수 X는

X : n 회 시행에서의 성공회수

로 정의하기로 한다. 이러한 확률변수를 이항확률변수라고 부른다.

이제 성공을 S, 실패를 F라고 할 때, 시행횟수인 n 의 값을 하나씩 증가시키면서 분포의 일반꼴을 만들어본다.

(1) $n=1$ 인 경우

표본공간의 원소	F	S	비고
x	0	1	1회 시행에서의 성공회수
경우의 수	${}_1C_0$	${}_1C_1$	표본공간 원소의 개수 : 2^1
$P(X=x)$	${}_1C_0\,p^0q^1$	${}_1C_1\,p^1q^0$	

(2) $n=2$ 인 경우

표본공간의 원소	FF	FS SF	SS	비고
x	0	1	2	2회 시행에서의 성공회수
경우의 수	${}_2C_0$	${}_2C_1$	${}_2C_2$	표본공간 원소의 개수 : 2^2
$P(X=x)$	${}_2C_0\,p^0q^2$	${}_2C_1\,p^1q^1$	${}_2C_2\,p^2q^0$	

(3) $n=3$ 인 경우

표본공간의 원소	FFF	SFF FSF FFS	FSS SFS SSF	SSS	비고
x	0	1	2	3	3회 시행에서의 성공회수
경우의 수	${}_3C_0$	${}_3C_1$	${}_3C_2$	${}_3C_3$	표본공간 원소의 개수 : 2^3
$P(X=x)$	${}_3C_0\,p^0q^3$	${}_3C_1\,p^1q^2$	${}_3C_2\,p^2q^1$	${}_3C_3\,p^3q^0$	

(4) $n=4$ 인 경우

표본공간의 원소	FFFF	SFFF FSFF FFSF FFFS	SSFF SFSF SFFS FSSF FSFS FFSS	SSSF SSFS SFSS FSSS	SSSS	비고
x	0	1	2	3	4	4회 시행에서의 성공회수
경우의 수	${}_4C_0$	${}_4C_1$	${}_4C_2$	${}_4C_3$	${}_4C_4$	표본공간 원소의 개수 : 2^4
$P(X=x)$	${}_4C_0\,p^0q^4$	${}_4C_1\,p^1q^3$	${}_4C_2\,p^2q^2$	${}_4C_3\,p^3q^1$	${}_4C_4\,p^4q^0$	

이상의 경우로부터 일반적인 공식을 직관적으로 얻을 수 있다. 즉, 성공률이 p인 베르누이 시행이 n번 실시되었을 때의 분포를 2항분포라 하며, 이 분포의 확률밀도함수는

$$f(x) = {}_nC_x\,p^x(1-p)^{n-x} \quad , \quad x=0,1,2,\ldots,n$$

이며 표기는 $b(n,p)$ 로 한다. 2항분포에서 $X=x$에서의 확률함수는 $b(x\,;n,p)$로 표기한다.

[예제-2] 윷놀이에서 배(背)가 나올 확률은 $\frac{1}{3}$이라 한다. 도가 나올 확률을 구하여라.

[해] $P(\text{도의 출현}) = {}_4C_1(\frac{1}{3})^1(\frac{2}{3})^3 = \frac{32}{81}$

[예제-3] 어떤 부품이 주어진 충격시험에서 합격할 확률이 $\frac{3}{4}$이라 한다. 4개의 부품을 임의로 뽑아 검사를 할 때, 단 2개가 충격시험에 합격할 확률을 구하여라.

[해] 확률변수 X를 '충격시험에서 합격한 개수'라고 하면 X는 2항 분포 $b(4,\frac{3}{4})$를 따르며 $X=2$일 때의 확률을 구하는 것이다. 따라서

$$P(X=2) = b(2\,;4\,,\frac{3}{4}) = {}_4C_2\,(\frac{3}{4})^2\,(\frac{1}{4})^2 = \frac{27}{128} = 0.2109$$

확률값을 직접 계산할 수도 있지만, SAS를 사용하여 결과를 확인하려면 <<프로그램 4-2>>를 실행시키면 된다.

[예제-4] 동전 1개를 6회 던졌을 때 다음 확률을 구하여라.

(1) 앞면이 2회 나타날 확률 p_1

(2) 적어도 4회 앞면이 나타날 확률 p_2

[해] 이 실험은 2항 분포 $b(x\,;6\,,\frac{1}{2})$를 따른다. 따라서 구하는 확률은 다음과 같다.

(1) $x=2$ 인 경우이므로 확률은 $p_1 = b(2\,;6,\frac{1}{2}) = {}_6C_2(0.5)^2(0.5)^4 = \frac{15}{64}$

(2) $x=4,5,6$ 인 경우이므로 확률은

$$p_2 = {}_6C_4(0.5)^4(0.5)^2 + {}_6C_5(0.5)^5(0.5)^1 + {}_6C_6(0.5)^6(0.5)^0 = \frac{15}{64} + \frac{6}{64} + \frac{1}{64} = \frac{22}{64}$$

동전 1개를 6회 던졌을 때, 앞면이 n회$(n=1,2,...,6)$ 나타날 확률을 구하여 그래프를 그리려면 <<프로그램 4-3>>을 실행시키면 된다.

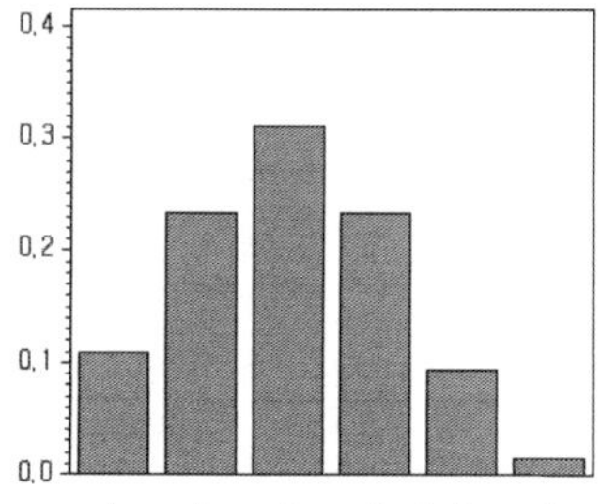

그림-1 $b(6,0.5)$인 확률기둥그래프

2항분포의 기대값과 분산을 구하기 위해 2항분포의 정의를 이용하기로 한다. 성공률이 p인 베르누이 시행을 n회 하였을 때의 변량을 각각 $X_1, X_2, X_3, \ldots, X_n$ 이라 하자. 그러면 $X = \sum_{i=1}^{n} X_i$ 인 확률변수 X는 n회 시행에서의 성공회수를 의미하므로 결국 X는 2항 분포를 따른다. 따라서 기대값과 분산의 성질과, 베르누이 분포의 성질을 이용하여 $E(X)$, $V(X)$를 계산하면 다음과 같다.

$$E(X) = E(\sum_{i=1}^{n} X_i) = \{E(X_1) + E(X_2) + \cdots + E(X_n)\}$$
$$= (p + p + \cdots + p) = np$$

$$V(X) = V(\sum_{i=1}^{n} X_i) = \{V(X_1) + V(X_2) + \cdots + V(X_n)\}$$
$$= (pq + pq + \cdots + pq) = npq$$

[정리-2] 성공률이 p인 시행을 n회 반복하는 2항분포의 평균과 분산은 다음과 같다.
$E(X) = np$, $V(X) = np(1-p)$

[예제-5] X가 2항분포 $b(100, 0.2)$를 따를 때 X의 평균과 분산을 구하여라.
[해] $E(X) = 100 \times 0.2 = 20$, $V(X) = 100 \times 0.2 \times 0.8 = 16$

[예제-6] 성공률이 0.2인 실험을 10회 하였을 때의 기대값과 분산을 구하고, 실험을 1,000회 반복하여 결과를 확인하라.
[해] 실험은 2항분포 $b(x; 10, 0.2)$를 따르므로 이론상으로는

$$E(X) = 10 \times 0.2 = 2 \ , \ V(X) = 10 \times 0.2 \times 0.8 = 1.6$$

이것을 모의실험하는 프로그램은 <<프로그램 4-4>>이다. 프로그램을 실행시켜보면 평균은 2.043, 분산은 1.5187임을 볼 수 있다. 이 값은 이론적으로 계산한 기대값, 분산과 거의 유사한 값을 가짐을 알 수 있다.

[예제-7] 1개의 동전을 10회 던지는 시행에서 '앞면의 개수'를 확률변수 X로 정의하면 $P(X=x)$ 의 값은 얼마인가?

[해] X는 $b(x; 10, \frac{1}{2})$를 따르는 2항 분포이며 x값에 대한 확률은 다음과 같다.

표-3 ${}_{10}C_x(\frac{1}{2})^{10}$의 확률분포표

x	0	1	2	3	4	5	6	7	8	9	10
$P(X=x)$	0.001	0.010	0.044	0.117	0.205	0.246	0.205	0.117	0.044	0.010	0.001

앞의 표-3처럼 2항 확률분포표의 확률을 계산하고, 꺾은선 그래프로 그리려면 <<프로그램 4-5>>를 실행시키면 된다. 다음은 $b(10, 0.5)$를 따르는 2항분포의 꺾은선 그래프이다.

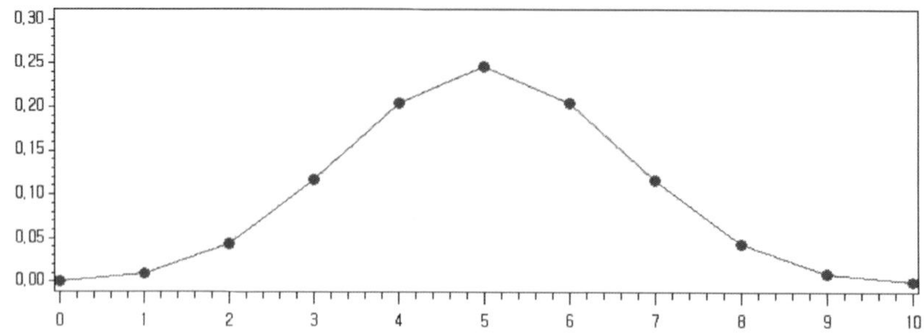

그림-2 $n=10, p=0.5$ 인 2항분포의 그래프

앞의 그림-2는 동전을 10회 던지는 실험이며 이론상의 확률값을 갖는다. 하지만 $b(10, 0.5)$를 따르는 2항 난수(random number)를 1,500개 발생시켜 확률계산을 한다면 이론상의 값과 같을 수 있을까? 이를 확인하기 위해 <<프로그램 4-6>>을 실행시키면 다음 표를 얻게 된다. [2)]

표-4 발생된 1,500개 난수의 도수 및 누적도수분포표

x	빈도	백분율	누적 빈도	누적 백분율
0	1	0.07	1	0.07
1	19	1.27	20	1.33
2	74	4.93	94	6.27
3	191	12.73	285	19.00
4	297	19.80	582	38.80
5	388	25.87	970	64.67
6	276	18.40	1246	83.07
7	175	11.67	1421	94.73
8	66	4.40	1487	99.13
9	12	0.80	1499	99.93
10	1	0.07	1500	100.00

생성된 난수는 좌우대칭이 아님을 확인할 수 있다. 또한 <<프로그램 4-6>>을 실행시켜 생성된 데이터세트 binomi의 변수는 칼럼보기를 통해 확인 가능하며 백분율의 자료는 percent로 지정되어 있음을 알 수 있다. 이러한 자료를 선으로 연결하면 다음과 같이 모의실험한 그래프가 만들어진다. (<<프로그램 4-7>> 참조)

2) 이항난수를 생성하는 ranbin( ) 함수는 정수값을 반환한다.

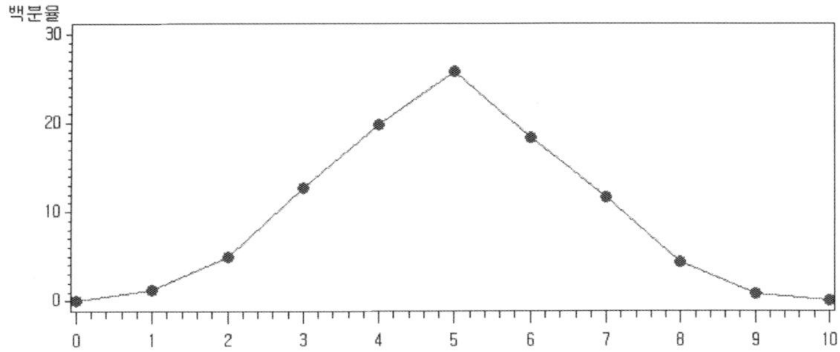

그림-3　1,500 개의 2항난수를 발생시킨 실험 ($p = 0.5$)

그림-3은 $p = 0.5$ 인 난수 1,500개 사용한 것으로서 좌우대칭이 아니다. 하지만, 난수를 100,000개로 증가시키면 그림-4에서처럼 좌우대칭인 2항분포의 모양과 일치하게 된다.

표-5　100,000 번 실험에서의 확률분포표

앞면의 수	0	1	2	3	4	5	6	7	8	9	10
빈도	98	1023	4461	11851	20639	24467	20289	11740	4386	959	87
발생확률	0.001	0.010	0.0446	0.1185	0.2064	0.2447	0.2029	0.1174	0.0439	0.0096	0.0009

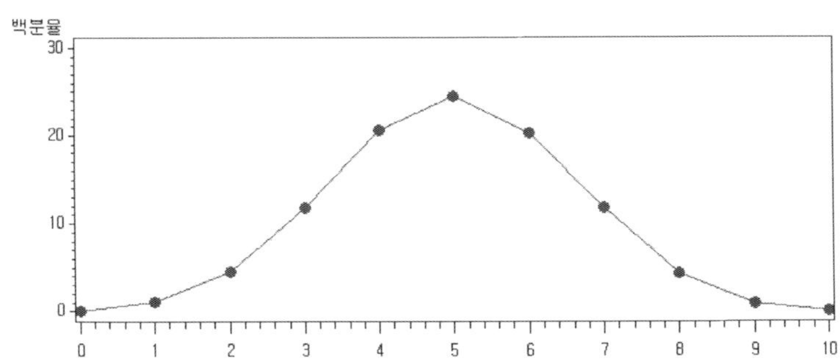

그림-4　100,000 개의 2항난수를 발생시킨 실험 ($p = 0.5$)

[예제-8] $n = 20$ 일 때 확률 p 값을 0.1부터 0.5까지 0.1 간격으로 변경시키면서 그래프를 그려라.

[해] $n = 20$ 일 때 p 값을 변경시키면서 이항분포의 그림을 그리려면 배열에 확률값을 저장하는 방식을 사용하여야 한다. <<프로그램 4-8>>을 실행시키면 다음과 같은 그래프가 그려진다. 그림-5에서 알 수 있듯이 2항분포의 그래프는 p 가 0.5보다 크거나 작으면 비대칭형이 된다.[3)]

3) 그림-5에서 □=0.1, +=0.2, ◇=0.3, *=0.4, △=0.5인 확률값을 갖는다.

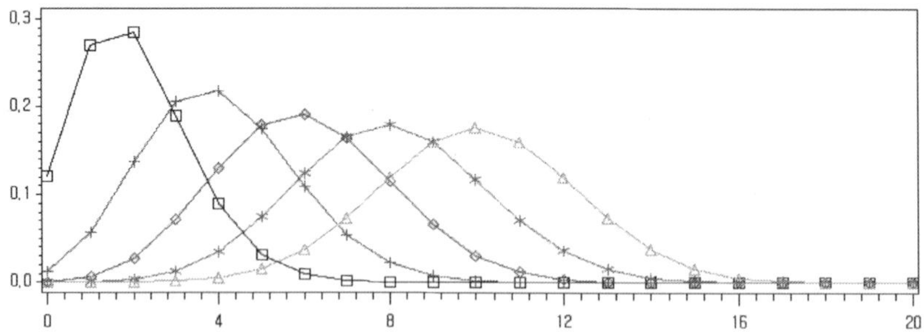

그림-5 $n=20$ 일 때 p(=0.1, 0.2, 0.3, 0.4, 0.5)값을 변경하면서 그린 2항분포

하지만, 다음 그림-6에서 보듯이 p값이 0.1로 충분히 작더라도 시행회수가 커지면 이항분포는 대칭형이 됨을 알 수 있다. [4] (<<프로그램 4-9>> 참조)

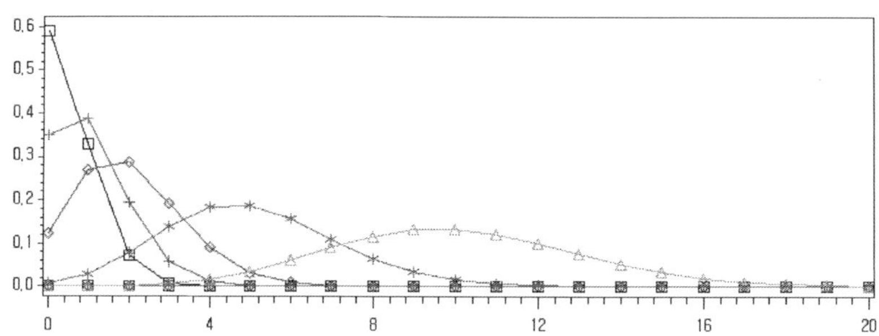

그림-6 $n=5, 10, 20, 50, 100$ 일 때의 2항분포 (p = 0.1일 때)

3. 초기하분포

무한모집단에서 표본을 임의추출하거나 유한모집단에서 복원추출을 할 경우에는 2항분포의 조건을 만족시킨다. 그러나 유한모집단에서 비복원추출을 할 경우에는 베르누이 시행의 조건이 만족되지 않으므로 2항분포를 이용할 수 없다. 이제 2항분포와 유사하면서도 2항분포가 적용될 수 없는 경우의 예를 들어보기로 한다.

등산모임에 참가한 50명 중에서 여자가 10명이라고 한다. 이 중에서 5명을 뽑을 때 여자가 n 명 뽑히는 확률을 구하는 문제를 생각해보자. 시행은 5회이며 시행의 결과는 남자 또는 여자이므로 2항분포처럼 생각된다.[5]

첫 번째 시행에서 여자가 뽑힐 확률은 $\frac{10}{50}$ 이다. 두 번째 시행에서도 여자가 뽑힐 확률은 $\frac{9}{49}$ 가 된다. 그런데 첫 번째에 남자가 뽑혔다면 두 번째에 여자가 뽑힐 확률은 $\frac{10}{49}$ 이 된다.

이처럼 각 시행에서 여자가 뽑힐 확률은 이전의 시행결과에 영향을 받으므로 각 시행은 독

4) 그림-6에서 □=5, +=10, ◇=20, *=50, △=100인 n값의 분포이다.
5) 이항분포는 성공률이 p인 베르누이 시행을 n회 상호 독립적으로 시행한 분포이다.

립이 아니다. 이러한 경우에는 초기하분포를 사용해야 한다.

크기 N인 유한모집단에서 사상 A에 속하는 원소의 개수가 R개 있다고 하자. 이제 N개의 모집단 중에서 n개의 표본을 뽑는 경우를 생각해보자. 확률변수 X를 사상 A에서 뽑힌 원소의 개수라고 하면 X의 확률밀도함수는 다음과 같다.

$$P(X=x)=\frac{\binom{R}{x}\binom{N-R}{n-x}}{\binom{N}{n}}$$

이러한 분포를 초기하분포(Hypergeometric Distribution)이라 하며, $h(N,n,R)$로 표기한다.

[예제-9] 5개의 흰공, 4개의 검은공이 담긴 항아리에서 3개의 공을 뽑을 때 '흰공의 수'를 확률변수 N 이라고 할 때 확률분포표를 구하여라.
[해] 확률변수가 취할 수 있는 값은 0, 1, 2, 3 이다. 확률분포표를 구해보면

표-6 항아리에서 흰공을 뽑는 확률분포표

n	0	1	2	3
$P(N=n)$	$\frac{\binom{5}{0}\binom{4}{3}}{\binom{9}{3}}$=0.04762	$\frac{\binom{5}{1}\binom{4}{2}}{\binom{9}{3}}$=0.35714	$\frac{\binom{5}{2}\binom{4}{1}}{\binom{9}{3}}$=0.47619	$\frac{\binom{5}{3}\binom{4}{0}}{\binom{9}{3}}$=0.11905

이상의 결과를 확인하려면 <<프로그램 4-10>>을 실행시키면 된다.

[예제-10] 40개의 제품 중에서 3개의 불량품이 들어있다고 하자. 여기서 5개의 제품을 비복원 추출했을 때 1개만 불량품일 확률을 구하여라.
[해] $N=40$, $n=5$, $R=3$ 인 초기하분포를 따르며 $x=1$ 인 경우이다. 따라서 구하는 확률은 $\frac{\binom{3}{1}\binom{37}{4}}{\binom{40}{5}}=0.3011$ 이며, <<프로그램 4-11>>을 실행시켜 확인할 수 있다.

[정리-3] X가 초기하분포 $h(N,n,R)$를 따르면 X의 평균 μ와 분산 σ^2은 다음과 같다.

$$\mu=\frac{nR}{N}\ ,\quad \sigma^2=\frac{N-n}{N-1}\times\frac{nR}{N}\times(1-\frac{R}{N})$$

만일 표본의 크기 n보다 모집단의 크기 N이 훨씬 클 때는 초기하분포는 근사적으로 $p=\frac{R}{N}$인 2항분포를 따른다.

[예제-11] 40개의 제품 중에서 3개의 불량품이 들어있다고 하자. 여기서 5개의 제품을 비복원 추출했을 때의 불량품이 뽑힐 기대값과 분산을 구하여라.

[해] $\mu=\frac{nR}{N}=\frac{5\times 3}{40}=0.375$

$$\sigma^2=\frac{N-n}{N-1}\times\frac{nR}{N}\times(1-\frac{R}{N})=\frac{40-5}{39}\times 0.375\times(1-\frac{3}{40})=0.3113$$

4. 기하분포

시행회수를 미리 정하지 않고 첫 번째 성공이 나올 때까지 베르누이 시행을 반복하는 경우를 생각해보자. 이제

X : 첫 번째 성공이 나올 때까지의 시행회수

라 하면, X의 확률분포가 기하분포(Geometric Distribution)이다. 따라서 x회의 시행 가운데 $(x-1)$회까지는 실패(F)이고, x회째가 성공(S)인 기하분포의 확률밀도함수는 다음과 같다.

$$f(x)=P(X=x)=P(FFF\cdots FS)=(1-p)^{x-1}p,\quad x=1,2,3,\ldots$$

[예제-12] 갑, 을 두 사람이 경기를 하고 있다. 갑이 승리할 확률은 0.7이라고 한다. 갑이 3회째 승리할 확률은 얼마인가?
[해] 갑이 승리할 확률을 p라고 하면 3회째 승리할 확률은 다음과 같다.

$$P(X=3)=qqp=0.3\times 0.3\times 0.7=0.063$$

$p=0.7$ 일 때, 확률변수 X가 1, 2, 3 회 째에서 갑이 승리할 확률은 <<프로그램 4-12>>를 실행시켜 얻을 수 있다.

표-7

x	1	2	3
$P(X=x)$	0.700	0.021	0.063

[예제-13] 동전던지기 게임에서 7회 연속 승리할 확률은 얼마인가?

[해] $p = 0.5^6 0.5^1$ = 0.00781

> [정리-4] X가 성공률이 p인 기하분포를 따르면, X의 평균 μ와 분산 σ^2은
>
> $$E(X) = \frac{1}{p} \ , \ V(X) = \frac{q}{p^2}$$

[예제-14] 어떤 실험을 하는데 10,000원이 든다고 한다. 실패하면 다음 실험을 실시하기 위하여 3,000원이 더 필요하다고 한다. 실험이 성공할 확률은 0.2 이고 각 실험의 시행은 독립이다. 최초로 성공하기까지 실험을 행한다고 하면 비용은 얼마나 들까?

[해] X는 최초로 성공할 때까지의 시행횟수, 비용은 C라고 하면 $C = 10000X + 3000(X-1)$이다. 따라서

$$E(C) = 13000E(X) - 3000 = 13000 \times \frac{1}{0.2} - 3000 = 62{,}000\text{원}$$

5. Poisson 분포

2항분포에서 $np = m$(일정)이라는 조건 하에서 n을 크게 하면 2항분포의 정확한 확률계산이 어려워지는데 이 경우에 사용할 수 있는 것이 포아손(Poisson) 분포이다. 6) $np = m$이므로 n이 커지면 p는 상대적으로 아주 작게 된다. 따라서 Poisson 분포는 희소하게 일어나는 우연현상에 적용되는 확률분포이다.

확률변수 X가 다음의 확률밀도함수

$$P(X = x) = \frac{e^{-m} m^x}{x!}, \quad x = 0,1,2,\ldots$$

를 가질 때 X는 포아손 분포를 한다고 하며, $p(m)$으로 표기한다.

> [정리-5] 포아손 분포의 기대값과 분산은 다음과 같다.
>
> $E(X) = m$, $V(X) = m$

6) 20년(1875-1894 동안 말에 채여 사망한 프러시아 군인의 수가 122명이었고, 당시에 군마는 대략 25,000마리 정도 있었다고 한다. 1898년에 러시아 경제학자 Ladislaus Bortkiewicz는 포아송 분포를 이러한 자료로 기술하였다.

[예제-15] 종업원이 120명인 회사가 있다. 결근자수가 평균 2.5명이면 결근자가 한명도 없을 확률은 얼마인가?

[해] $P(X=0)=\dfrac{e^{-2.5}\,2.5^{0}}{0!}=e^{-2.5}=0.082$ 7)

[예제-16] 어떤 항구에 매일 도착하는 유조선은 평균 10척이다. 이 항구의 유조선의 수용능력은 하루 15척이다. 어느날 유조선을 외항에 대기시킬 확률은 얼마인가?

[해] 매일 도착하는 유조선의 수를 X라고 하면 확률은 다음과 같다.

$$P(X>15)=1-P(X\le 15)=1-\sum_{x=0}^{15}p(10)$$

$$=1-0.9513\;=\;0.0487$$

m값의 변화에 따른 확률함수의 그래프를 그려보자. 먼저 $m=1$일 때의 x(=0,1,2,...)에서의 확률분포표와 그래프는 <<프로그램 4-14>>이며, 실행 결과는 다음과 같다.

표-8 $m=1$인 포아손 확률분포표

x	0	1	2	3	4	5	6	7
$P(X=x)$	0.3679	0.3679	0.1839	0.0613	0.0153	0.0031	0.0005	0

표-8에서 계산된 포아손 분포의 확률분포표를 꺾은선 그래프로 그리려면 <<프로그램 4-15>>를 실행시키면 된다.

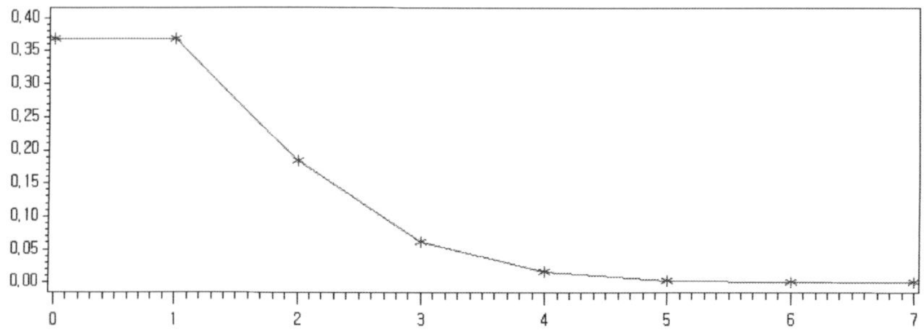

그림-7 $m=1$ 인 포아손 분포

이제 m값을 변화시키면서 포아손 분포의 그래프를 그리면 다음과 같다. m값이 커지면 좌우대칭인 종 모양의 분포가 된다. <<프로그램 4-16>>번이 그림-8을 그리는 프로그램이다.

7) <<프로그램 4-13>>에서 $m=2.5$, $k=0$ 인 경우이다.

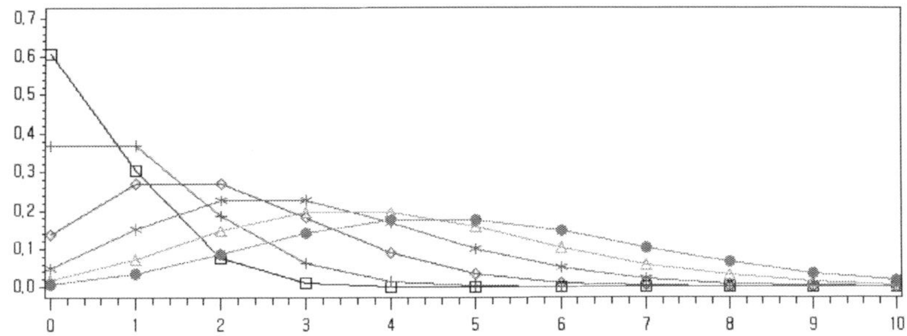

그림-8 m (=0.5, 1, 2, 3, 4, 5) 값의 변화에 따른 포아손 분포 8)

6. 음이항분포

주어진 성공의 횟수가 나올 때까지 시행을 반복하는 실험을 생각해보자. 즉, X번의 시행에서 k회 성공하는 실험이며, 이 때의 확률은 얼마일까? 이것은 $X-1$번 시행에서 $k-1$회 성공하고 마지막에 성공하는 것이라고 할 수 있다. 따라서 성공실패의 순서를 고려하지 않고 계산한 확률은 $p^{k-1}(1-p)^{x-k}p$가 된다. 이제 성공실패의 순서를 고려하면 발생가능한 경우의 수는 ${}_{x-1}C_{k-1}$가 된다. 따라서 성공률이 p인 독립시행에서 k회 성공하기까지의 시행횟수를 X라고 할 때, X의 확률밀도함수는 다음과 같다.

$$P(X=x) = {}_{x-1}C_{k-1}\, p^{x}(1-p)^{x-k},\ \ x=k, k+1, k+2, \ldots$$

이를 음이항분포(negative binomial distribution)라 한다.

[예제-17] 어떤 약을 복용한 환자의 60%가 효과를 보았다고 한다. 이 약을 7번째 환자까지 복용하여 5명의 환자가 효과를 볼 확률은 얼마인가?

[해] $x=7,\ k=5,\ p=0.6$ 인 음이항분포이므로 구하는 확률은

$$P(X=7) = {}_{6}C_{4}\, 0.6^{5} 0.4^{2} = 0.1866$$

8) 그림-8에서 □=0.5, +=1, ◇=2, *=3, △=4, •=5 인 포아손 분포이다.

7. SAS 프로그램

<<프로그램 4-1>> p=0.7인 베르누이 분포표 만들기. probbnml(p,n,m)은 성공률 p, 자유도 n, 변량 x에서의 확률을 계산하는 함수이다.

```
data bernoulli ;
  p = 0.7 ;
  do x=0 to 1 ;
    p1 = probbnml(p,1,x) - probbnml(p,1,x-1) ;
    if x-1 < 0 then  q = probbnml(p,1,x) ;
  end ;
  output ;
  p = p1 ;
run ;

proc print ;
  var q p ;
run ;
```

<<프로그램 4-2>> 이항분포 $b(n,p)$를 따르는 확률분포표 만들기

```
data ex2 ;
  n = 4 ;
  p = 0.75 ;
  do x = 0 to n ;
    pr = probbnml(p,n,x) - probbnml(p,n,x-1) ;
    if x-1 < 0 then  pr = probbnml(p,n,x) ;
    output ;
  end ;
run ;

proc print ;
  var x pr ;
run ;
```

<<프로그램 4-3>> 동전 1개를 6회 던졌을 때의 그래프 그리기

```
data coin ;
  p = 0.5 ;
```

```
  n = 6 ;
  do x=0 to n ;
    pr = probbnml(p,n,x) - probbnml(p,n,x-1) ;
    if x-1 < 0 then  pr = probbnml(p,n,x) ;
    output ;
  end ;
run ;

proc gchart ;
  vbar x / sumvar=pr midpoints=1 2 3 4 5 6  axis=0 .1 .2 .3 .4 ;
run ;
```

<<프로그램 4-4>> 2항분포 $b(10,0.2)$를 따르는 실험을 1,000회 반복하여 기대값과 분산을 계산하는 프로그램 9)

```
data bi ;
  do i = 1 to 1000 ;
    x = ranbin(123,10,0.2) ;
    output ;
  end ;
run ;

proc means mean var ;
  var x ;
run ;
```

<<프로그램 4-5>> 표-3 을 꺾은선 그래프로 그리는 프로그램

```
data ex6 ;
  p = 0.5 ; n = 10 ;
  do x=0 to n ;
    pr = probbnml(p,n,x) - probbnml(p,n,x-1) ;
    if x-1 < 0 then  pr = probbnml(p,n,x) ;
    output ;
  end ;
run ;

symbol1 i=join v=dot ;
```

9) ranbin(seed, n, p) 는 이항난수를 구하는 SAS 명령어이다. 종자값(seed)은 사용자가 임의로 정할 수 있다.

```
proc gplot ;
  plot pr*x / vaxis = 0 to 0.3 by 0.05 ;
run ;
```

<<프로그램 4-6>> 1,500개의 이항난수 중에서 0부터 10사이의 값에 속하는 확률을 구하여 데이터세트 binomi로 저장하는 프로그램

```
data bin_simula ;
  do i=1 to 1500 ;
    y = int(time()) ; /* 종자수를 시스템의 시간에 따라 정한다. */ 10)
    x = ranbin(y,10,0.5) ;
    output ;
  end ;
  keep x ;
run ;

proc freq ;
  table x / out=binomi ;
run ;
```

<<프로그램 4-7>> 앞의 <<프로그램 6-6>>에서 생성된 binomi 를 선으로 연결하기

```
symbol1 i=join v=dot ;
proc gplot data=binomi ;
  plot percent*x / vaxis = 0 to 0.3 by 0.1 ;
run ;
```

<<프로그램 4-8>> $n = 20$ 일 때 p 값을 변경시키면서 계산한 이항분포의 값을 배열을 사용하여 저장하는 프로그램

```
data bin_fixed_n_p ;
  array pr[5] pr1-pr5 ;
  n = 20 ;
  do x = 0 to n ;
    do p = 0.1 to 0.5 by 0.1;
      k = p*10 ;
```

10) 발생되는 난수가 컴퓨터마다 서로 다르게 나타난다.

```
      if n-x-1 < 0 then pr[k] = probbnml(1-p,n,n-x) ;
      else pr[k] = probbnml(1-p,n,n-x)-probbnml(1-p,n,n-x-1) ;
    end ;
    ouput ;
  end ;
run ;

symbol1 color=black i=join value=square ;
symbol2 color=red i=join value=plus ;
symbol3 color=blue i=join value=diamond ;
symbol4 color=green i=join value=star ;
symbol5 color=orange i=join value=triangle ;

proc gplot ;
   plot (pr1-pr5)*x / overlay  vaxis = 0 to 0.3 by 0.1 haxis = 0 to 20 by 4 ;
run ;
```

<<프로그램 4-9>> p=0.1일 때, n값을 변화시키면서 그린 이항분포

```
data bin_n_fixed_p ;
  array pr[100]  bnml_1 - bnml_100 ;
  p = 0.1 ;
  do n = 5, 10, 20, 50, 100  ;
    do x = 0 to n ;
      k = n/5 ;
      if x-1 < 0 then  pr[k] = probbnml(p,n,x) ;
      else pr[k] = probbnml(p,n,x) - probbnml(p,n,x-1) ;
      output ;
    end ;
  end ;
run ;

symbol1 color=black interpol=join value=square ;
symbol2 color=red interpol=join value=plus ;
symbol3 color=blue interpol=join value=diamond ;
symbol4 color=green interpol=join value=star ;
symbol5 color=orange interpol=join value=triangle ;

proc gplot ;
  plot (bnml_1 bnml_2 bnml_4 bnml_10 bnml_20)*x /
```

```
            overlay  haxis = 0 to 20 by 4;
run ;
```

<<프로그램 4-10>> 항아리에서 흰공 뽑기

```
data hyper ;
  nn = 9 ; /* 모집단의 개수 */
  k = 5 ; /* 모집단 속의 불량품 개수 */
  n = 3 ;  /* 표본의 개수 */
  do x = 0 to 3 ;
    pr = probhypr(nn,k,n,x) -  probhypr(nn,k,n,x-1) ;
    if x-1<0 then pr = probhypr(nn,k,n,x) ;
    output ;
  end ;
run ;

proc print ;
run ;
```

<<프로그램 4-11>> 40개 중에서 3개가 불량품. 이 중에서 5개 뽑을 때의 확률

```
data a ;
   p1 = probhypr(40,3,5,0) ;
   p2 = probhypr(40,3,5,1) - p1 ;
run ;

proc print ;
   var p2 ;
run ;
```

<<프로그램 4-12>> $p=0.7$ 일 때, 확률변수 X가 1, 2, 3 회 째에서 승리할 확률

```
data geo ;
  p = 0.7 ;
  n = 3 ;
  do x = 1 to n ;
    pr = (1-p)**(x-1)*p ;
    output ;
```

```
  end ;
run ;

proc print ;
  var x pr ;
run ;
```

<<프로그램 4-13>> 평균이 m인 포아손분포에서 $P(X \leq k)$인 확률을 구하는 프로그램

```
data p1 ;
  pr = poisson(m,k) ;
run ;
```

<<프로그램 4-14>> 평균이 1 인 포아손분포의 확률분포표를 만드는 프로그램

```
data pos ;
  n = 7 ;
  m = 1 ;
   do x = 0 to n ;
      pr = poisson(m,x) - poisson(m,x-1) ;
      if x-1 < 0 then pr = poisson(m,x) ;
      output ;
   end ;
run ;

proc print ;
   var x pr ;
run ;
```

<<프로그램 4-15>> 포아손 확률분포를 꺾은선 그래프로 그리는 프로그램

```
symbol1 i=join v=star ;
proc gplot data=pos ;
   plot pr * x ;
run ;
```

<<프로그램 4-16>> m값을 변화시키면서 그린 포아손 그래프

```
data pos_1_to_5 ;
  n = 10 ;
  do x = 0 to n ;
      pos_0 = poisson(0.5,x)-poisson(0.5,x-1) ;
      if x-1 < 0 then pos_0 = poisson(0.5,x) ;
      pos_1 = poisson(1,x)-poisson(1,x-1) ;
      if x-1 < 0 then pos_1 = poisson(1,x) ;
      pos_2 = poisson(2,x)-poisson(2,x-1) ;
      if x-1 < 0 then pos_2 = poisson(2,x) ;
      pos_3 = poisson(3,x)-poisson(3,x-1) ;
      if x-1 < 0 then pos_3 = poisson(3,x) ;
      pos_4 = poisson(4,x)-poisson(4,x-1) ;
      if x-1 < 0 then pos_4 = poisson(4,x) ;
      pos_5 = poisson(5,x)-poisson(5,x-1) ;
      if x-1 < 0 then pos_5 = poisson(5,x) ;
      output ;
  end ;
run ;

symbol1 color=black interpol=join value=square ;
symbol2 color=red interpol=join value=plus ;
symbol3 color=blue interpol=join value=diamond ;
symbol4 color=green interpol=join value=star ;
symbol5 color=orange interpol=join value=triangle ;
symbol6 color=pupple interpol=join value=dot ;
proc gplot ;
  plot (pos_0 pos_1 pos_2 pos_3 pos_4 pos_5)*x / overlay ;
run ;
```

▸ ▸ ▶ 연습문제 ◀ ◂ ◂

1. 동전 1개를 6회 던졌을 때, 앞면이 n회 ($n=1,2,...,6$) 나올 확률을 구하여라.

2. 확률변수 X가 이항분포 $b(x;n,p)$ 을 따를 때 X의 평균이 2, 표준편차가 1 이다. $P(X \geq 3)$ 의 값을 구하여라.

3. 주사위를 120회 던지는 시행을 하고 있다. '6의 눈이 나타나는 횟수'를 확률변수 X라고 할 때, X의 기대값과 분산을 구하여라.

4. 실험에 성공할 확률이 0.8 일 때 4회 성공할 때까지 실험을 반복하면 반복을 요하는 회수는 얼마인가?

5. 불량률이 0.05인 로트(동일한 조건에서 만들어진 제품의 집단)의 크기가 1,000 이다. 지금 표본 30개를 추출했을 때 그 중에 불량품이 하나도 없을 확률은 얼마인가?

6. 불량률이 1%인 제품 1,000개를 1개의 상자에 넣을 때 불량품이 하나도 들어가지 않을 확률을 구하여라.

7. 우편광고 100통에 1통의 주문이 기대된다고 한다. 1개 도시에 200통씩 80개 도시에 우송하였다. 다음 확률을 계산하라.
(1) 1통도 주문이 없는 도시는 얼마인가?
(2) 1통의 주문이 있는 도시는 얼마인가?
(3) 2통 이상의 주문이 있는 도시는 얼마인가?

8. $n=20, p=0.3$인 이항분포의 확률분포표를 작성하여라.

9. [예제-17]의 음이항분포 확률을 구하는 SAS 프로그램을 만들어라.

제5장 연속확률분포

1. 균등분포

확률변수 X의 확률밀도함수가 $a < b$ 인 두 상수 a, b 에 대하여

$$f(x) = \begin{cases} \dfrac{1}{b-a} & , \ a \leq x \leq b \\ 0 & , \ x < a \ \text{ 또는 } \ x > b \end{cases}$$

로 주어지면 확률변수 X는 균등분포(Uniform Distribution)를 한다고 한다. 균등분포는 $U(a, b)$로 표기하며, 그림은 다음과 같다.

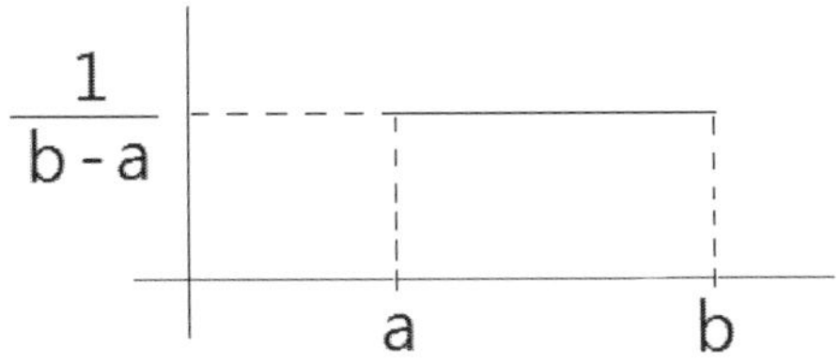

그림-1 균등분포의 확률밀도함수

[예제-1] 확률변수 X가 구간 $[2, 4]$에서 균등분포를 할 때, X의 분포함수를 구하여라.

[해] 구간 $[2, 4]$에서 확률밀도함수가 $f(x) = \dfrac{1}{4-2} = \dfrac{1}{2}$ 이 된다. 확률밀도함수 $f(x)$의 분포함수 $F(x)$는

$$F(x) = P(X < x) = \int_{-\infty}^{x} f(t)dt$$

로 정의되므로, 구간 내에서의 분포함수는

$$F(x) = P(X < x) = \int_{-\infty}^{x} f(t)\,dt = \int_{2}^{x} \frac{1}{2}\,dt = \frac{x-2}{2}$$

이다. 따라서 전체 구간에서의 분포함수와 그래프는 다음과 같다.

$$F(x)=\begin{cases} 0 & , x<2 \\ \dfrac{x-2}{2} & , 2 \le x < 4 \\ 1 & , x \ge 4 \end{cases}$$

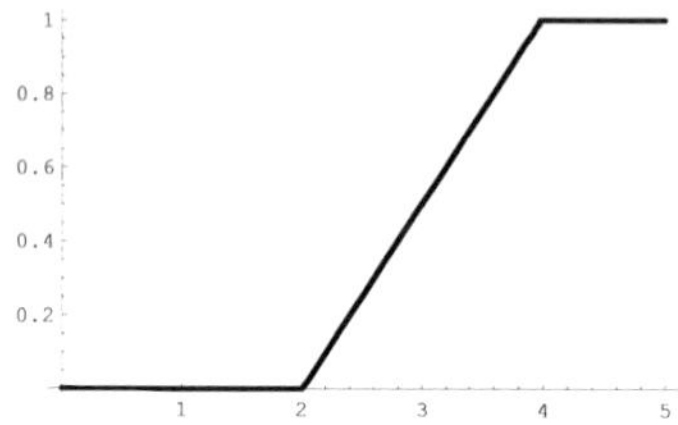

그림-2 분포함수의 그래프

> [정리-1] 확률변수 X가 균등분포를 따르면 기대값과 분산은 다음과 같다.
>
> $$E(X)=\frac{a+b}{2} \ , \ V(X)=\frac{(b-a)^2}{12}$$

[예제-2] 균등분포 $U(4,10)$ 을 따르는 확률변수 X의 기대값과 분산을 구하여라.

[해] $E(X)=\dfrac{4+10}{2}=7$, $V(X)=\dfrac{(10-4)^2}{12}=3$

기대값과 분산은 이론상의 값이므로 실제 데이터를 만들어서 값의 근사한 정도를 알아볼 필요가 있다. <<프로그램 5-1>>을 사용하여 n개의 균등난수를 만들고 평균, 분산을 구하면 다음과 같이 평균과 분산은 근사적으로 0.5, 0.0833 인 값을 얻게 된다.

표-1 $u(0,1)$을 따르는 n개의 난수의 기대값과 분산

n	100	1,000	10,000	100,000	1,000,000
기대값	0.4979203	0.4953276	0.5013937	0.5001203	0.4997280
분 산	0.0869895	0.0788468	0.0840129	0.0832535	0.0833270

[예제-3] 전철이 평균 4분 간격으로 운행하고 있다. 전철 승객이 역에서 전철을 기다리는 시간은 평균 얼마인가?

[해] 어떤 승객이 전철을 기다리는 시간은 역에 도착하여 바로 전철을 타거나(대기시간 0분)

전철이 출발한 직후에 도착(대기시간 4분)할 수 있으므로 균등분포 $U(0,4)$ 를 따른다. 따라서 평균 대기시간은 2분이다.

2. 정규분포

정규분포(Normal Distribution)는 종 모양의 확률밀도함수를 갖는 분포이며, 정규분포에 대한 연구는 지난 수세기에 걸쳐 이루어져 왔으며 Gauss와 Laplace에 의해 수학적인 체계가 갖추어졌다. 정규분포를 Gauss 분포라고도 부르며 자료를 설명함에 있어 우월성을 갖고 있다. 하지만 정규분포가 모든 자료를 설명할 수 있는 것은 아니다. 초기의 통계학자들은 모든 자료의 히스토그램이 정규분포와 유사하지 않으면 비정상적인 자료로 생각하였다. 20세기 들면서 주어진 자료에 적합한 여러 분포들이 제안되었으나 정규분포는 아직도 여러 분야에 널리 응용되고 있다.

정규분포는 평균 μ와 표준편차 σ에 의하여 결정되는 분포로서 다음과 같은 확률밀도함수를 갖으며 표기는 $N(\mu,\sigma^2)$로 한다.

$$f(x) = \frac{1}{\sqrt{2\pi\sigma^2}} e^{-\frac{(x-\mu)^2}{2\sigma^2}}$$

확률밀도함수의 수식은 매우 복잡하다. 참고로, 정규분포의 확률밀도함수를 유도하는 과정은 부록에 실어놓았다.

정규분포는 μ 와 σ 의 값에 따라 변화하므로 무수히 많은 그림이 존재한다. 그 중에서 $\mu=5$, $\sigma^2=10$ 인 정규분포의 그림을 그려보자. <<프로그램 5-2>>를 실행시키면 그림-3 이 만들어진다.

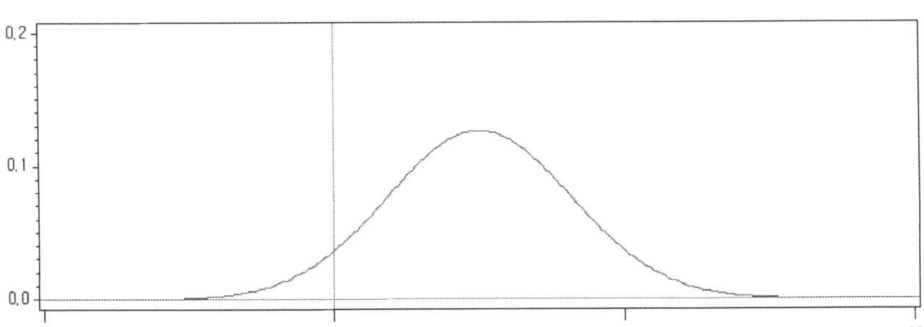

그림-3 $\mu=5$, $\sigma^2=10$ 인 정규분포

그림을 보면 평균 5를 기준으로 좌우대칭인 종 모양임을 확인할 수 있다.

분산은 σ^2 = 25 로 같고 평균 m은 10, 20 인 2개의 정규분포를 그려보면 다음과 같다.

그림-4를 살펴보면 분포의 모양은 동일한 채, 위치만 변화된 것을 알 수 있다. 1)

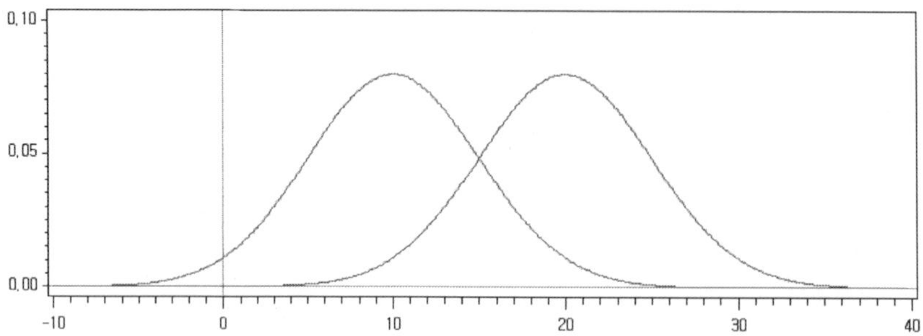

그림-4 분산은 동일하고, 평균(왼쪽 m=10, 오른쪽 m=20)이 다른 정규분포

산포의 크기는 매우 중요하다. 이제 평균은 10 으로 같고, 표준편차 s 는 각각 10, 20, 30 으로 서로 다른 정규분포의 그래프를 그려보면 다음과 같다. 2) 세 개의 그림을 보면 분산의 크기에 따라 퍼짐의 정도가 다르게 나타남을 알 수 있다.

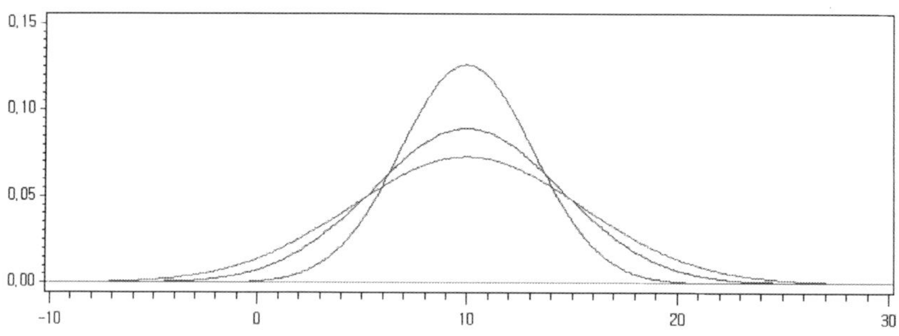

그림-5 평균은 같고, 분산이 다른 정규분포

앞서 언급한 것처럼 정규분포는 평균 μ 와 표준편차 σ 에 의하여 결정되는 분포이므로 무한히 많은 그림이 그려지게 된다. 또한 정규분포의 확률계산 역시 매우 어렵기 때문에 표준정규분포(standard normal distribution)를 이용하여야 한다. 표준정규분포는 변량 X를 표준화변량으로 바꾸어 확률계산을 한다.

[정의-1] 표준화변량 Z는 다음과 같이 정의된다.

$$Z = \frac{x-\mu}{\sigma}$$

[정리-2] 확률변수 X가 $N(\mu, \sigma^2)$인 분포를 하면 표준화변량 Z는 $N(0, 1)$인 분포를 한다.

1) 그림-4는 <<프로그램 5-3>>을 실행시키면 얻을 수 있다.
2) <<프로그램 5-4>>를 실행시키면 얻을 수 있다.

표준화 정규분포의 확률밀도함수는

$$f(z) = \frac{1}{\sqrt{2\pi}} e^{\frac{-z^2}{2}}$$

이고, 표준화 정규분포의 그림은 다음과 같으며 유일(unique)하다. 이 그림을 보면 0 을 기준으로 좌우대칭인 종 모양임을 확인할 수 있다. 3)

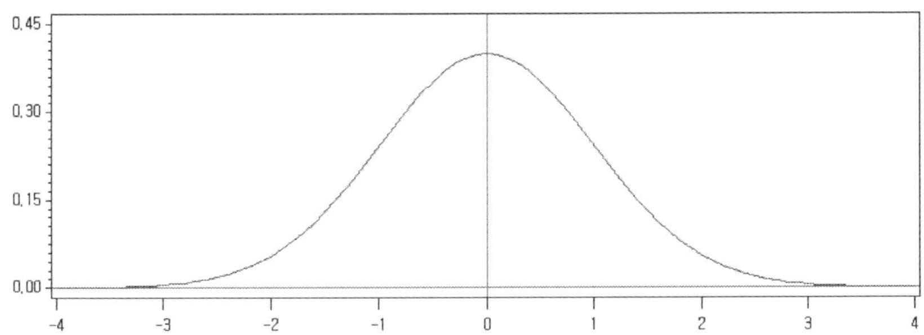

그림-6 표준화정규분포

정규분포의 확률밀도함수가 워낙 복잡하므로 적분을 통해 확률계산을 하는 것은 거의 불가능하다. 4) 하지만 표준화 정규분포를 이용하면 적분을 하지 않고도 확률계산을 수월하게 할 수 있다.

다음은 $P(Z \geq 1.645) = 1 - P(Z < 1.645) = 0.05$ 를 나타내는 그림이다. 5)

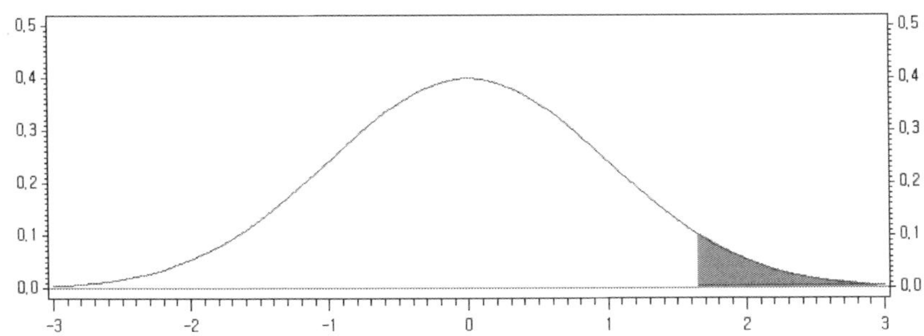

그림-7 표준정규분포의 5% 확률

분포함수 $P(X \leq x)$의 값을 구하는 명령을 이용하면 $x = 1.645$ 까지의 누적확률이 구해진다. 다음 프로그램은 $P(Z \leq 1.645)$의 값인 0.95002(=95%)를 반환한 것을 확인할 수 있다.

3) <<프로그램 5-5>>를 실행시키면 얻어진다.
4) 일반적으로 연속함수를 적분하는 Simpson의 방법은 부록에 실어놓았다.
5) <<프로그램 5-6>>을 실행시키면 얻어진다.

```
data nomal ;
  x = probnorm(1.645) ;
run ;
```

역으로, 95%인 정규분포의 z 값 출력하는 프로그램은 다음과 같다.

```
data inv_norm ;
  pr = probit(0.95) ;
run ;
```

[예제-4] $P(Z \leq 1.6)$, $P(Z \geq 1)$을 구하여라.
[해] $P(Z \leq 1.6) = 0.9452$
$P(Z \geq 1) = 1 - P(Z < 1) = 1 - 0.8513 = 0.1587$

[정리-3] 확률변수 X가 $N(0,1)$인 표준화 정규분포를 하면 기대값과 분산은 다음과 같다.
$E(X) = 0$, $V(X) = 1$

[정리-3]의 표준화 정규분포의 기대값과 분산은 이론상의 값이므로 실제의 데이터를 이용하여 기대값과 분산을 계산하여보자.

<<프로그램 5-7>>은 정규난수를 100,000개 발생시키고 평균과 분산을 구하는 모의실험 프로그램이다. 프로그램 실행결과, 평균 = -0.000328861 , 분산 = 1.0031895 임을 확인할 수 있으며 [정리-3]의 내용과 일치함을 알 수 있다.

[예제-5] 전구 생산 공장에서 생산된 전구의 수명은 평균 800시간, 표준편차 40시간인 정규분포를 하고 있다. 이 공장에서 생산된 전구 1개를 구입했을 때 수명이 778시간 이상이고 834시간 이내일 확률을 구하여라.
[해] 주어진 구간을 표준화변량으로 만들어서 확률을 계산하면 다음과 같다.

$$P(778 \leq X \leq 834) = P(\frac{778-800}{40} \leq \frac{X-800}{40} \leq \frac{834-800}{40})$$

$$= P(-0.55 \leq Z \leq 0.85)$$

$$= 0.8023 - 0.2912 = 0.5111$$

앞의 $P(-0.55 \leq X \leq 0.85)$ 의 확률계산은 부록의 표준화 정규분포를 사용하여 계산한다. 하지만 다음의 프로그램처럼 확률을 계산할 수도 있다.

```
data a ;
  pr = probnorm(.85) - probnorm(-0.55) ;
run ;
```

[예제-6] 학생 800명의 키는 평균 165Cm, 표준편차 8Cm인 정규분포를 따른다고 한다.

(1) 키가 160Cm와 170Cm 사이에 있을 확률
(2) 키가 175Cm 이상에 속해 있는 학생수
(3) 상위 5%에 속하려면 키가 몇 Cm 이상이어야 하는가?

[해] (1) $P(160 \leq X \leq 170) = P(\frac{160-165}{8} \leq \frac{X-165}{8} \leq \frac{170-165}{8})$

$$= P(-0.625 \leq Z \leq 0.625) = 0.4680$$

(2) $P(X \geq 175) = P(Z \geq 1.25) = 0.1056$ 이므로 175Cm이상인 학생은 $800 \times 0.1056 = 84.48$ 명이므로 85명이다.

(3) $0.05 = P(Z \geq 1.645) = P(X \geq 1.645 \times 8 + 165) = P(X \geq 178.16)$
따라서 178.2Cm 이상이 상위 5%에 속하는 계층이 된다.

3. 2항분포의 정규근사(Normal Approximation)

2항분포는 불량률 p 또는 $q(=1-p)$가 0.1보다 작지 않으면 50회 정도의 시행으로도 정규분포 곡선에 근사하게 되는 것을 그림을 통해 보았다. 6)

2항분포의 기대값 $E(X) = np$ 와 분산 $V(X) = npq$ 를 사용하여 표준화변량을 만들면 표준화정규분포를 따르게 됨을 유추할 수 있다.

[정리-4] 2항분포 $b(n, p)$를 따르는 확률변수 X에 대해, n 이 충분히 크고 p 가 0 또는 1 에 가깝지 않다면 표준화 확률변수는 근사적으로 $N(0, 1)$ 인 분포를 따른다.

$$Z = \frac{X - np}{\sqrt{np(1-p)}}$$

6) 제4장 2절 참조.

[정리-5] 중심극한정리 (central limit theorem)

변량 $X_1, X_2, ..., X_n$ 은 평균이 μ, 분산이 σ^2인 모집단으로부터 추출된 표본이라 하면 표본평균 $\overline{X}$ 의 분포는 n 이 증가하면 다음과 같은 정규분포로 수렴된다.

$$\overline{X} \sim N(\mu, \frac{\sigma^2}{n})$$

주의할 점은 중심극한정리는 변량이 정규분포를 따르지 않더라도 성립한는 것이다.

[예제-7] 생산 공정의 불량률이 10%이다. 이 공정에서 100개의 제품을 임의 추출하였을 때 불량품이 13개 이상 있을 확률을 구하여라.

[해] 불량품의 수 X는 $n = 100$, $p = 0.1$ 인 이항분포를 하므로 구하는 확률은

$$P(X) = \sum_{x=13}^{100} \binom{100}{x} 0.1^x \, 0.9^{100-x} = 0.1982$$

이러한 확률값은 <<프로그램 5-9>>를 사용하여 계산할 수 있다. 다른 방법으로는 $P(X)$의 값을 다음과 같이 여사건의 확률을 이용하여 계산할 수도 있다.

```
data ;
  pr = 1 - probbnml(0.1,100,12)  ;
run ;
```

[예제-8] 생산 공정의 불량률이 10%이다. 이 공정에서 100개의 제품을 임의 추출하였을 때 불량품이 13개 이상 있을 확률을 구하여라.

[해] 이 경우는 생산공정과 관련이 있으므로 n 은 충분히 큰 것으로 판단된다. 따라서 중심극한정리를 사용하면 컴퓨터의 도움없이도 직접 확률을 계산할 수 있다.

$$\mu = np = 100 \times 0.1 = 10 \ , \quad \sigma^2 = npq = 100 \times 0.1 \times 0.9 = 9$$

이다. 불량품의 개수 X 는 중심극한정리에 의해 $N(10,9)$인 정규분포를 하므로

$$P(X \geq 13) = P(\frac{X-10}{3} \geq \frac{13-10}{3})$$

$$= P(Z \geq 1) = 0.1587$$

[예제-8]은 [예제-7]의 문제와 동일하지만 계산된 결과는 서로 다른 것을 확인할 수 있다. 이항분포를 사용하여 계산된 실제 확률은 0.1982이고, 중심극한정리를 사용하여 간편 계산한 확률은 0.1587이므로 두 가지 방법으로 계산된 확률에 차이가 있음을 알 수 있다. 따라서 중심극한정리가 이론적으로는 맞는다고 하더라도 무조건 사용할 수는 없다는 결론에 도달한다.

중심극한정리를 무조건 사용하려면 어떻게 해야 하나? 결과값에 차이가 나는 것을 바로잡기 위한 방법은 연속성수정에서 다룬다.

4. 연속성의 수정

근사정규분포 이론은 약간의 오차를 수반한다. 근사이론은 n이 큰 경우에는 적합하지만 소표본인 경우는 근사정규분포를 이용하기가 어렵다. n이 작은 경우, 불연속분포를 연속형 분포로 처리하기 위해서는 약간의 수정이 필요하며 이를 연속성의 수정(Continuity Correction)이라고 한다.

[정의-2] 2항 확률변수 X에 대해 $P(a \leq X \leq b)$를 $P(a-0.5 \leq X \leq b+0.5)$로 수정하여 정규분포를 적용할 수 있는 데, 이것을 연속성의 수정이라고 한다.

연속성의 수정을 그림을 통해 살펴보기로 한다. 다음의 표는 $b(10, 0.5)$를 따르는 이항분포표이다.

표-1 $b(10, 0.5)$를 따르는 이항분포의 확률분포표

x	0	1	2	3	4	5	6	7	8	9	10
$P(X=x)$	0.001	0.010	0.044	0.117	0.205	0.246	0.205	0.117	0.044	0.010	0.001

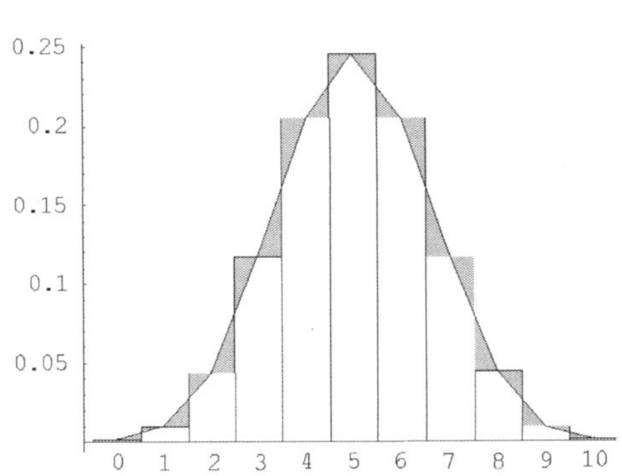

그림-8 연속성의 수정

앞의 그림-8은 표의 자료를 히스토그램으로 그린 후, 각각의 기둥에서 중점을 지나는 꺾은선그래프를 그린 것이다. 그림에서 보는 바와 같이, 히스토그램을 꺾은선그래프로 바꾸더라도 전체적인 넓이에서는 차이가 거의 없다는 것이다. 이러한 성질이 연속성의 수정의 원리이다.

[예제-9] 생산 공정의 불량률이 10%이다. 이 공정에서 100개의 제품을 임의 추출하였을 때 불량품이 13개 이상 있을 확률을 구하여라.

[해] $P(X \geqq 13) \fallingdotseq P(X \geqq 12.5) = P(\dfrac{X-10}{3} \geqq \dfrac{12.5-10}{3})$

$$= P(Z \geqq 0.8333) = 0.2023$$

계산된 확률 0.2023은 **[예제-7]**에서 계산된 확률 0.1982와의 차이가 0.0041이므로 연속성 수정을 하면 결과의 차이가 거의 없음을 알 수 있다.

[예제-10] $n = 20\,,\, p = 0.5$ 일 때 $P(Y = 10)$ 의 값을 구하여라.

[해] 2항분포를 사용하여 직접 계산해보면 다음과 같다.

$$P(Y = 10) = \binom{20}{10}(0.5)^{10} \times (0.5)^{10} = 0.1762$$

이제 연속성의 수정을 이용하여 확률을 계산하여 보자. 이항분포를 하므로 평균과 분산은

$$\mu = np = 10 \;\;,\;\; \sigma^2 = npq = 5$$

가 되므로

$$P(Y = 10) \fallingdotseq P(9.5 \leqq Y \leqq 10.5) = \frac{P(9.5-10}{\sqrt{2}} \leqq Y \leqq \frac{10.5-10}{\sqrt{2}})$$

$$= P(-0.22 \leqq Y \leqq 0.22) = 0.1742$$

따라서, 직접 계산한 확률과 연속성의 수정을 이용한 계산 확률이 거의 같음을 알 수 있다.

[예제-11] 동전을 12번 던졌을 때, 앞면이 4회나 5회가 될 확률은 얼마인가?

[해] 이항분포를 이용하여 확률을 계산하면 다음과 같다.

$$P(X = 4) + P(X = 5) = \binom{12}{4}(0.5)^4(0.5)^8 + \binom{12}{5}(0.5)^5(0.5)^7$$

$$= 0.1208 + 0.1934 = 0.3142$$

이를 확인하는 SAS 프로그램은 다음과 같다.

```
data ;
   n = 12 ; p = 0.5 ;
   pr = probbnml(p, n, 5) - probbnml(p, n, 3) ;
run ;
```

[예제-11]의 동전 던지기 실험은 이항분포를 하므로 $\mu = np = 6$, $\sigma^2 = 3$이다. 이제 연속성의 수정을 사용하여 확률 계산을 하면 다음과 같다.

$$P(3.5 \leq X \leq 5.5) = P(\frac{3.5-6}{\sqrt{3}} \leq \frac{X-6}{\sqrt{3}} \leq \frac{5.5-6}{\sqrt{3}})$$

$$= P(-1.4434 \leq Z \leq -0.2887)$$

$$= 0.3864 - 0.0745 = 0.3119$$

따라서 이산형 분포를 연속형 분포인 정규분포처럼 처리하더라도 확률값은 거의 같음을 알 수 있다.

5. Gamma분포와 지수분포

통계학의 발전 초기에는 자료가 종모양의 정규분포를 따라야 하는 것으로 생각하였다. 하지만 이것이 잘못된 것이라는 것을 알게 되었으며 정규분포 이외의 다른 분포들도 경우에 따라 더 적합한 모형이 될 수 있다. 연속분포로서의 정규분포는 매우 중요하지만 특별한 경우에는 Gamma분포 또는 지수분포 등이 필요한 경우가 있다.

[정의-3] Gamma함수

$$\Gamma(\alpha) = \int_0^\infty x^{\alpha-1} e^{-x} dx \ , \quad \alpha > 0$$

Gamma함수에 대해서는 다음 관계식이 성립한다.

(1) $\Gamma(1) = \int_0^\infty e^{-1} dx = 1$

(2) α 가 양의 정수이면 $\Gamma(\alpha) = (\alpha - 1)!$

(3) $\Gamma(\frac{1}{2}) = \sqrt{\pi} = 1.77245$

$\alpha > 0$ 인 경우, Gamma 함수의 그래프를 그리는 것이 <<프로그램 5-9>>이고 그림은 다음과 같다.

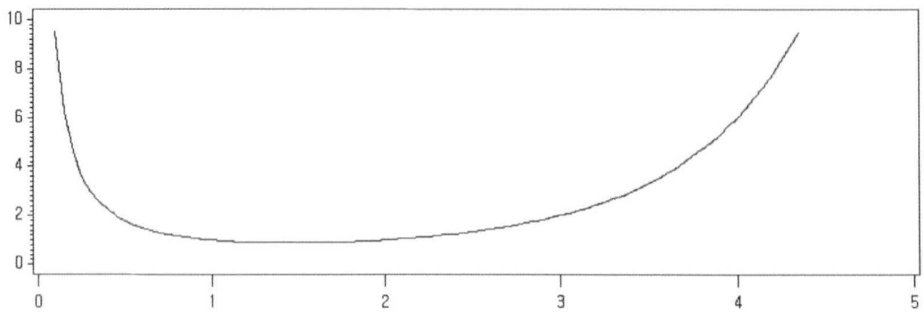

그림-9 감마함수의 그래프

전체구간에서 확률밀도함수의 적분값이 1 이라는 성질을 이용하면 다음과 같은 Gamma 분포의 확률밀도함수를 유도할 수 있다. (부록참조)

[정의-4] 확률변수 X가 다음과 같은 확률밀도함수를 가질 때 X는 Gamma 분포를 한다.

$$f(x) = \frac{1}{\beta^{\alpha}\Gamma(\alpha)} x^{\alpha-1} e^{-x/\beta} \quad , \ \alpha > 0 \, , \beta > 0$$

[정리-6] 확률변수 X가 Gamma분포를 할 때, 기대값과 분산은 다음과 같다.

$$E(X) = \alpha\beta \ , \ \ V(X) = \alpha\beta^2$$

기대값과 분산은 정의에 따라 정적분하면 구해지는 이론상의 값이므로, 앞서와 마찬가지로 시뮬레이션을 통하여 값이 근사적으로 일치하는 가를 살펴볼 필요가 있다.

$\alpha = 1.3$, $\beta = 0.7$일 때의 감마난수를 n개 발생시켜 기대값과 분산을 구하여 표로 정리하면 다음과 같다. (<<프로그램 5-10>> 참조)

표-2 감마난수의 기대값과 분산

n	100	1,000	10,000	100,000	1,000,000
평균	0.8974854	0.8531035	0.9236652	0.9097096	0.9102099
분산	0.5995550	0.5866378	0.6609050	0.6400381	0.6370101

프로그램의 실행 결과, n값이 커지면 평균은 0.9102 , 분산은 0.6370 이 되며 예상되는 값과의 차이는 크지 않음을 알 수 있다. time( ) 함수를 사용하였으므로 계산 결과는 프로그램을 실행시킬 때마다 변화한다.

이제 α, β의 값을 변화시키면서 감마분포의 그래프를 그려보자. $\beta=1$ 일 때 $\alpha(=1,2,5)$의 그림을 그리고, 다음엔 $\alpha=1$ 일 때 $\beta(=0.5,2,4)$의 그림을 그려보았다.

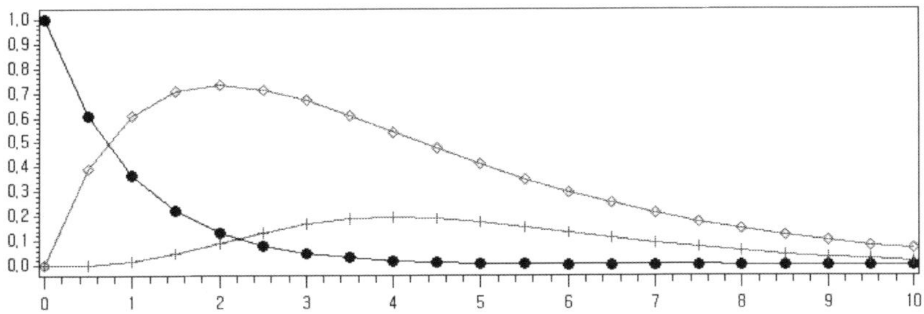

그림-10 $\beta=1$, $\alpha(=1,2,5)$에 대한 감마분포

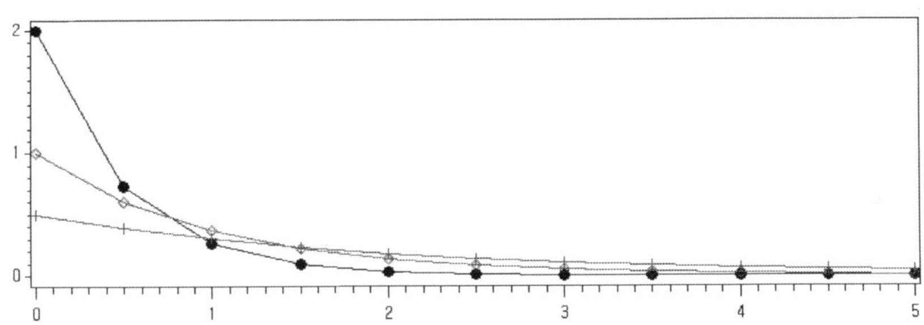

그림-11 $\alpha=1$, $\beta(=0.5,1,2)$에 대한 감마분포

$\alpha=1$일 때의 $\beta(=1,2,5)$에 대한 감마분포의 그래프를 그리는 프로그램은 <<프로그램 5-12>>에 실어놓았다. 그림-11에서 볼 수 있듯이, Gamma 분포의 특별한 경우로서 확률밀도 함수 중에서 $\alpha=1$ 인 경우는 지수분포(Exponent Distribution)가 된다.

[정의-5] 확률분포 X가 다음과 같은 확률밀도함수를 가지면 X는 지수분포 $\epsilon(\beta)$를 따른다고 한다.

$$f(x)=\frac{1}{\beta}e^{-x/\beta}, \qquad x>0\,,\ \beta>0$$

지수분포는 신뢰성이론, 대기행렬이론, 수명시간의 분포 등에 사용된다. 또한 지수분포는 과거를 기억하지 못함을 제3장의 **[예제-9]**를 통해 이미 다룬 바 있다.

지수분포의 분포함수 $F(x)$는

$$F(x) = P(X \leq x) = \int_0^x \frac{1}{\beta} e^{-x/\beta} dx = 1 - e^{-x/\beta}$$

> [정리-7] 확률변수 X가 지수분포를 할 때, 기대값과 분산은 다음과 같다.
>
> $E(X) = \beta$, $V(X) = \beta^2$

지수난수를 구하는 함수는 ranexp( ) 가 있지만, 지수분포의 기대값과 분산을 구하는 다른 방법으로는 감마난수 생성함수에서 α값을 1로 하여도 구할 수 있다.

[예제-12] $\beta = 5$인 경우의 $P(X \leq 8)$의 값을 구하여라.

[해] $F(x) = P(X \leq x) = \int_0^x \frac{1}{5} e^{-x/5} dx = 1 - e^{-x/5}$ 이므로

$P(X \leq 8)$ = 0.7981

[예제-13] 한 제품이 몇 개의 부품으로 되어 있다. 한 부품이 파손되기까지의 시간(년)을 확률변수 X라 할 때, X는 $\beta = 5$인 지수분포를 따른다고 한다. 제품이 5개의 부품으로 되어 있을 때 8년 후에 적어도 2개의 부품이 작동할 확률은 얼마인가?

[해] 앞의 예제에서 $\beta = 5$ 인 경우의 $P(X \leq 8)$의 값은 0.7981임을 구한 바 있다. 따라서 하나의 부품이 8년 후까지 작동할 확률을 구해보면

$$P(X > 8) = \frac{1}{5} \int_8^{\infty} e^{-x/5}\, dt = 0.2019$$

이다. 8년 후까지 작동하는 부품의 수 X는 2항분포를 하므로 구하는 확률은

$$P(X \geq 2) = 1 - P(X < 2) = 1 - \sum_{x=0}^{1} b(x; 5, 0.2) = 0.2627$$

이를 구하는 SAS 프로그램은 다음과 같다.

```
data a ;
   p=0.2019 ; n = 5 ; s = 0 ;
   q = 1 - probbnml(p,n,1) ;
run ;
```

[예제-14] 지수분포의 확률밀도함수가 다음과 같을 때, 평균과 분산을 구하여라.

$$f(x) = \begin{cases} xe^{-x}, & x > 0 \\ 0 \quad , & x \leq 0 \end{cases}$$

[해] $E(X) = \int_0^{\infty} xf(x)\,dx = \int_0^{\infty} x^2 e^{-x}\,dx = \Gamma(3) = 2! = 2$

$E(X^2) = \int_0^{\infty} x^3 e^{-x}\,dx = \Gamma(4) = 3! = 6$

$\therefore \; V(X) = E(X^2) - [E(X)]^2 = 2$

6. SAS 프로그램

<<프로그램 5-1>> 균등분포 u[0,1]에서 n개의 난수를 발생시켜 평균분산을 구하는 프로그램

```
data unifm ;
do n = 100, 1000, 10000, 100000, 1000000 ;
  do i = 1 to n ;
    y = int( time( ) ) ;
    x = ranuni(y) ;
    output ;
  end ;
end ;
run ;

proc means mean var ;
  var x ;
  by n ;
run ;
```

<<프로그램 5-2> 정규분포 그래프

```
data nmal ;
m = 5 ; v = 10 ; pi = 4*atan(1) ;
  do x = -10 to 20 by 0.1;
    f = 1 / sqrt(2*pi*v)*exp(-(x-m)**2/(2*v)) ;
    output ;
  end ;
run ;

symbol1 i=join ;
proc gplot ;
  plot f*x / vaxis= 0, 0.1, 0.2 href=0 vref=0 ;
run ;
```

<<프로그램 5-3>> 분산은 25이고 평균은 10, 20인 정규분포 그래프

```
data nmal_1 ;
v=25 ; m1=10 ; m2=20 ; pi = 4*atan(1) ;
  do x=-10 to 40 by 0.1 ;
```

```
    f1 = 1 / sqrt(2*pi*v)*exp(-(x-m1)**2/(2*v)) ;
    f2 = 1 / sqrt(2*pi*v)*exp(-(x-m2)**2/(2*v)) ;
    output ;
  end ;
run ;

symbol1 i=join ;
symbol2 i=join ;
proc gplot ;
  plot f1*x f2*x / overlay vaxis = 0, 0.05, 0.1 href=0 vref=0 ;
run ;
```

<<프로그램 5-4>> 평균은 10이고 분산은 각각 10, 20, 30인 정규분포의 그래프

```
data nmal_2 ;
m1=10 ; v1=10 ; v2=20 ; v3=30 ; pi = 4*atan(1) ;
  do x=-10 to 30 by 0.1 ;
    f1 = 1 / sqrt(2*pi*v1)*exp(-(x-m1)**2/(2*v1)) ;
    f2 = 1 / sqrt(2*pi*v2)*exp(-(x-m1)**2/(2*v2)) ;
    f3 = 1 / sqrt(2*pi*v3)*exp(-(x-m1)**2/(2*v3)) ;
    output ;
  end ;
run ;

symbol1 i=join  ;
symbol2 i=join  ;
symbol3 i=join  ;

proc gplot ;
  plot (f1 f2 f3)*x / overlay vaxis=0, 0.05, 0.1, 0.15 vref=0 ;
run ;
```

<<프로그램 5-5>> 표준화정규분포의 그래프

```
data nmal_std ;
pi = 4*atan(1) ;
  do x=-4 to 4 by 0.2 ;
    f = 1 / sqrt(2*pi)*exp(-x**2/2) ;
    output ;
```

```
  end ;
run ;

symbol1 i = join ;
proc gplot ;
  plot f*x / vaxis = 0, 0.15, 0.3, 0.45 href=0 vref=0 ;
run ;
```

<<프로그램 5-6>> 꼬리부분 5% 색칠하는 프로그램(그림-7)

```
data nmal_tail ;
  do x1=-3 to 3 by 0.1 ;
    f = 1/sqrt(8*atan(1)) * exp(-x1*x1/2) ;
    output ;
  end ;

  do x1=1.645 to 3 by 0.1 ;
    f1 = 1/sqrt(8*atan(1)) * exp(-x1*x1/2) ;
    output ;
  end ;
run ;

axis1 order = (0 to 0.5 by 0.1) ;
symbol1 i=join ;
symbol2 i=join ;
proc gplot ;
  plot f*x1  / vaxis = axis1 ;
  plot2 f1*x1 /  vaxis = axis1 area=1 vref=0 ;
run ;
```

<<프로그램 5-7>> 표준화 정규분포의 기대값과 분산

```
data simul_std_normal ;
do i=1 to 100000 ;
  pr = rannorm(123) ;
  output ;
end ;
run ;
```

```
proc means mean variance ;
  var pr ;
run ;
```

<<프로그램 5-8>> 이항분포 확률구하기

```
data a ;
   p = 0.1 ;
   do i = 13 to 100 ;
      pr = probbnml(p,100,i) - probbnml(p,100,i-1) ;
      output ;
   end ;
run ;
proc print ;
   sum pr ;
run ;
```

<<프로그램 5-9>> 감마함수의 그래프

```
data gamma_fig ;
  do x = 0.05 to 5 by 0.05 ;
    p = gamma(x) ;
    output ;
  end ;
run ;

axis1 order = (0 to 10 by 2) ;
symbol1 i = join ;
proc gplot ;
  plot p*x / vaxis = axis1 ;
run ;
```

<<프로그램 5-10>> $\alpha=1.3$, $\beta=0.7$일 때의 감마난수를 n개 발생시켜 기대값과 분산을 구하는 프로그램

```
data simula_gam ;
  alpha = 1.3 ;
  beta = 0.7 ;
  do n = 100, 1000, 10000, 100000, 1000000 ;
```

```
    do i = 1 to c ;
      y = int( time() ) ;
      x = beta * rangam(y,alpha) ;
      output ;
    end ;
  end ;
run ;

proc means mean var ;
  var x ;
  by n ;
run ;
```

<<프로그램 5-11>> $\alpha=1$일 때의 $\beta(=1,2,5)$에 대한 감마분포의 그래프

```
data gamma_plot ;
  do x=0 to 10 by 0.5 ;
  /*  f = 1/(beta**alpha * gamma(alpha))*x**(alpha-1)*exp(-x/beta) ; */
    f1 = 1/(1**1 * gamma(1))*exp(-x/1) ;
    f2 = 1/(1**2 * gamma(2))*x**(2-1)*exp(-x/2) ;
    f3 = 1/(1**5 * gamma(5))*x**(5-1)*exp(-x/1) ;
    output ;
  end ;
run ;

symbol1 i = join value=dot;
symbol2 i = join value=diamond ;
symbol3 i = join value=plus;

proc gplot ;
  plot ( f1 f2 f3 )*x / overlay ;
run ;
```

▸ ▸ ▶ 연습문제 ◀ ◂ ◂

1. 10분마다 버스가 지나간다. 어떤 사람이 임의 시각에 버스정류장에 도착했을 때, 이 사람이 버스를 6분 이상 기다릴 확률은 얼마인가?

2. 동전던지기 실험을 15회 실시하였을 때 앞면이 8회 이상 10회 이하일 확률을 구하려고 한다.
(1) 이항분포를 사용하여 참값을 구하여라.
(2) 이항분포의 정규근사를 사용하여 값을 구하여라.
(3) 연속성의 수정을 사용하여 값을 구하여라.

3. 아파트 A동에는 50가구가 생활하고 있다. 이곳에서 생활하는 가구의 30%가 평균 5년에 한 번씩은 이사하고 있다고 한다. 아파트 A동에 거주하는 가구 중에서 20에서 30사이의 가구가 5년 내에 이사할 확률은 얼마인가?

4. 어떤 고등학교 600명 학생들의 키가 평균이 175Cm, 표준편차는 10Cm인 정규분포를 따른다고 한다.
(1) 키가 180Cm 이상인 학생은 몇 퍼센트인가?
(2) 키가 160Cm 이하인 학생은 몇 퍼센트인가?
(3) 키가 큰 순서대로 5% 이내에 들려면 키가 몇 Cm 이어야 하는가?

5. 100점 만점인 시험에 2,000명이 응시를 하였다. 응시자의 득점은 $N(45, 49)$ 인 정규분포를 따른다고 한다.
(1) 320명이 합격하였을 때 합격 최저점은 얼마인가?
(2) 이 시험의 합격자를 60명으로 제한하려고 한다. 합격 커트라인은 얼마인가?

6. 2개의 동전을 동시에 던지는 시행을 1,200회 실시하려고 한다. 2개 모두 앞면이 나오는 회수를 X 라고 할 때 $P(276 \leq X \leq 330)$ 를 구하여라.

7. 확률변수 X 가 표준화 정규분포를 할 때, 다음에서 t 를 구하여라.
(1) $P(0 \leq X \leq t) = 0.4236$
(2) $P(X \leq t) = 0.7967$

(3) $P(|X| \geq t) = 0.05$
(4) $P(X \leq t) = 0.95$
(5) $P(1 \leq X \leq t) = 0.36$

8. 동전을 1,000회 던질 때 앞면이 나타난 회수를 r 이라 하자. 이 때

$$P(440 \leq r \leq k) = 0.5$$

가 되는 k 를 구하여라.

9. 하루에 10,000개의 제품을 생산하는 공장이 있다. 불량률은 0.003이라고 할 때 어느날 생산된 제품 중에서 불량품이 30개 이상일 확률을 구하여라.

제6장 표본분포

1944년 미국 대통령 선거에서 민주당 전국위원회 의장인 로버트 E. 핸이건은 과거 자신의 정치적 후원자인 해리 S. 트루먼을 부통령후보로 지명하도록 루스벨트를 설득하는데 성공했고 이어진 대통령 선거에서 승리했다. 하지만 루스벨트가 재임 82일 만에 사망했으므로 트루먼이 대통령인 루스벨트와 만난 것은 단지 두 번 뿐이었다고 전해진다. 루스벨트 대통령이 사망할 당시 트루먼은 정부의 정책이나 계획에 대해 무지한 상태였다. 대통령으로 취임 한 트루먼은 제2차 세계대전을 종식시키는 데 중요한 역할을 담당하였으나 국내에서는 여론이 좋지 않았다. 의회를 공화당에게 빼앗겼고 재선의 가능성이 희박하다고 여긴 민주당에서는 사임을 요구하기도 하였다. 1948년 대통령 선거와 관련된 모든 여론조사에서 선거 1주일 전까지도 공화당 후보인 토머스 E. 듀이가 20%이상 앞서 승리할 것으로 예측하였다. 하지만 11월 선거에서 트루먼은 듀이를 선거인단 114표 차이로 물리치고 대통령으로 당선되었다. 당시 시카고 데일리트리뷴은 선거가 끝나기도 전에 "DEWEY DEFEATS TRUMAN" 이라는 신문을 미리 배포할 정도였으나 신문을 손에 잡고 웃는 트루먼의 사진은 유명하다.

UPI/CORBIS-BETTMANN

President Harry S. Truman holds up a copy of the Tribune after his presidential election, arguably one of the most famous headline mistakes.

여론조사를 포함한 각종 사회조사는 현대에 들어 매우 중요한 위치를 점하고 있지만, 표본설계가 좋지 않다면 모집단 특성치인 모수와는 다른 결과가 도출될 것이다. 앞선 대통령 선거의 경우는 여론조사의 대상을 농촌 위주로 설계하였으므로 결과적으로 듀이의 지지율이 과대평가되었다는 것이다.

2016년 미국 대통령 선거에서도 민주당의 힐러리 클린턴 후보가 공화당의 도널드 트럼프 후보를 선거 전날까지 앞선 것으로 나왔다. 친 공화당 여론조사기관인 라스무스만이 트럼프의 오차 범위 내의 우세라고 할 정도였으나 선거 결과는 트럼프의 승리였다. 이것은 미국 중동부 지역인 러스트벨트(lust belt)의 백인 노동자의 결집으로 경합주에서 트럼프가 승리하였기 때문이다. 실제로 백인 저소득층은 여론조사에는 미온적이었으나 투표에 적극 참여한 것으로 알려졌고, 여론조사에서는 이 점을 간과하였던 것이다.

1. 표본조사

모집단에 대한 정보를 얻기 위해 모집단 전체를 낱낱이 조사하는 경우가 있는데 이와 같은 조사를 전수조사(complete survey)라 하고 국세조사(census)라고도 한다. 이와 달리 모집단으로부터 추출한 표본에 속하는 개체들을 조사하여 이를 기초로 모집단에 대한 정보를 얻는 조사를 표본조사(sample survey)라고 부른다.

일반적으로 전수조사를 하면 오차가 발생하지 않기 때문에 전수조사가 표본조사보다 정확한 조사결과를 얻게 될 것이라고 생각하는 경향이 있다. 하지만 전수조사를 하려면 많은 조사원을 동원해야 하며 응답자를 모두 만나야 한다는 전제가 필요하다. 설문지 문항을 응답자에게 설명함에 있어 성실한 조사원과 불성실한 조사원 간에 차이가 발생할 수 있으며 자료의 입력과 처리과정에서도 오차가 발생할 수 있으므로 전수조사가 최선이라고 할 수는 없다.

표본을 추출할 때 뽑힌 자료를 원래의 집단에 다시 넣어 조사하는 방식을 복원추출(sampling with replacement)이라하고, 뽑힌 자료를 폐기시키고 조사하는 방식을 비복원추출(sampling without replacement)이라 한다.

1) 표본추출법

모집단으로부터 표본을 뽑아내는 것을 추출(sampling)이라고 한다. 표본추출을 할 때는 임의추출법(random sampling)을 사용한다. 임의추출법이란 모집단의 개체가 표본으로 뽑힐 가능성이 모두 동등하며, 확실한 전제조건 하에서 표본을 추출하는 방법이다. 임의추출을 위한 도구로는 난수표(table of random numbers)가 사용되고 있다.

- 단순임의추출법(simple random sampling)은 크기 N인 모집단에서 n개의 표본을 추출할 때 표본이 어느 것이나 동일한 확률로 뽑혀지도록 하는 추출법이다.
- 층화추출법(stratified random sampling)은 모집단을 층으로 나누고 각 층으로부터 일정한 표본을 추출하는 방법이다.
- 단순임의추출법은 노력이 많이 들기 때문에 모집단의 정보를 먼저 갖고 있다면 계통추출법(systematic random sampling)을 사용하는 것이 좋다. 임의출발점을 정하고 그로부터 k번째마다 뽑는 방법이다. 여기서 k를 추출간격이라 한다.
- 집락추출법(cluster random sampling)은 조사단위 또는 집계단위가 모아지면 집락(덩어리)을 추출단위로 뽑아 포함된 자료를 모두 조사하는 것이다.
- 단순임의추출법부터 집락추출법까지는 1단계에서 표본을 추출하여 조사하는 방식인데 비해, 다단추출법(multistage sampling)은 여러 단계에 걸쳐 표본을 추출하는 방식이다.
- 확률비례추출법(probability proportion sampling)은 추출단위가 다를 때 추출단위의 크기에 비례하는 확률을 주고 추출하는 방법이다.

2) 조사방법

정보 획득을 위한 조사방법으로는 우편조사, 전화조사, 면접조사, 인터넷조사가 있다.

우편조사는 연구 자료를 수집하기 위하여 미리 표본으로 추출된 응답자에게 우편을 통해 설문지(questionnaire)를 보내어 조사하는 방법이다. 우편조사의 장점으로는 경제성과 익명성 및 넓은 지역에 대한 조사가 가능하다는 것이다. 단점은 회수율이 낮으며 설문지가 되돌아오는데 오랜 시간이 걸린다는 것이다.

전화조사는 훈련된 조사원을 통해 정보를 수집하는 방법이다. 전화조사의 장점은 신속성과 익명성 및 넓은 지역에 대한 조사가 된다는 점이다. 단점은 응답자에게 시각 자료를 제공할 수 없다는 것이며, 통화 중에 응답자가 일방적으로 전화를 끊음으로써 조사가 중단된다는 것이다.

면접조사는 응답자를 직접 만나 면접하여 정보를 획득하는 방법이다. 장점은 응답율이 높으며 조사원이 보충적인 설명을 할 수 있으므로 정확한 조사를 할 수 있다는 것이다. 단점은 비경제적이며 익명성이 떨어진다는 것이다. 또한 조사원과 응답자 간에 스트레스를 주는 것도 단점이라 할 수 있다.

인터넷 조사는 Site를 이용하거나 e-mail 등을 이용하여 조사하는 방식이다. 조사대상이 광범위하고 특정계층에 제한되지 않게 이루어진다. 장점은 경제성, 신속성 및 익명성이다. 하지만 익명성 때문에 응답자가 여러 번 반복하여 응답할 수 있어 조사결과를 왜곡시킬 수 있다는 점이다. 또한 응답자가 모집단을 대표하고 있는지를 알 수 없다는 것도 단점이라 할 수 있다.

2. 표본분포

복원추출에 의해 크기 r인 표본을 각각 n개 추출하여 표본 $(X_1, X_2, \dots, X_n)$을 만든다고 하자. 이러한 계열 $(X_1, X_2, \dots, X_n)$를 표본변량(Sample Variable)이라 한다. 이들 각각의 기대값과 분산은

$$E(X_1) = E(X_2) = \cdots = E(X_n) = \mu$$
$$V(X_1) = V(X_2) = \cdots = V(X_n) = \sigma^2$$

이다. 표본변량 $(X_1, X_2, \dots, X_n)$으로부터 계산되는 표본 평균과 분산을 각각 $\overline{X}$, S^2이라 하면

$$\overline{X} = \frac{1}{n}\sum_{i=1}^{n} X_i$$
$$S^2 = \frac{1}{n}\sum_{i=1}^{n}(X_i - \overline{X})^2$$

이다. 여기서 $\overline{X}$를 표본평균, S^2을 표본분산이라 하며, 이처럼 표본변량의 함수로 계산되는 변량을 통계량(Statistic)이라 한다. 표본변량의 함수인 통계량은 일반적으로 확률변수이다. 이러한 통계량의 확률분포를 표본분포(Sampling Distribution)라고 한다.

이제 모집단으로부터 추출한 크기 n인 표본변량 $(X_1, X_2, \dots, X_n)$의 표본평균 $\overline{X}$의 표본분포에 대해 알아보자.

[정리-1] 모평균 μ이고 모분산이 σ^2인 모집단으로부터 크기 n인 임의표본을 추출하면 표본평균 $\overline{X}$의 기대값 $E(\overline{X})$와 분산 $V(\overline{X})$는 다음과 같다.

$$E(\overline{X}) = \mu \quad , \quad V(\overline{X}) = \frac{\sigma^2}{n}$$

[예제-1] $U(0,120)$인 균등분포를 따르는 난수를 2개 묶음으로 n번 만들어서 표본평균-분산 구하여라.

[해] 이론상으로는 $\overline{X} = 60$, $S^2 = \frac{1200}{2} = 600$ 이 될 것이다. 이를 확인하기 위하여 <<프로그램 6-1>>을 실행시키고 정리하면 다음과 같다.

표-1 n값에 따른 평균과 분산

n	100	1,000	10,000	100,000	1,000,000
평균	62.669	61.051	59.832	59.945	60.002
분산	591.446	569.181	599.275	602.140	601.795

표에서 보듯이, n값이 커지면 이론상의 값에 다가감을 알 수 있다.

[정의-1] 통계량의 표준편차를 통계량의 표준오차(Standard Error)라 한다.

[정리-2] 정규모집단 $N(\mu,\sigma^2)$에서 크기 n인 표본의 평균 $\overline{X}$는 $N(\mu,\frac{\sigma^2}{n})$인 정규분포를 하므로 표본평균의 표준화변량 $Z = \frac{\overline{X}-\mu}{\sigma/\sqrt{n}}$는 표준정규분포 $N(0,1)$을 한다.

표본평균 $\overline{X}$의 표준오차를 $\sigma_{\overline{X}}$로 나타내면 정의에 따라 $\sigma_{\overline{X}} = \frac{\sigma}{\sqrt{n}}$ 가 된다.

[예제-2] 대학생의 키의 분포가 $N(168.5\ ,\ 25)$인 정규분포를 할 때, 49명의 학생을 표본추출하여 키를 측정할 경우 각 확률을 구하여라.

(1) 49명의 평균키가 170Cm 이상일 확률

(2) 49명의 평균키와 모평균과의 편차가 1Cm 이내일 확률

[해] 크기가 49인 표본평균 $\overline{X}$의 표준화변량 $Z=\dfrac{(\overline{X}-168.5)}{5/\sqrt{49}}$는 [정리-2]에 따라 표준화정규분포 $N(0,1)$을 따른다.

(1) $P(\overline{X}\geq 170)=P(\dfrac{\overline{X}-168.5}{5/\sqrt{49}}\geq\dfrac{170-168.5}{5/\sqrt{49}})=P(Z\geq 2.1)=0.0179$

계산된 확률값인 0.0179는 $N(168.5\,,\,25)$인 정규분포에서 170Cm 이상에 빗금을 친 부분의 면적이며 그림으로 나타내면 다음과 같다. 1)

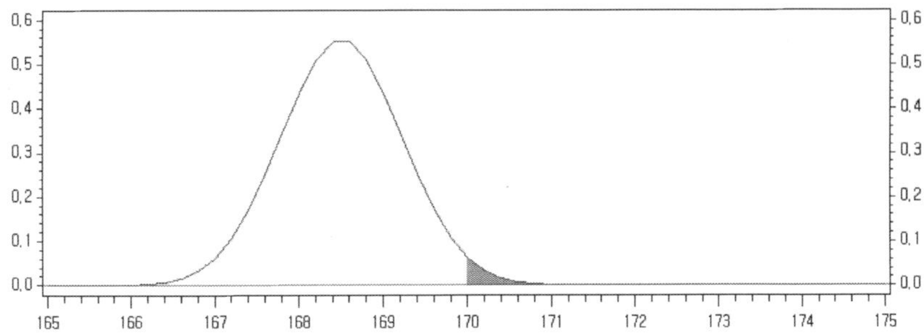

그림-1 $N(168.5\,,\,25)$의 170 이상인 부분을 색칠한 그래프

(2) $P(|\overline{X}-168.5|)\leq 1)=P(|Z|\leq\dfrac{1}{5/\sqrt{49}})=P(|Z|\leq 1.4)=P(-1.4\leq Z\leq 1.4)=0.8385$

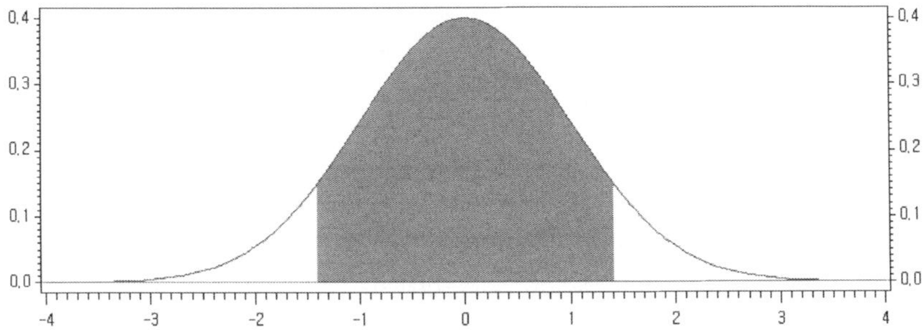

그림-2 모평균과의 편차가 1 이내인 부분

> [정리-3] 중심극한정리(Central Limit Theorem)
> 모평균 μ, 모분산 σ^2인 모집단으로부터 크기 n인 표본의 표본평균을 $\overline{X}$라고 할 때, 표준화변수 $Z=\dfrac{(\overline{x}-\mu)^2}{\sigma/\sqrt{n}}$ 의 확률분포는 $n\to\infty$일 때 표준정규분포 $N(0,1)$에 수렴한다.

1) <<프로그램 6-2>>의 실행 결과이다.

[정리-3]은 표본의 크기가 충분히 크면 모집단의 분포가 정규분포를 따르지 않는다고 하더라도 표본평균 $\overline{X}$의 분포는 정규분포 $N(\mu, \frac{\sigma^2}{n})$로 볼 수 있다는 것이다. 중심극한정리에서 주목할 점은 모집단의 분포가 어떠한 분포이던 간에 표본평균 $\overline{X}$의 분포는 근사정규분포가 된다는 사실이다.

이제부터는 중심극한정리를 그림으로 설명하기로 한다. 편의상 균등난수를 사용하여 표본평균을 계산하기로 하자. 다음은 <<프로그램 6-3>>을 이용한 것이며, 0~9 사이의 균등난수를 5개 발생시켜 각각의 표본평균 $\overline{X}$를 100회 계산한 것이다. [2]

표-2 0~9 사이의 정규난수 5개와 난수의 평균

5 개의 균등난수	표본 평균	5 개의 균등난수	표본 평균	5 개의 균등난수	표본 평균	5 개의 균등난수	표본 평균
7,3,1,9,3	4.6	4,7,5,1,2	3.8	7,3,4,7,2	4.6	7,0,4,8,7	5.2
2,7,3,1,1	2.8	4,9,5,4,6	5.6	8,8,7,2,7	6.4	4,6,4,3,3	4.0
7,4,9,2,7	5.8	1,3,4,2,6	3.2	3,4,9,6,4	5.2	9,3,2,2,9	5.0
5,5,8,1,8	5.4	7,6,3,7,3	5.2	7,7,2,8,3	5.4	6,5,9,2,1	4.6
6,7,7,3,5	5.6	6,3,4,5,0	3.6	4,8,4,6,7	5.8	5,3,6,8,6	5.6
9,0,6,6,3	4.8	4,0,7,8,6	5.0	4,0,8,7,6	5.0	4,5,0,8,2	3.8
5,3,5,2,5	4.0	7,3,4,6,4	4.8	1,5,9,6,4	5.0	2,6,3,4,2	3.4
5,0,1,5,6	3.4	4,8,1,8,1	4.4	9,8,1,7,6	6.2	1,4,7,2,5	3.8
4,1,7,9,7	5.6	4,4,0,9,4	4.2	5,4,3,0,2	2.8	7,1,5,8,2	4.6
9,0,6,8,2	5.0	5,6,9,7,0	5.4	5,8,4,6,9	6.4	0,6,0,8,5	3.8
6,7,7,3,7	6.0	4,5,1,6,9	5.0	8,0,1,8,1	3.6	6,7,2,4,3	4.4
5,7,8,0,0	4.0	4,5,3,8,5	5.0	1,2,8,2,4	3.4	8,9,7,7,5	7.2
2,2,7,6,2	3.8	4,9,2,2,8	5.0	0,2,4,2,8	3.2	8,6,5,2,7	5.6
8,4,6,7,5	6.0	0,2,4,5,7	3.6	3,2,6,3,3	3.4	5,6,0,4,2	3.4
0,6,7,8,0	4.2	7,7,5,5,6	6.0	3,8,5,2,7	5.0	2,1,6,7,2	3.6
5,3,1,1,2	2.4	8,0,7,1,9	5.0	7,4,3,1,1	3.2	6,6,3,9,9	6.6
9,0,2,0,8	3.8	0,5,8,4,5	4.4	9,6,7,4,7	6.6	5,4,6,1,1	3.4
6,0,3,8,1	3.6	9,2,7,4,8	6.0	8,5,8,3,3	5.4	6,9,7,5,6	6.6
7,9,9,2,2	5.8	1,4,2,5,2	2.8	8,5,9,2,9	6.6	4,1,7,8,1	4.2
3,8,6,3,6	5.2	9,6,1,7,8	6.2	7,5,8,7,1	5.6	2,6,4,4,7	4.6
8,7,8,8,6	7.4	6,5,8,2,4	5.0	6,7,7,8,5	6.6	6,7,7,0,2	4.4
8,9,2,8,3	6.0	7,4,1,8,0	4.0	1,5,8,6,5	5.0	7,4,0,8,9	5.6
0,5,7,4,5	4.2	7,2,5,5,9	5.6	3,7,6,6,2	4.8	0,1,9,3,1	2.8
6,2,0,2,1	2.2	4,1,4,0,3	2.4	6,6,1,7,7	5.4	3,3,9,2,8	5.0
5,9,6,9,6	7.0	8,8,5,7,7	7.0	5,4,8,2,6	5.0	0,5,2,0,9	3.2

최소값은 2.2이고 최대값은 7.4이므로 계급을 10개로 만들면 계급의 폭은 0.6이 된다. 표본평균에 대한 도수분포표를 만들면 다음과 같다.

2) 균등난수는 발생시키기가 용이하며, 발생된 난수의 그림은 정규분포와는 무관하기 때문이다.

표-3 표본평균의 확률분포표

$\overline{X}$의 범위	중앙값	도수	확률
1.8~2.4	2.1	1	0.01
2.4~3.0	2.7	6	0.06
3.0~3.6	3.3	10	0.10
3.6~4.2	3.9	15	0.15
4.2~4.8	4.5	13	0.13
4.8~5.4	5.1	21	0.21
5.4~6.0	5.7	16	0.16
6.0~6.6	6.3	9	0.09
6.6~7.2	6.9	7	0.07
7.2~7.8	7.5	2	0.02

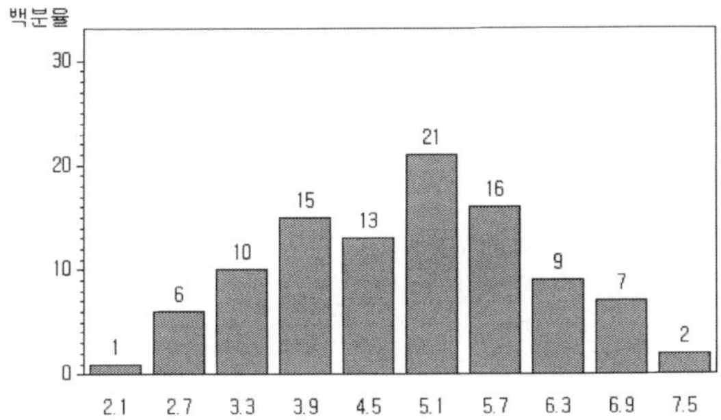

그림-3 100개의 표본평균의 히스토그램

그림-3을 보면 분포의 모양이 아직은 종모양이 아님을 알 수 있다. 중심극한정리를 알아보기 위해, <<프로그램 6-3>>으로 표본의 크기가 10 개인 표본평균을 1,000개 만들어서 도수분포 그래프를 그려보면 종모양을 나타내는 것을 볼 수 있다. <<프로그램 6-3>>에서는 계급의 수를 16으로 지정하였다.

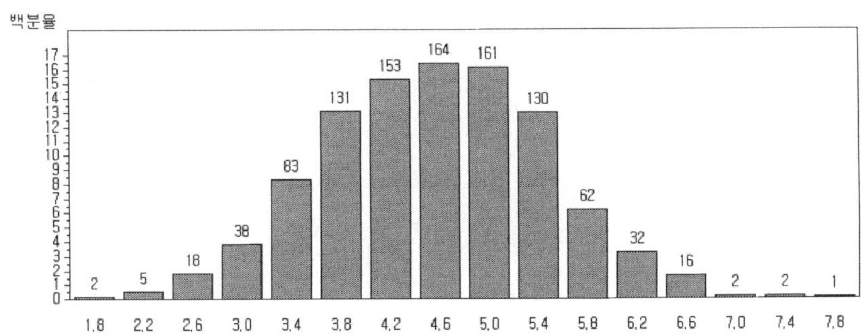

그림-4 표본의 크기가 10 인 경우의 히스토그램

[예제-3] 공장에서 생산되는 전구의 수명은 모평균 $\mu = 380$시간, 분산 $\sigma^2 = 2500$시간으로 알려져 있다. 100개의 표본에 의하여 얻어진 표본평균이 390시간 이상일 확률을 구하여라.
[해] 표본수가 30 이상이므로 중심극한정리를 적용시킬 수 있다. 먼저 [정리-1]로부터 표본평균 $\overline{X}$의 기대값과 분산을 구해보면

$$E(\overline{X}) = \mu = 380 \ , \ V(\overline{X}) = \frac{\sigma^2}{n} = \frac{2500}{100} = 5^2$$

이므로

$$P(\overline{X} \geqq 390) = P(\frac{\overline{X} - 380}{\sigma/\sqrt{n}} \geqq \frac{390 - 380}{5}) = P(Z \geqq 2) = 1 - P(Z < 2) = 0.0228$$

3. χ^2 분포

χ^2분포는 표본분산 $s^2 = \frac{1}{n-1}\sum_{i=1}^{n}(x_i - \overline{x})^2$과 밀접한 관련을 갖는 분포이다. 이를 확인하기 위해 <<프로그램 6-4>>를 이용하여 0부터 9사이의 난수를 5개의 구하는 과정을 100회 반복한 뒤, 표본분산을 구하여보면 다음과 같다.

표-4 5개의 균등난수와 표본분산

5 개의 균등난수	표본 분산	5 개의 균등난수	표본 분산	5 개의 균등난수	표본 분산	5 개의 균등난수	표본 분산
2 6 7 1 0	7.76	5 1 5 5 7	3.84	3 6 8 6 4	3.04	3 1 1 1 3	0.96
6 5 3 5 7	1.76	2 6 9 0 5	9.84	0 0 1 1 8	9.20	4 8 9 0 2	11.8
8 2 2 8 4	7.36	7 7 1 4 9	7.84	8 6 1 4 3	5.84	7 3 1 4 7	5.44
5 2 2 7 7	5.04	2 2 4 3 5	1.36	7 4 7 2 5	3.60	2 7 9 2 4	7.76
2 9 7 4 7	6.16	5 6 2 9 9	6.96	1 4 7 3 6	4.56	5 9 7 8 6	2.00
1 6 0 9 5	11.0	5 4 9 7 6	2.96	7 8 2 8 7	5.04	5 3 1 1 4	2.56
7 0 1 1 0	6.96	1 4 8 5 8	6.96	3 1 7 7 3	5.76	8 0 9 8 3	12.2
5 6 6 1 0	6.64	6 1 2 3 3	2.80	2 8 2 4 3	4.96	4 0 6 0 4	5.76
9 4 5 2 8	6.64	1 5 8 3 8	7.60	8 4 3 4 2	4.16	5 1 7 7 2	6.24
8 5 6 1 1	7.76	0 2 9 4 1	10.2	0 2 8 4 6	8.00	5 8 4 8 4	3.36
1 9 8 4 4	8.56	5 6 7 0 5	5.84	6 1 0 7 2	7.76	2 1 9 0 2	10.2
3 8 8 2 5	6.16	0 0 7 9 2	13.8	9 3 2 7 0	11.0	9 5 8 2 9	7.44
2 1 2 5 2	1.84	0 0 9 2 2	11.0	7 3 3 8 3	4.96	1 6 5 2 6	4.40
3 3 5 2 1	1.76	1 1 5 2 2	2.16	8 5 5 6 4	1.84	7 9 7 4 9	3.36
2 3 0 8 3	6.96	4 0 5 8 4	6.56	4 3 3 4 4	0.24	5 6 6 7 4	1.04
5 2 7 7 2	5.04	0 3 9 0 9	16.6	3 7 5 6 7	2.24	5 3 0 4 8	6.80
9 8 5 2 0	11.8	2 4 6 2 6	3.20	6 6 0 9 5	8.56	7 4 2 5 9	5.84
3 7 8 9 2	7.76	8 2 1 2 2	6.40	6 6 8 1 3	6.16	6 8 9 5 1	7.76

9 3 4 1 2	7.76	4 2 7 5 1	4.56	8 4 7 4 7	2.80	7 3 4 8 5	3.44
8 0 4 2 1	8.00	2 6 2 8 9	8.64	1 3 1 0 1	0.96	7 1 7 3 3	5.76
8 1 5 2 6	6.64	7 9 4 0 6	9.36	0 9 2 9 5	13.2	6 1 0 7 9	12.2
7 1 1 5 3	5.44	8 2 7 4 6	4.64	8 3 7 4 0	8.24	8 9 6 3 8	4.56
6 8 4 7 6	1.76	6 6 6 2 2	3.84	7 7 9 8 4	2.80	0 4 9 9 8	12.4
5 8 0 7 3	8.24	4 5 6 3 2	2.00	1 0 1 1 6	4.56	5 8 0 3 9	10.8
8 8 3 2 3	6.96	4 0 4 4 8	6.40	8 1 4 9 5	8.24	6 5 2 5 7	2.80

계속하여 표-4에 계산된 100개의 표본분산에 대하여 히스토그램을 그려보면 왼쪽으로 치우친 그림이 그려진다.

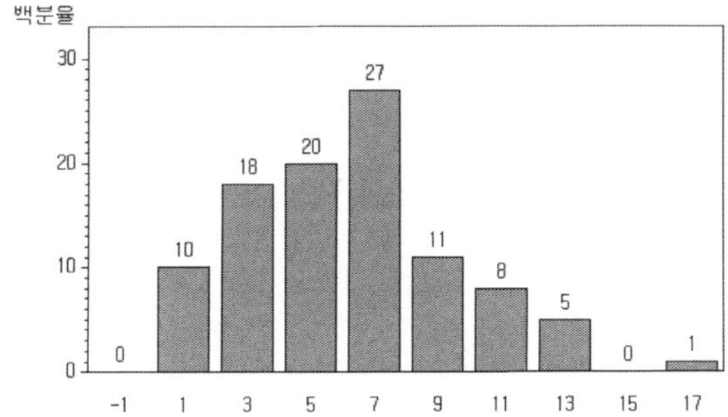

그림-5 5개의 표본에 대한 표본분산의 히스토그램 $(n=100)$

앞에서 사용한 <<프로그램 6-4>>를 이용하여, 0~9 사이의 난수를 5개씩 2,000회 발생시켜 표본분산의 그래프를 그리면 그림-6을 얻을 수 있다. 여기서 계급의 수는 15로 하였다. [3]

다음의 그림-6은 대략적으로 $\chi^2(4)$의 확률밀도함수를 따르는 것으로 볼 수 있다.[4]

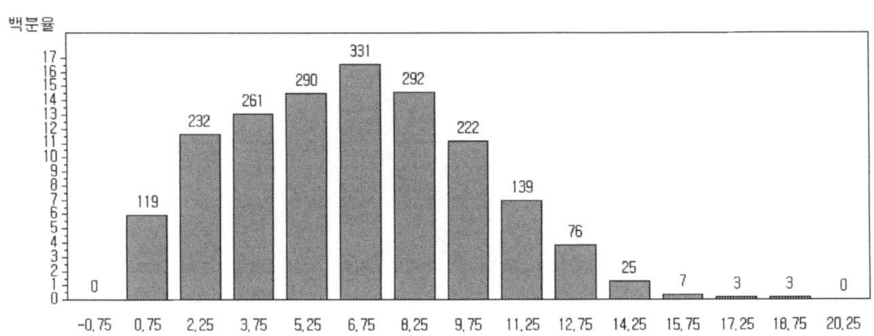

그림-6 5개의 표본에 대한 표본분산의 히스토그램 $(n=2{,}000)$

3) <<프로그램 6-4>>에서 둘째 줄의 값을 2,000으로 바꾸면 됨.

4) 그림-8을 참조할 것.

χ^2분포는 다음과 같이 정의된다.

> [정의-2] $X_1, X_2, \ldots, X_n$은 정규분포 $N(\mu, \sigma^2)$에 따라 분포하는 n개의 확률변수라 하면
>
> $$\chi^2 = \sum_{i=1}^{n} \left(\frac{X_i - \mu}{\sigma}\right)^2$$
>
> 은 자유도(Degree of Freedom) n인 χ^2분포를 하며 $\chi^2(n)$으로 표기한다.

[정의-2]에서 변량이 정규분포를 따른다고 하였으므로, 표준정규난수를 2개 만들고 제곱합을 구하는 <<프로그램 6-5>>를 실행시켜 모의실험을 5,500회 실시하여 히스토그램을 그려보자. 그림-7 은 대략 $\chi^2(1)$의 확률밀도함수와 유사한 것을 알 수 있다.

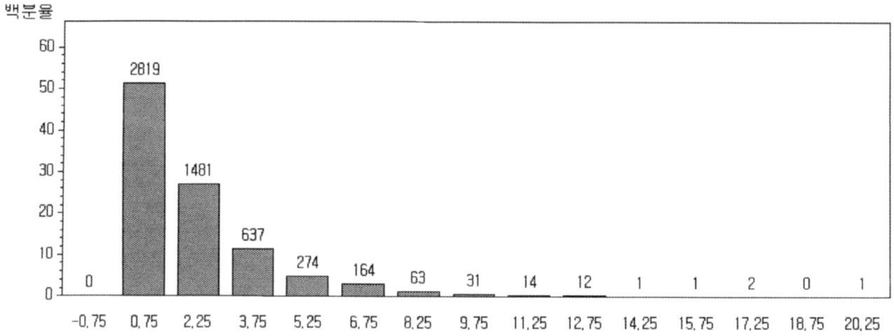

그림-7 표준정규난수 2개의 제곱합의 히스토그램($n = 5{,}500$)

여기서 한가지 유념할 것은 χ^2분포는 $\alpha = \frac{n}{2}$, $\beta = 2$인 gamma 분포의 특수한 형태라는 것이다. 이로부터 χ^2분포의 확률밀도함수가 유도된다.

> [정의-3] 자유도 n인 χ^2분포의 확률밀도함수는 다음과 같다.
>
> $$f(\chi^2) = \frac{1}{2^{\frac{n}{2}} \Gamma(\frac{n}{2})} (\chi^2)^{\frac{n}{2} - 1} e^{-\frac{\chi^2}{2}}$$

χ^2 분포의 확률밀도함수를 자유도 n에 따라 달라지는데 <<프로그램 6-6>>을 사용하여 그래프를 그려보면 다음과 같다. 그림-8에서 확인되지는 않으나 $n \to \infty$ 이면 정규분포에 근사 접근한다.

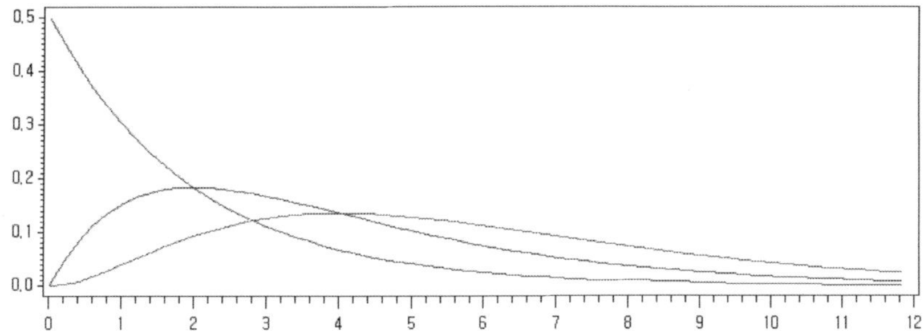

그림-8 $\chi^2(2), \chi^2(4), \chi^2(6)$ 분포의 그래프

자유도 n인 χ^2 분포에서 $0< \alpha< 1$ 인 실수 α 에 대하여 $P(\chi^2 > \chi_0^2) = \alpha$ 를 만족하는 상수 χ_0^2 을 자유도 n인 χ^2 분포의 α 점이라 하고 $\chi_n^2(\alpha)$ 로 나타낸다. 다음은 자유도가 15 이고 α =0.05 인 그래프이다. 여기서 색칠된 부분의 넓이가 0.05이다. [5)]

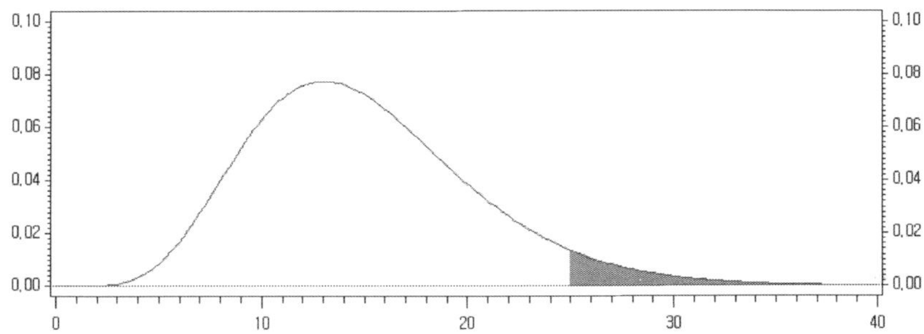

그림-9 $\chi_{15}^2(0.05)$를 초과하는 부분을 나타낸 그래프

다음은 자유도 15 인 카이제곱 분포의 95% 점인 $\chi_{15}^2(0.05)$ = 24.9958 을 구하는 프로그램이다.

```
data find_alpha ;
  cv = cinv(0.95 , 15) ;
run ;
```

임계값 24.996인 자유도 15의 카이제곱 분포의 확률을 구하는 프로그램은 다음과 같다.

```
data find_critical_value ;
  pr = probchi(24.996,15) ;
run ;
```

5) <<프로그램 6-7>>을 실행시켜보라.

[예제-4] X가 모분산 $\sigma^2 = 5.0$인 정규분포를 한다. 이 모집단에서 크기 5인 표본을 추출하여 다음과 같은 값을 얻었다. $\chi^2 = \frac{1}{\sigma^2}\sum_{i=1}^{5}(X_i - \overline{X})^2$ 이 실현값 χ_0^2 보다 클 확률을 구하여라.

24.3 18.9 23.7 23.0 17.4

[해] 평균은 $\overline{X} = 21.46$이고 모분산은 값이 제공되어 있다. 이 자료에 대한 χ_0^2는

$$\chi_0^2 = \sum_{i=1}^{5}\left(\frac{X_i - \overline{X}}{\sigma}\right)^2$$

$$= \frac{1}{\sigma^2}\sum_{i=1}^{5}(X_i - \overline{X})^2$$

$$= \frac{1}{5}[(24.3 - 21.46)^2 + (18.9 - 21.46)^2 + \cdots + (17.4 - 21.46)^2] = 7.698$$

자유도는 5-1=4 이므로 확률밀도함수는 $\frac{x}{4}e^{-x/2}$ 이다. 따라서

$$\int_{7.698}^{\infty}\left(\frac{x}{4}e^{-x/2}\right)dx = 0.1033$$

χ^2의 값이 7.698 보다 클 확률인 0.1033 을 구하는 프로그램은 다음과 같다.

```
data ;
  pr = 1 - probchi( 7.698 , 4 ) ;
run ;
```

두 확률변수가 서로 독립이고 각각이 χ^2 분포를 따를 때, 이들의 합도 χ^2 분포를 따른다. 이러한 성질을 χ^2 분포의 가법성(additivity)이라 한다.

> **[정리-4]** 두 개의 확률변수 V_1, V_2의 자유도가 n_1, n_2라고 하면 $V_1 + V_2$는 자유도 $n_1 + n_2$인 χ^2 분포를 한다.

$\chi^2 = \sum_{i=1}^{n}\left(\frac{X_i - \mu}{\sigma}\right)^2$ 은 자유도 n인 χ^2분포를 한다고 정의하였다. 그런데

$$\sum_{i=1}^{n}\left(\frac{X_i - \mu}{\sigma}\right)^2 = \sum_{i=1}^{n}\left(\frac{X_i - \overline{X}}{\sigma}\right)^2 + n\left(\frac{\overline{X} - \mu}{\sigma}\right)^2$$

의 관계가 성립하고, $S^2 = \frac{1}{n-1}\sum_{i=1}^{n}(X_i - \overline{X})^2$ 이므로

$$\sum_{i=1}^{n}(\frac{X_i - \mu}{\sigma})^2 = \frac{(n-1)S^2}{\sigma^2} + (\frac{\overline{X} - \mu}{\sigma/\sqrt{n}})^2$$

의 관계식을 얻을 수 있다. 여기서 $(\frac{\overline{X} - \mu}{\sigma/\sqrt{n}})^2$ 은 자유도 1 인 χ^2분포를 하므로 가법성에 의해 다음의 정리가 얻어진다.

> [정리-5] $X_1, X_2, \ldots, X_n$ 을 정규분포 $N(\mu, \sigma^2)$으로부터 추출된 표본이라 할 때 $\frac{(n-1)S^2}{\sigma^2}$ 은 자유도 $(n-1)$인 χ^2분포를 한다.

> [정리-6] $X_1, X_2, \ldots, X_n$ 을 모비율 p인 이항모집단에서 추출된 표본이라고 할 때, $\frac{(X-np)^2}{npq}$는 n이 충분히 크면 근사적으로 자유도 1인 χ^2분포를 한다.

[예제-5] 인구 50만명인 어느 도시에서 A정당을 지지하는 비율은 0.5이다. 이 도시의 유권자 400명을 표본조사하여 지지자 수가 기대도수 200명에 대하여 40명 이상의 편차가 생길 확률은 얼마인가?

[해] $n = 400, p = 0.5$ 이므로 $\chi_0^2 = \frac{40^2}{400 \times 0.5 \times 0.5} = 16$ 이다. 따라서 구하는 확률은

$$P(\chi^2 \geq \chi_0^2) = P(\chi^2 \geq 16) = 0.0000633$$ [6]

4. t 분포

표본평균의 표준화변수 $\frac{\overline{X} - \mu}{\sigma/\sqrt{n}}$ 은 표본의 크기가 30 이상이면 모분산 σ^2 대신에 표본분산 $S^2 = \frac{1}{n-1}\sum_{i=1}^{n}(X_i - \overline{X})^2$ 을 사용한 $\frac{\overline{X} - \mu}{S/\sqrt{n}}$ 도 근사적으로 표준정규분포를 따르게 된다.

그러나 표본의 크기가 작을 경우, 즉 $n < 30$ 인 경우에는 확률변수 $\frac{\overline{X} - \mu}{S/\sqrt{n}}$ 의 분포는 표준정규분포를 따른다고 볼 수 없다. 따라서 표본수가 작은 경우의 통계량인 T 라고 하는 새로운 확률변수가 나타나게 되었다.

6) 자유도는 1 이므로 pr = 1 - probchi(16 , 1) ;

t 분포는 흔히 Student의 t 분포라고 한다. 이것은 영국 아일랜드의 더블린 시에 위치한 양조장에 근무하던 W.S. Gosset이 소표본의 분포와 관련한 논문의 저자명으로 Student 라는 필명을 사용하였기 때문에 붙여진 이름이다.

[정의-4] 정규모집단 $N(\mu,\sigma^2)$에서 추출된 크기 n인 표본의 평균과 분산이 각각 $\overline{X}$와 S^2이라 할 때 $T=\dfrac{\overline{X}-\mu}{S/\sqrt{n}}$ 라고 하면 T는 자유도 $(n-1)$인 t 분포를 한다.

[정의-5] 자유도 n인 t 분포의 확률밀도함수는 다음과 같다.

$$f(t)=\frac{\Gamma(\frac{n+1}{2})}{\sqrt{n\pi}\,\Gamma(\frac{n}{2})}(1+\frac{t^2}{n})^{-\frac{n+1}{2}} \quad , -\infty < t < \infty$$

t 분포는 자유도에 의해 모양이 변하며 0을 중심으로 좌우대칭인 분포로서 자유도가 커지면 정규분포와 일치한다. 다음 그림을 보면 자유도가 증가하면 뾰족하면서 꼬리가 가늘어지는 모양을 함을 알 수 있다. 7)

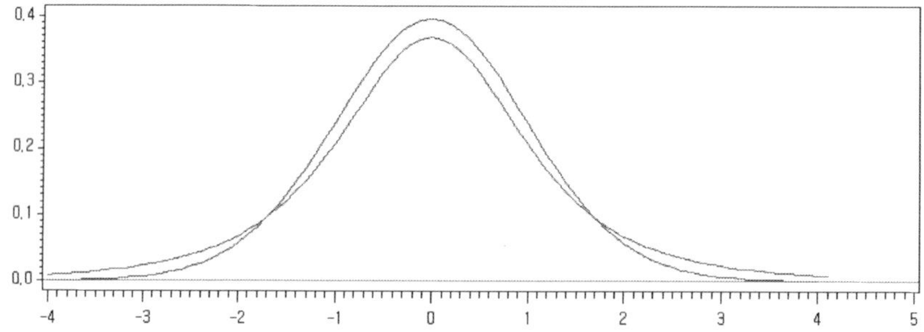

그림-10 자유도가 3, 30 에 대한 t 분포 그래프

t 분포는 표준정규분포처럼 0(영)을 기준으로 좌우대칭인 모양을 갖는다. t 분포와 표준정규분포는 차이가 있는것일까? 이를 확인하기 위해 자유도가 3인 t 분포와 표준화정규분포의 그림을 동시에 그려보면 둘의 차이를 가늠할 수 있다.

표준화정규분포는 그림-10 에서 보는바와 같이 좀 더 뾰족하며, 자유도가 3인 t 분포는 꼬리 쪽이 정규분포에 비해 두터운 것을 알 수 있다. 8)

그림-10과 그림-11을 비교해보면, 표준화정규분포와 자유도가 30인 t 분포는 차이가 거의

7) <<프로그램 6-8>>의 실행결과이다. 그림-10 에서 최고 높이가 높은 쪽이 자유도 3인 t분포이다.
8) <<프로그램 6-9>>를 실행시켜보라. 그림-11 에서 최고 높이가 높은 쪽이 표준화정규분포이다.

없음을 알 수 있다.

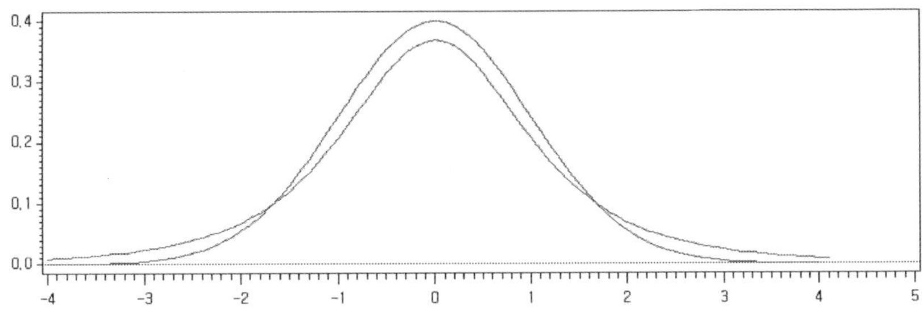

그림-11 자유도 3인 t 분포와 표준화정규분포 그래프

자유도가 15인 t 분포가 어떤 값 t_0 보다 클 확률 α 가 0.05 일 때, 즉 $P(t > t_0) = 0.05$ 를 만족하는 t_0 의 값은 1.753 이며 그림-12에서 빗금친 부분으로 나타내었다. [9]

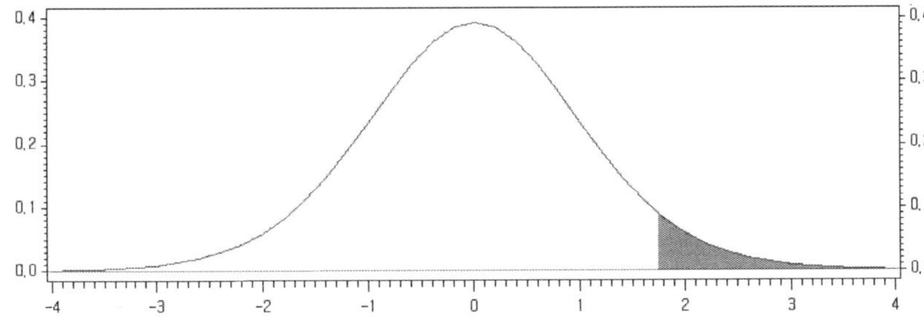

그림-12 $P(t > 1.753) = 0.05$

[예제-6] 어느 공장에서 생산되는 통조림의 무게는 정규분포를 따른다고 한다. 이 공정에서 단순임의추출로 5개의 제품을 추출하여 무게를 재어본 결과 다음과 같았다. 통조림의 평균무게가 245g 이하일 확률을 구하여라.

248 255 250 247 242 (단위:g)

[해] $n = 5$, $\overline{X} = 248.4$, $S^2 = 22.3$ 이므로

$$P(\mu \leq 245) = P(-\mu \geq -245) = P(\overline{X} - \mu \geq 248.4 - 245)$$

$$= P\left(\frac{\overline{X} - \mu}{s / \sqrt{n}} \geq \frac{248.4 - 245}{\sqrt{22.3} / \sqrt{4}}\right)$$

$$= P(T \geq 1.44) = 0.1047$$

9) <<프로그램 6-10>>의 실행결과이다.

다음은 자유도가 15인 t 분포의 95% 신뢰도의 임계값인 1.753 을 찾는 프로그램이다.

```
data find_alpha ;
  cv = tinv(0.95, 15) ;
run ;
```

반대로, 임계값이 1.753 이고 자유도는 15인 t 분포의 확률인 0.95를 구하는 프로그램은 다음과 같다.

```
data ;
  pr = probt(1.753,15) ;
run ;
```

5. F 분포

F 분포는 χ^2통계량의 비율로 정의된다. 이 분포는 분산분석법에서 흔히 나타나는 통계량의 검정에 사용된다.

[정의-6] χ_1^2과 χ_2^2의 자유도가 n_1, n_2인 χ^2분포를 하면 $F=\dfrac{\chi_1^2/n_1}{\chi_2^2/n_2}$ 는 자유도 (n_1, n_2)인 F 분포를 한다.

[정의-7] 확률변수 F 의 확률밀도함수는 다음과 같다.

$$f(F)=\frac{\Gamma(\frac{n_1+n_2}{2})}{\Gamma(\frac{n_1}{2})\Gamma(\frac{n_2}{2})}(\frac{n_1}{n_2})^{\frac{n_1}{2}}F^{\frac{n_1}{2}-1}(1+\frac{n_1}{n_2}F)^{-\frac{n_1+n_2}{2}}$$

F 분포의 확률밀도함수의 그래프는 분자, 분모의 자유도의 조합에 의해 변화한다. 그림을 그릴 수는 있지만 F 분포를 그림으로 표시하는 것은 드물다.

<<프로그램 6-11>>을 실행시키면 다음과 같은 같은 자유도가 $n_1=5$, $n_2=1$ 인 F 분포의 그림을 얻을 수 있다.

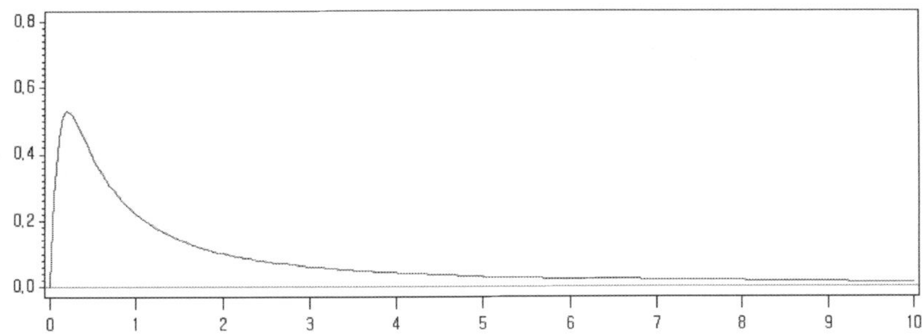

그림-13 $n_1 = 5$, $n_2 = 1$ 인 F 분포

자유도가 n_1, n_2인 F분포의 $(1-\alpha)$ 분위수를 $F_\alpha(n_1, n_2)$ 또는 $F(n_1, n_2 ; \alpha)$ 으로 나타낸다.[10] 예를 들어, $F(3, 4 ; 0.05) = 6.591$ 은 F분포표에서 찾을 수 있으며, 그림-14의 빗금친 부분의 넓이가 0.05 이다.

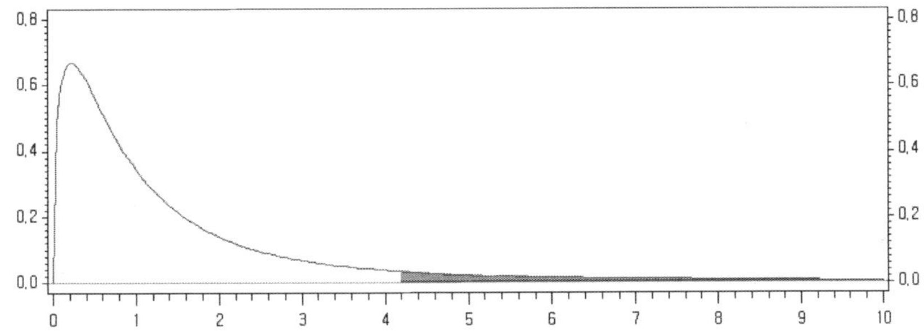

그림-14 $F(n_1, n_2)$ 분포의 90% 분위수 [11]

> **[정리-7]** 확률변수 F가 자유도 $(n_1,\ n_2)$인 F분포를 따를 때 $\dfrac{1}{F}$은 자유도 $(n_2,\ n_1)$인 F분포를 따른다.

[예제-7] $F(3, 4 ; 0.05) = 6.591$ 일 때, $F(4, 3 ; 0.95)$ 의 값을 구하여라.

[해] 정리에 의해 $F(4, 3 ; 0.95) = \dfrac{1}{F(3, 4 ; 0.05)} = \dfrac{1}{6.5914} = 0.1517$ 이다.

$F(3, 4 ; 0.05) = 6.591$ 을 구하는 SAS 프로그램은 다음과 같다.

10) $\alpha = 0.05$ 이면 $1 - \alpha = 95\%$가 된다. 따라서 $F(3, 4 ; 0.05)$는 95%의 분위수를 찾으면 된다.
11) <<프로그램 6-12>> 참조

```
data ;
  cv = finv(0.95, 3, 4) ;
run ;
```

[예제-8] 모분산이 같은 두 정규모집단으로부터 독립적으로 크기 $n_1 = 6$, $n_2 = 10$ 인 표본을 추출했을 때 $P(\frac{U_1^2}{U_2^2} \le b) = 0.95$ 을 만족하는 b 를 구하여라.

[해] $n_1 = 6$, $n_2 = 10$ 이고 모분산이 같으므로 $\frac{U_1^2/\sigma_1^2}{U_2^2/\sigma_2^2} = \frac{U_1^2}{U_2^2}$ 은 자유도 (5,9)인 F 분포를 한다. 따라서 $P(\frac{U_1^2}{U_2^2} \le b) = 0.95$ 를 만족하는 b 는 부록의 F 분포 표로부터 3.48 이 된다.

이를 확인하는 SAS 프로그램은 다음과 같다.

```
data ;
  pr = finv(0.95, 5, 9) ;
run ;
```

6. SAS 프로그램

<<프로그램 6-1>> 균등난수 2개씩 n회 발생키켜 평균과 분산 구하기

```
data sam_mean ;
n = 100 ;
do i = 1 to n ;
  s = 0 ;
  do j = 1 to 2 ;
     x = ranuni(123)*120 ;
     s = s + x ;
  end ;
  sample_mean = s / 2 ; /* 2개의 난수에 대한 평균 */
  output ;
end ;
run ;

proc means mean variance ;
  var sample_mean ;
run ;
```

<<프로그램 6-2>> 정규분포 색칠하기 (그림-1)

```
data normal_fig ;
  m = 168.5 ; sigma = 5/7 ;
  do x=165 to 175 by 0.2 ;
    f = 1/sqrt(8*atan(1)*sigma**2) * exp(-(x-m)**2/(2*sigma**2)) ;
    output ;
  end ;
  do x=170 to 175 by 0.2 ;
    f1 = 1/sqrt(8*atan(1)*sigma**2) * exp(-(x-m)**2/(2*sigma**2)) ;
    output ;
  end ;
run ;

axis1 order = (0 to 0.6 by 0.1) ;
symbol1 i=join ;
proc gplot ;
  plot f*x  / vaxis = axis1 ;
  plot2 f1*x /  vaxis = axis1 area=1 ;
run ;
```

<<프로그램 6-3>> 크기 10 인 난수를 1000번 만들서 파일로 저장하고, 이를 다시 불러올 때 변수 $x_1,\ldots,x_{10}$을 배정하여 그림-4의 히스토그램 그리기

```
data make_data_output_file ;
do n=1 to 1000 ;
  do i=1 to 10 ;
    x = int(ranuni(123)*10) ;
    file 'd:\sas_data\made_data.txt' ;
    put x ;
  end ;
end ;
run ;

data infile_data_make_file ;
  infile 'd:\sas_data\made_data.txt' ;
  input x1-x10 ;
  aver = sum(of x1-x10)/10 ;
  file 'd:\sas_data\data&mean.txt' ;
  put (x1-x10) (1.0,",") "  " aver ;
run ;

proc gchart ;
vbar aver / levels=16 freq type=percent ;
run ;
```

<<프로그램 6-4>> 표본 5개의 분산을 구하는 프로그램- 100번 반복하기(그림-5)

```
data a ;
do j = 1 to 100 ;
s = 0 ; ss = 0 ;
do i = 1 to 5 ;
  x = int(ranuni(12)*10) ;
  s = s + x ;
  ss = ss + x*x ;
  output ;
end ;
  file 'd:\sas_data\chi.txt' ;
  put s ss ;
end ;
run ;
```

```
data b ;
  set a ;
  file 'd:\sas_data\chi_ran.txt' ;
  put x ;
run ;

data c ;
  infile 'd:\sas_data\chi_ran.txt' ;
  input x1-x5 ;
run ;

data d ;
  infile 'd:\sas_data\chi.txt' ;
  input s ss ;
  v = ss/5 - (s/5)**2 ;
run ;

data aa ;
  merge c d ;
  file 'd:\sas_data\chi_last.txt' ;
  put x1-x5 v 4.2 ;
run ;

proc print ; run ;

proc gchart ;
vbar v / levels = 10  freq type=percent ;
run ;
```

<<프로그램 6-5>> 표준정규난수를 2개 발생시켜 제곱합을 구하는 실험을 5,500회 실시하여 히스토그램을 그리기

```
data chisq_fig1 ;
  mu = 0 ; sigmasq = 1 ;
  do n=1 to 5500 ;
  xsq = 0 ;
    do i=1 to 2 ;
       x = mu + sqrt(sigmasq)*rannor(123) ;
       xsq = xsq + x*x ;
    end ;
```

```
    output ;
  end ;
run ;

proc gchart ;
  vbar xsq / levels = 15 ;
run ;
```

<<프로그램 6-6>> 3개의 카이제곱분포 겹쳐 그리기 - 자유도는 각각 2, 4, 6 이다.

```
data chisq_fig2 ;
do x = 0.01 to 12 by 0.2 ;
  pr2 = 1/(2**(2/2)*gamma(2/2))*x**(2/2 -1)*exp(-x/2) ;
  pr3 = 1/(2**(4/2)*gamma(4/2))*x**(4/2 -1)*exp(-x/2) ;
  pr4 = 1/(2**(6/2)*gamma(6/2))*x**(6/2 -1)*exp(-x/2) ;
  output ;
end ;
run ;

symbol1 i=join ;
symbol2 i=join ;
symbol3 i=join ;

proc gplot ;
  plot (pr2-pr4) * x / overlay vaxis=0 to 0.5 by 0.1 ;
run ;
```

<<프로그램 6-7>> 자유도 6인 카이제곱분포의 꼬리 5%확률 색칠하기

```
data chisq_fig3 ;
df = 6 ;
cv = cinv(0.95,df) ;
do x = 0 to 40 by 0.1 ;
  pr = 1/(2**(df/2)*gamma(df/2))*x**(df/2 -1)*exp(-x/2) ;
  output ;
end ;
do x = cv to 40 by 0.1 ;
  pr1 = 1/(2**(df/2)*gamma(df/2))*x**(df/2 -1)*exp(-x/2) ;
  output ;
```

```
end ;
run ;

axis1 order = (0 to 0.15 by 0.03) ;
symbol1 i=join ;
symbol2 i=join ;
proc gplot ;
plot pr * x / vaxis = axis1 ;
plot2 pr1*x / vaxis = axis1 area=1 vref=0 ;
run ;
```

<<프로그램 6-8>> 자유도가 각각 n=3, n=30인 t 분포 겹처그리기

```
data t_dist ;
pi = 4*atan(1) ;
do x1 = -4 to 4 by 0.1 ;
n=3 ;
  pr1 = gamma((n+1)/2) / (sqrt(n*pi) * gamma(n/2)) * (1 + x1*x1/n)**(-(n+1)/2) ;
  output ;
end ;
do x2 = -4 to 4 by 0.1 ;
n=30 ;
  pr2 = gamma((n+1)/2) / (sqrt(n*pi) * gamma(n/2)) * (1 + x2*x2/n)**(-(n+1)/2) ;
  output ;
end ;
run ;

symbol1 i=join  ;
proc gplot ;
plot pr1*x1 pr2*x2  / overlay vaxis=0 to 0.4 by 0.1 vref=0 ;
run ;
```

<<프로그램 6-9>> n=3인 t 분포와 표준정규분포 겹처그리기

```
data t_dist ;
pi = 4*atan(1) ;
do x1 = -4 to 4 by 0.1 ;
n=3 ;
  pr1 = gamma((n+1)/2) / (sqrt(n*pi) * gamma(n/2)) * (1 + x1*x1/n)**(-(n+1)/2) ;
```

```
  output ;
end ;

do x2 = -4 to 4 by 0.1 ;
  pr2 = 1/sqrt(2*pi)*exp(-x2*x2/2) ;
  output ;
end ;
run ;

symbol1 i=join  ;
proc gplot ;
plot pr1*x1 pr2*x2  / overlay vaxis=0 to 0.4 by 0.1 vref=0 ;
run ;
```

<<프로그램 6-10>> 자유도 15인 *t*분포의 5% 유의수준 색칠하기

```
data t_dist ;
alpha = 0.05 ; n=6 ;  /* 자유도는 15 */
pi = 4*atan(1) ;
do x=-4 to 4 by 0.2 ;
   pr1 = gamma((n+1)/2) / (sqrt(n*pi) * gamma(n/2)) * (1 + x*x/n)**(-(n+1)/2) ;
   output ;
end ;
cv = tinv(1-alpha , n) ; /* 95% 임계값 구하기 */
do x = cv to 4 by 0.2 ;
   pr2 = gamma((n+1)/2) / (sqrt(n*pi) * gamma(n/2)) * (1 + x*x/n)**(-(n+1)/2) ;
   output ;
end ;
run ;

axis1 order = (0 to 0.45 by 0.1) ;
symbol1 i=join ;
proc gplot ;
  plot pr1*x  / vaxis = axis1 ;
  plot2 pr2*x /  vaxis = axis1 area=1 vref=0 ;
run ;
```

<<프로그램 6-11>> 자유도가 (5,1)인 *F*분포의 그래프

```
data f_fig1 ;
  n1 = 6 ; df1 = n1-1 ;
  n2 = 2 ; df2 = n2-1 ;
   cst = gamma(df1/2 + df2/2)/gamma(df1/2)/gamma(df2/2)*(df1/df2)**(df1/2) ;

do x = 0 to 10 by 0.05 ;
  pr = cst*x**(df1/2-1)*(1+df1/df2*x)**(-df1/2-df2/2) ;
  output ;
end ;
run ;

axis1 order = (0 to 0.8 by 0.2) ;
symbol1 i=join ;
proc gplot ;
plot pr*x  / vaxis = axis1  vref=0 ;
run ;
```

<<프로그램 6-12>> *F* 분포의 꼬리쪽 10% 색칠하기

```
data f_alpha_point ;
  alpha = 0.10 ;
  n1 = 4 ; df1 = n1-1 ;
  n2 = 5 ; df2 = n2-1 ;
  cv = finv(1-alpha, df1, df2) ;
run ;

data f_fig2 ;
set f_alpha_point ;
  cst = gamma(df1/2 + df2/2)/gamma(df1/2)/gamma(df2/2)*(df1/df2)**(df1/2) ;
do x = 0 to 10 by 0.05 ;
  pr = cst*x**(df1/2-1)*(1+df1/df2*x)**(-df1/2-df2/2) ;
  output ;
end ;
do x = cv to 10 by 0.05 ;
  pr1 = constant*x**(df1/2-1)*(1+df1/df2*x)**(-df1/2-df2/2) ;
  output ;
end ;
run ;
```

```
axis1 order = (0 to 0.8 by 0.2) ;
symbol1 i=join ;
symbol2 i=join ;
proc gplot ;
plot pr*x  / vaxis = axis1  ;
plot2 pr1 * x / vaxis = axis1 area=1 vref=0 ;
run ;
```

▸ ▸ ▶ 연습문제 ◀ ◂ ◂

1. 모집단의 확률분포가 다음과 같을 때 크기 9인 표본평균의 기대값 $E(\overline{X})$ 와 분산 $V(\overline{X})$ 를 구하여라.

x	2	3	4	5	6	7
$f(x)$	0.3	0.2	0.2	0.1	0.1	0.1

2. 동일 모집단으로부터 추출한 27개 표본의 표본평균 $\overline{X}$ 가 다음과 같았다.

4	5	3	1	5	3	5	6	7
4	2	3	4	4	6	2	4	4
5	3	6	3	5	4	3	4	2

(1) $\overline{X}$ 의 히스토그램을 그려라.

(2) $\overline{X}$ 의 표준편차를 구하여라.

3. 어떤 포장된 제품의 무게는 평균 25g, 표준편차는 1g인 정규분포를 한다. 표본의 크기를 $n=1, 4, 16, 64$ 로 하였을 때 표본의 평균무게가 24g 이하일 확률을 구하여라.

4. 평균이 12, 분산은 9인 정규분포에서 추출된 16개의 표본으로부터 계산한 표본평균을 $\overline{X}$ 라고 할 때 다음 확률을 구하여라.

(1) $P(6 \leq \overline{X} \leq 18)$ (2) $P(9 \leq \overline{X} \leq 12)$

(3) $P(\overline{X} \geq 15)$

5. 어떤 집단의 평균 키는 170Cm 이고 표준편차는 6Cm 라고 한다. 이들 중에서 임의로 추출한 36명의 키가 168Cm와 173Cm 사이에 있을 확률은 얼마인가?

6. 어느 지역의 30세 이상 남자의 체중분포는 모평균 $\mu = 68.8$ Kg 이고 모표준편차 $\sigma = 6$ Kg 으로 알려져 있다. 이 모집단으로부터 100명의 임의표본을 추출했을 경우, 표본평균체중이 70(kg) 이상일 확률을 구하여라.

7. 어떤 엘리베이터가 800Kg의 최대 적재량과 적정인원 10명이 탈 수 있도록 설계되어 있다. 엘리베이터를 이용하는 사람들의 체중은 평균 65kg, 표준편차 6Kg인 정규분포를 따른다고 가정하면 10명으로 된 집단의 체중의 합이 엘리베이터의 최대적재량을 넘을 확률은 얼마인가?

8. 주사위를 10,000회 던졌을 때, 1 이 나오는 상대도수가 $\frac{1}{6} \pm \frac{1}{1000}$ 일 확률을 구하여라.

9. 공장에서 제조하는 진공관의 수명은 평균 2,000시간이고 표준편차는 100시간의 정규분포를 하는 것으로 알려져있다. 이 제품에서 임의로 10개의 표본을 추출하여 수명을 측정하였을 때 평균을 $\overline{X}$, 표준편차를 S라고 하면 $\frac{3(\overline{X} - 2000)}{S}$의 값이 1.1 이상이 될 확률은 얼마인가?

10. χ^2 분포에서 다음을 구하여라.

(1) 자유도가 12 이고 α = 0.05 인 α 점

(2) 자유도가 9 이고 α = 0.025 인 α 점

(3) 자유도 4 인 χ^2 분포에 대해 $P(\chi^2 < \chi_0^2) = 0.99$ 를 만족하는 χ_0^2 값

11. t 분포에서 다음을 구하여라.

(1) 자유도가 17 이고 α =0.025 인 t_α

(2) 자유도가 15 이고 $P(|t| < t_\alpha)$ = 0.90 을 만족하는 t_α

(3) 자유도가 12 이고 $P(t > t_\alpha)$ = 0.05 를 만족하는 t_α

12. 자유도가 n_1 =4 , n_2 = 7 인 F 분포에 대하여 다음에 답하여라.

(1) $P(F \geq F_0)$ = 0.05 를 만족하는 F_0 (2) $P(F \geq 5.06)$

(3) $P(F \leq F_0)$ = 0.10을 만족하는 F_0 (4) $P(F \leq 0.3)$

13. 0 부터 9 사이의 정수 형태를 갖는 균등난수를 1,000,000개 만들고 이 중에서 10개씩을 차례로 묶어 표본평균을 구한 뒤, 계급의 수를 20개로 하여 막대그래프를 그리는 SAS 프로그램을 만들어라.

14. **[정리-5]**를 증명하라.

제7장 통계적 추정

모집단은 모평균, 모분산 등과 같이 모집단 특성을 나타내거나 모집단의 분포를 결정짓는 모수(parameter)가 존재한다. 하지만 대개의 경우는 모수를 모르기 때문에 모수값을 알기 위해 통계적 방법이 사용된다.

모집단에 관한지식을 표본에 의해 얻는 것을 통계적 추측(Statistical Inference)이라 한다. 통계적 추측은 추정과 가설검정으로 나눈다. 여기서는 추정의 문제에 관해 다루고 있다. 추정은 점추정과 구간추정으로 구분된다.

미지의 모수의 참값을 추측하기 위해 추출된 표본으로부터 계산한 하나의 통계량으로 모수를 추정하는 것을 점추정이라 하고, 모수가 통계량으로 만든 어떤 구간에 들어간다고 하는 추정을 구간추정이라 한다.

1. 추정량

모집단의 미지모수를 θ 라 하고 모집단으로부터 추출된 임의표본을 $X_1, X_2, \ldots, X_n$ 이라 하자. 모수 θ 를 추측하기 위해 $X_1, X_2, \ldots, X_n$ 의 함수 $T = T(X_1, X_2, \ldots, X_n)$ 을 정의하여야 한다. $T = T(X_1, X_2, \ldots, X_n)$ 은 표본 $X_1, X_2, \ldots, X_n$ 이 어떻게 추출되느냐에 따라 변하는 확률변수로서 통계량(Statistic)이다. 만일 임의표본이 다음과 같이 $X_1 = x_1, X_2 = x_2, \ldots, X_n = x_n$ 처럼 특정한 값으로 정해지면 $T = T(x_1, x_2, \ldots, x_n)$ 는 통계값(또는 統計値)이라 한다.

모수를 추정하기 위해 쓰인 통계값을 모수의 점추정값(point estimation)이라 한다. 만일 모집단의 평균 μ 를 추정하기 위하여 표본평균 $\overline{x}$ 를 사용한다면 $\overline{x}$ 는 모수 μ 의 점추정값이다. 점추정값이라고 부르는 이유는 계산된 값이 실축상의 한 점으로 표시되기 때문에 붙인 이름이다.

[정의-1] 통계량의 값이 모수의 점추정값으로 사용될 경우, 그 통계량을 모수의 추정량 (Estimator)이라 한다.

정의에 따르면 통계량 $\overline{X}$는 모수 μ 의 추정량이고, $\overline{X}$의 값 $\overline{x}$는 μ 의 점추정값이다. 마찬가지로 통계량 S^2은 모분산 σ^2 의 추정량이고, S^2의 값 s^2은 σ^2 의 점추정값이다.

모수를 추정하는 방식은 여러 가지가 있으며 추정량의 성질이나 정확도 등에 의한 기준에 따라 선택하게 된다. 모수 θ의 추정량을 $\hat{\theta}$로 표시하기로 하고, 여러 추정량의 성질을 알아보자.

1) 불편추정량

추정량의 바람직한 성질 중의 하나로서 $\hat{\theta}$의 표본분포가 모수 θ를 중심으로 균형있게 분포하는 것이다. 추정량의 기대값이 모수와 일치하는 성질을 불편성(Unbiasnsedness)이라 한다.

[정의-2] 모수 θ의 모든 값에 대하여 $E(\hat{\theta})=\theta$를 만족하는 통계량 $\hat{\theta}$를 불편추정량이라 한다.

[예제-1] 모집단에서 추출한 표본의 평균 $\overline{X}$는 모평균 μ의 불편추정량이다.

[해] $E(\overline{X})=E(\frac{1}{n}\sum_{i=1}^{n}X_i)=\frac{1}{n}E(X_1+X_2+\cdots+X_n)$

$$=\frac{1}{n}[E(X_1)+E(X_2)+\cdots+E(X_n)]$$

$$=\frac{1}{n}[\mu+\mu+\cdots+\mu]=\mu$$

[예제-2] X가 이항분포를 하면 성공의 비율 $\frac{X}{n}$는 모비율 p의 불편추정량이다.

[해] X가 이항분포를 하므로 $E(\overline{X})=np$이다. 따라서

$$E(\frac{\overline{X}}{n})=\frac{1}{n}E(\overline{X})=\frac{1}{n}\times np=p$$

[예제-3] 모집단으로부터 뽑은 임의표본 $X_1,X_2,\ldots,X_n$의 표본분산을 $S^2=\frac{1}{n-1}\sum_{i=1}^{n}(X_i-\overline{X})^2$으로 정의하면 이것은 모분산 σ^2의 불편추정량이다.

[해] $E(S^2)=E[\frac{1}{n-1}\sum_{i=1}^{n}(X_i-\overline{X})^2]=\frac{1}{n-1}E[\sum_{i=1}^{n}\{(X_i-\mu)-(\overline{X}-\mu)\}^2]$

$$=\frac{1}{n-1}[\sum_{i=1}^{n}E(X_i-\mu)^2-nE[(\overline{X}-\mu)^2]]$$

$$=\frac{1}{n-1}[\sum_{i=1}^{n}\sigma^2-n\frac{\sigma^2}{n}]=\sigma^2$$

일상에서는 표본분산 S^2을 $S^2 = \frac{1}{n}\sum_{i=1}^{n}(X_i - \overline{X})^2$ 으로 계산하는 경우가 흔하다. 이 경우에 기대값을 계산하면 $E(S^2) = E[\frac{1}{n}\sum_{i=1}^{n}(X_i - \overline{X})^2] = \frac{n-1}{n}\sigma^2$ 이므로 모분산의 불편추정량이 아님을 알 수가 있다. 이처럼 불편추정량이 아닌 추정량을 편의추정량(biased estimator)이라 한다.

2) 유효추정량

추정량의 성질로서 불편성은 추정값들이 모수에 가까운 정도를 표시할 수는 없다. 다음 그림에서와 같이 추정량 $\widehat{\theta_1}$ 의 분포는 $\widehat{\theta_2}$ 의 분포에 비해 모수 θ 근처에 더 밀집해 있음을 알 수 있다. 즉 $\widehat{\theta_1}$ 은 $\widehat{\theta_2}$ 보다 모수 θ에 가까운 값을 가질 가능성이 높다고 할 수 있다.

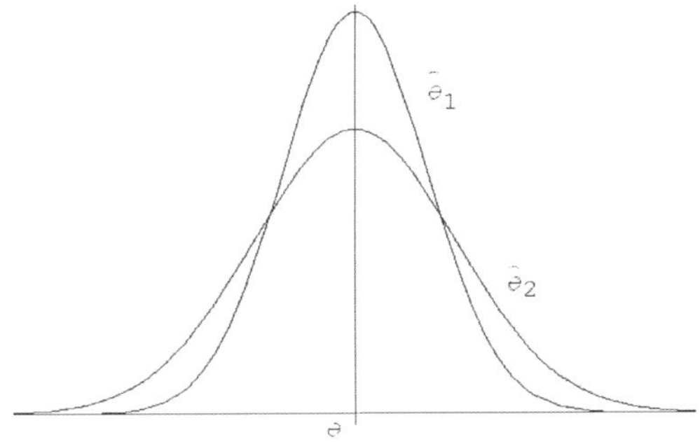

그림-1 유효성의 비교

그림을 보면 $\widehat{\theta_1}$은 $\widehat{\theta_2}$보다 퍼짐이 적으며, 이렇듯 퍼짐을 나타내는 통계량을 표준오차(Standard Error)라 한다. 표준오차가 작으면 추정의 정도(Precision)가 높아지며, 통계적으로는 유효(Efficient)하다고 부른다. 추정량 $\hat{\theta}$ 의 표준오차는 $S.E.(\hat{\theta})$ 로 나타내기도 한다.

> **[정의-3]** 모수 θ의 불편추정량 $\widehat{\theta_1}, \widehat{\theta_2}$에 대하여 $S.E.(\widehat{\theta_1}) < S.E.(\widehat{\theta_2})$ 이 성립할 때 $\widehat{\theta_1}$은 $\widehat{\theta_2}$보다 더 유효하다고 한다.

모수 θ의 추정량 $\hat{\theta}$ 가 불편성을 갖으면서 동시에 유효성을 갖는 추정량을 최소분산불편추정량(minimum variance unbiased estimator)이라 부른다.

[예제-4] 정규분포 $N(\mu, \sigma^2)$에서의 표본을 X_1, X_2, X_3이라고 하면 다음과 같은 두 개의 추정량 중에서 어느 추정량이 더 유효한가?

$$\hat{\theta}_1 = \frac{X_1 + X_2 + X_3}{3} \quad , \quad \hat{\theta}_2 = \frac{X_1 + 2X_2 + X_3}{4}$$

[해] $E(\hat{\theta}_1) = E(\hat{\theta}_2) = \mu$ 이므로 $\hat{\theta}_1, \hat{\theta}_2$ 는 불편추정량임을 알 수 있다. 두 추정량 $\hat{\theta}_1, \hat{\theta}_2$ 의 분산을 계산하여 보면 다음과 같다.

$$V(\hat{\theta}_1) = V[\frac{X_1 + X_2 + X_3}{3}] = \frac{1}{9} V[X_1 + X_2 + X_3] = \frac{3\sigma^2}{9}$$
$$V(\hat{\theta}_2) = V[\frac{X_1 + 2X_2 + X_3}{4}] = \frac{1}{16} V[X_1 + 2X_2 + X_3] = \frac{6\sigma^2}{16}$$

따라서 $\hat{\theta}_1$ 은 $\hat{\theta}_2$ 보다 더 유효하다.

3) 일치추정량

크기 n인 표본으로부터의 추정량 $\hat{\theta}_n$ 이 모수 θ 근방에 있을 확률은 표본의 크기 n 이 클수록 1 에 가까워지는 성질을 일치성(Consistency)이라 한다.

[정의-4] $\hat{\theta}_n$ 이 모수 θ 의 추정량이라고 할 때 임의의 양수 ϵ 에 대하여

$$\lim_{n \to \infty} P(|\hat{\theta}_n - \theta| < \epsilon) = 1$$

이 성립하면 $\hat{\theta}_n$ 을 θ 의 일치추정량(Consistent Estimator)이라 한다.

[예제-5] 표본의 크기가 크면 표본평균 $\overline{X}$는 모평균 μ의 일치추정량이다.
[해] 일치추정량의 정의에 체비쉐프 부등식을 이용하여 보면 다음과 같다.

$$\lim_{n \to \infty} P(|\overline{X} - \mu| > \epsilon) = \lim_{n \to \infty} P(|\frac{X_1 + X_2 + \cdots + X_n}{n} - \mu| > \epsilon)$$
$$= \lim_{n \to \infty} P(|X_1 + X_2 + \cdots + X_n - n\mu| > n\epsilon)$$
$$= \lim_{n \to \infty} P(|(X_1 - \mu) + (X_2 - \mu) + \cdots + (X_n - \mu)| > n\epsilon)$$
$$\leq \lim_{n \to \infty} \frac{E(X_1 - \mu)^2 + E(X_2 - \mu)^2 + \cdots + E(X_n - \mu)^2}{n^2 \epsilon^2}$$
$$= \lim_{n \to \infty} \frac{n\sigma^2}{n^2 \epsilon^2} = 0$$

정리하면

$$\lim_{n \to \infty} P(|\overline{X} - \mu| > \epsilon) = 0 \qquad \Rightarrow \qquad \lim_{n \to \infty} P(|\overline{X} - \mu| < \epsilon) = 1$$

이 성립한다. 따라서 표본평균 $\overline{X}$는 모평균 μ의 일치추정량이다.

4) 충분통계량

임의의 표본으로부터 얻은 통계량의 정보가 다른 어떤 표본에서의 통계량보다도 많은 정보를 제공할 때 임의표본의 통계량을 충분통계량이라 한다.

> [정의-5] 모수 θ를 갖는 분포로부터 임의표본 $X_1, X_2, \ldots, X_n$을 추출하였을 때의 통계량 $T = T(X_1, \ldots, X_n)$을 생각하자. 만일 T가 주어졌을 때 $X_1, X_2, \ldots, X_n$의 조건부 분포가 θ와 독립이면 T를 θ의 충분통계량이라 한다.

[예제-6] $X_1, X_2, \ldots, X_n$은 모수 p를 갖는 Bernoulli 확률변수라고 하면 $X = X_1 + X_2 + \cdots + X_n$로 둘 때 $\hat{p} = \dfrac{X}{n}$는 p의 충분통계량이다.

[해] 정의에 의해

$$f(x_i, p) = p^{x_i}(1-p)^{1-x_i} \quad , \quad x_i = 0, 1$$

그러므로 모든 $x_i (i = 1, 2, \ldots, n)$에 대하여

$$f(x_1, x_2, \ldots, x_n) = \prod_{i=1}^{n} p^{x_i}(1-p)^{1-x_i} = p^{\sum x_i}(1-p)^{n - \sum x_i} = p^x(1-p)^{n-x}$$

한편 X는 Bernoulli 확률변수의 합이므로 이항분포 $b(n, p)$를 따른다. 따라서

$$b(x; n, p) = \binom{n}{x} p^x (1-p)^{n-x} = g(\hat{p})$$

$$\therefore \; f(x_1, x_2, \ldots, x_n \mid \hat{p}) = \frac{f(x_1, x_2, \ldots, x_n)}{g(\hat{p})} = \frac{p^x(1-p)^{n-x}}{\binom{n}{x} p^x (1-p)^{n-x}} = \frac{1}{\binom{n}{x}}$$

따라서 $\hat{p}$는 p의 충분통계량이다.

2. 점추정

표본으로부터 미지모수에 대한 하나의 추정값을 구하는 것을 점추정(point estimation)이라 한다. 이제부터 점추정에 대해 알아보기로 한다.

1) 적률법

적률법(method of moments)은 미지모수를 포함한 모집단으로부터 추출한 임의표본의 표본적률을 모집단의 대응하는 적률과 같게 두어서 얻은 방정식을 미지모수에 대하여 풀어서 추정값을 구하는 방법이다.

[예제-7] 정규모집단 $N(\mu,\sigma^2)$으로부터 추출한 크기 n인 표본을 $X_1,X_2,\ldots,X_n$이라 하자. 모수 μ,σ^2의 추정량을 적률법으로 구하여라.
[해] 표본의 1, 2차 적률을 정의하여 대응하는 모집단 적률과 같게 둔다. 즉,

$$\frac{1}{n}\sum_{i=1}^{n}X_i = E(X) \ , \ \frac{1}{n}\sum_{i=1}^{n}X_i^2 = E(X^2)$$

$E(X)=\mu$ 이고 $E(X^2)=\mu^2+\sigma^2$ 이므로

$$\frac{1}{n}\sum_{i=1}^{n}X_i = \mu \ , \ \frac{1}{n}\sum_{i=1}^{n}X_i^2 = \mu^2+\sigma^2$$

를 얻게 된다. 이 식으로부터 μ,σ^2의 추정량을 구하면

$$\hat{\mu}=\overline{X} \ , \ \hat{\sigma^2}=\frac{1}{n}\sum_{i=1}^{n}(X_i-\overline{X})^2 = S^2$$

[예제-8] 모수가 λ인 Poisson 분포로부터 임의표본 $X_1,X_2,\ldots,X_n$을 뽑았을 때, λ를 적률법으로 구하여라.
[해] 모집단분포의 1차 적률은

$$E(X)=\sum_{x=0}^{\infty}x\frac{e^{-\lambda}\lambda^x}{x!}=e^{-\lambda}\sum_{x=0}^{\infty}x\frac{\lambda^x}{x!}=\lambda$$

이고 표본의 1차 적률은 $\frac{1}{n}\sum_{i=1}^{n}X_i=\overline{X}$ 이므로 λ의 추정량은 $\hat{\lambda}=\overline{X}$ 이다.

2) 최우추정법

확률밀도함수 $f(x,\theta)$를 갖는 모집단분포로부터 추출한 크기 n인 임의표본 $X_1,X_2,\ldots,X_n$의 관찰치를 $x_1,x_2,\ldots,x_n$이라 하고 θ의 함수인 결합밀도함수 $L(\theta)$를 다음과 같이 만들어보자.

$$L(\theta)=f(x_1,\theta)f(x_2,\theta)\cdots f(x_n,\theta)$$

이러한 $L(\theta)$를 우도함수(Likelihood Function)라 하며, $L(\theta)$를 최대로 하는 θ를 $\hat{\theta}$로 나타내며, 최우추정치(Maximum Likelihood Estimator)라 부른다. 최우추정치 $\hat{\theta}$는 우도함수의 최대값을 구하는 것이므로

$$\frac{\partial}{\partial\theta}\log L(\theta)=0$$ [1)]

을 풀어서 구한다. 이러한 방정식을 우도방정식(Maximum Likelihood Equation)이라 한다.

최우추정치 $\hat{\theta}$을 직접 구하기 어려울 때는 수치해석적 방법인 Newton-Raphson 방법을 사용하여 계산하면 된다.

$$\theta_{n+1}=\theta_n-\frac{\frac{\partial}{\partial\theta}\log L(\theta_n)}{\frac{\partial^2}{\partial\theta^2}\log L(\theta_n)}$$

[예제-9] 모비율이 p인 이항모집단으로부터 크기 n인 임의표본 중에 특성 E를 갖는 것이 k개 일 때 모비율 p의 최우추정치 $\hat{p}$를 구하여라.
[해] 이항모집단으로부터 추출된 우도함수는

$$L(p)=p^k(1-p)^{n-k}$$

이므로 양변에 로그를 취하면

$$\log L(\theta)=k\log p+(n-k)\log(1-p)$$

이 된다. 이러한 우도함수를 p에 관하여 편미분하면

$$\frac{\partial}{\partial\theta}\log L(p)=\frac{k}{p}-\frac{n-k}{1-p}$$

---

1) ∂는 편미분을 나타내는 기호이다. $\frac{\partial}{\partial\theta}$는 θ 이외의 값은 상수로 간주하고 미분하라는 의미이다.

가 된다. 이것을 영(zero)으로 놓고 p에 관하여 정리하면 최우추정량 $\hat{p}=\frac{k}{n}$을 얻는다.

3. 오차의 한계

모평균이 μ, 모분산이 σ^2인 모집단에서 추출한 표본평균 $\overline{X}$의 기대값과 분산은

$$E(\overline{X})=\mu, \quad V(\overline{X})=\frac{\sigma^2}{n}$$

이다. 중심극한정리로부터 표본의 크기 n이 크면 $\overline{X}$의 분포는 평균이 μ이고 표준편차가 $\frac{\sigma^2}{n}$인 정규분포에 가깝게 된다. 따라서 $\overline{X}$가 모수 μ로부터 $\pm\frac{2\sigma}{\sqrt{n}}$이내에 있을 확률은 95.4%가 된다.

이를 μ에 대한 추정량 $\overline{X}$의 95.4% 오차한계는 대략 $\frac{2\sigma}{\sqrt{n}}$이라고 말한다. 대개의 경우, 모분산 σ^2는 미지이므로 불편추정량인

$$S^2=\frac{1}{n-1}\sum_{i=1}^{n}(X_i-\overline{X})^2$$

을 사용한다.

[예제-10] 모집단으로부터 40개의 제품에 대해 무게를 측정하여 얻은 평균과 표준편차는 각각 $\overline{X}=2.715$, $S=0.475$라고 한다. 이 제품의 모집단 평균무게 μ의 95.4%의 오차한계를 구하여라.

[해] 모평균 μ의 추정치는 $\overline{X}=2.715$ 이고, 표준오차의 추정치는 $\frac{S}{\sqrt{n}}=0.075$ 이다. 따라서 95.4%의 오차한계는 $\frac{2S}{\sqrt{n}}=0.15$ 가 된다.

확률을 일정하게 하고 오차를 줄이려면 표본의 크기를 증가시켜야 한다. 반면에 오차를 일정하게 하고 확률을 줄이려면 표본의 크기를 변화시켜야 한다.

표본평균의 분포가 정규분포라 할 때 모평균과 표본평균과의 오차를 e, 주어진 확률에 대응하는 표준화변수를 Z_0 그리고 모분산을 σ^2이라 하면 표본의 크기 n과의 관계식은

$$Z_0\frac{\sigma}{\sqrt{n}}=e$$

이며, 이 식으로부터 표본의 크기 $n=(\frac{Z_0\sigma}{e})^2$을 구할 수 있다.

[예제-11] 5개의 물건의 무게를 측정한 자료가 다음과 같았다. 추정값의 오차를 0.5g 이하로 하기 위해서는 표본은 얼마나 필요한가?

18.9 20.7 18.5 17.8 20.7

[해] 표본평균은 $\overline{X}=19.32$, 표본표준편차는 $\hat{\sigma}=\sqrt{\frac{1}{4}\sum_{i=1}^{5}(X_i-\overline{X})^2}=1.32$ 이다. 따라서 표본의 크기는 $n \geq (\frac{2\sigma}{0.5})^2=(\frac{2 \cdot 1.32}{0.5})^2 \geq 28$

4. 구간추정

모집단분포의 모수를 θ 라고 하자. 점추정은 하나의 값을 가지고 θ 를 예측하므로 이 값이 정확하다고 기대할 수는 없다. θ 의 참값은 추정치에 가까운 값이라는 의미로 생각해야 한다. 따라서 "모수의 참값은 어떠한 구간 내에 있다"라고 추론하는 것이 실제적이다. 이러한 추정 방법을 구간추정(Interval Estimate)이라고 한다.

1) 신뢰구간

[정의-6] 표본으로부터 추정량 $\hat{\theta}_1, \hat{\theta}_2$ 를 정하고 양수 $\alpha(0<\alpha<1)$에 대하여

$$P(\hat{\theta}_1<\theta<\hat{\theta}_2)=1-\alpha$$

가 만족될 때 구간 $(\hat{\theta}_1, \hat{\theta}_2)$를 $100(1-\alpha)\%$ 신뢰구간(Confidence Interval)이라 하고, 비율 $(1-\alpha)$를 신뢰수준(Confidence Level) 또는 신뢰도라 한다. $\hat{\theta}_1$을 신뢰하한, $\hat{\theta}_2$을 신뢰상한이라 한다.

구간추정을 할 때 신뢰수준을 크게 하면 신뢰상한과 신뢰하한의 간격이 커져서 정확도는 낮아지며 반대로 신뢰수준이 작으면 정확도는 높아진다. 신뢰수준은 흔히 90%, 95%, 99%를 사용한다.

정규분포 $N(\mu, \sigma^2)$ 에서 n 개의 표본을 뽑았을 때의 모평균 μ 의 95% 신뢰구간을 만들어보자. n 개의 표본으로부터 계산된 표본평균 $\overline{X}$는 $N(\mu, \frac{\sigma^2}{n})$ 인 정규분포를 따르므로, 표본평균 $\overline{X}$를 표준화시킨 $\frac{\overline{X}-\mu}{\sigma/\sqrt{n}}$ 는 표준화정규분포를 따른다.

95% 신뢰구간을 만들기 위해서는 다음의 그림-2 에서처럼 꼬리부분을 각각 2.5%씩 제거해야 한다. 이 때의 α점의 값은 ±1.96 이며 <<프로그램 7-1>>을 실행시켜 얻을 수 있다.

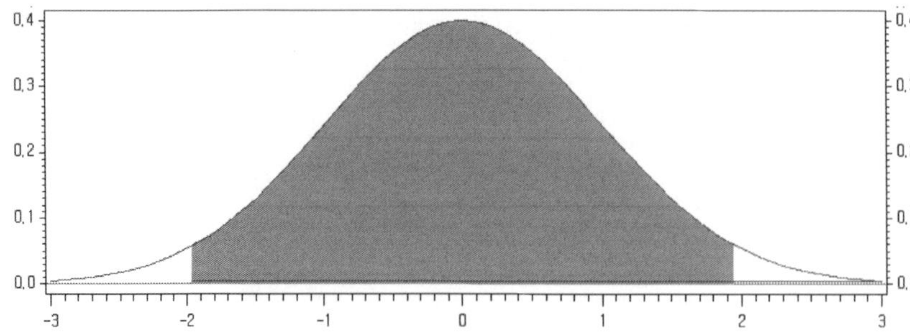

그림-2 표준화 정규분포의 95% 신뢰구간

그림-2를 수식으로 표현하면

$$P(-1.96 \le \frac{\overline{X}-\mu}{\sigma/\sqrt{n}} \le 1.96) = 0.95$$

이며, 모평균 μ 에 관해 정리하면

$$P(\overline{X}-1.96\frac{\sigma}{\sqrt{n}} \le \mu \le \overline{X}+1.96\frac{\sigma}{\sqrt{n}}) = 0.95$$

가 된다. 따라서 모평균 μ 의 95% 신뢰구간은 $\left[\overline{X}-1.96\frac{\sigma}{\sqrt{n}}\ ,\ \overline{X}+1.96\frac{\sigma}{\sqrt{n}}\right]$ 이 된다.

2) 신뢰수준의 의미

신뢰수준이 95%라는 의미는 통계량을 연속적으로 구했을 때 적어도 95%의 통계량은 신뢰구간 내에 존재한다는 것이다.

이를 확인하기 위하여 정규분포 $N(64.3, 15^2)$ 을 따르는 정규난수를 20개 발생시켜 표본평균을 구하는 시행을 3회 실시한 결과가 다음과 같았다. (<<프로그램 7-2>> 참조)

표-1 20개의 정규난수와 표본평균

번호	정규난수										표본평균
1	68.99	62.61	71.02	61.71	65.45	66.42	65.62	65.80	67.46	63.80	64.2255
	64.38	63.89	60.65	67.27	60.75	61.84	55.03	70.30	62.98	58.54	
2	65.69	61.74	56.09	57.55	69.00	62.35	64.81	55.49	65.83	71.47	62.7465
	71.48	56.09	66.28	59.98	62.06	59.49	60.93	62.14	63.95	62.51	
3	67.77	60.83	55.58	66.82	68.55	69.79	69.92	62.94	68.62	64.26	64.0470
	63.08	64.99	63.47	72.18	56.13	65.57	59.74	60.76	60.73	59.21	

우리의 목적은 정규난수로부터 계산된 표본평균의 값이다. 이제 $N(64.3, 15^2)$ 을 따르는 정규난수발생 시행을 100회 실시하여 표본평균을 구한 결과는 다음과 같다.

표-2 20개의 정규난수를 발생시켜 구한 100개의 평균값

64.22	62.74	64.04	66.30	63.33	64.42	65.22	64.27	63.90	64.83
64.99	63.82	64.73	64.01	64.31	62.81	64.46	64.16	64.85	64.55
62.99	65.13	62.94	62.99	64.95	63.58	66.11	63.86	65.25	64.32
64.88	65.57	63.77	64.12	64.58	62.92	63.16	66.04	65.05	63.44
64.80	64.86	64.75	63.78	65.46	64.17	65.41	64.09	64.77	65.35
65.11	63.49	64.68	65.06	64.67	64.75	65.66	64.19	65.61	65.02
65.81	63.02	63.83	64.48	64.74	65.36	64.19	63.43	64.04	64.47
66.40	64.75	65.52	64.69	65.60	63.85	64.59	63.59	64.69	64.92
64.52	63.46	64.66	64.90	64.63	64.19	64.98	64.36	63.54	63.66
64.87	63.90	65.28	64.08	63.99	63.52	63.73	64.18	64.91	65.78

다음의 [예제-12]를 보면 정규분포 $N(64.3, 15^2)$ 의 95% 신뢰구간은 [57.726 , 70.874] 이므로 앞의 표를 보면 신뢰구간을 벗어난 값은 하나도 없다.

95% 신뢰수준이면 95개 이상의 자료가 신뢰구간 내에 있어야 하는데, 6개 이상이 신뢰구간을 벗어나는 경우가 발생할 수가 있다. 이유는, 발생된 난수가 20개이므로 이것이 정규분포를 따른다고 볼 수 없기 때문이다.

3) 모평균에 대한 신뢰구간

(1) 정규분포 $N(\mu, \sigma^2)$ 를 따를 때, μ에 대한 신뢰구간 (μ는 미지, σ^2 은 기지)

[정리-1] 정규모집단 $N(\mu, \sigma^2)$ 으로부터 크기 n인 임의표본의 표본평균을 $\overline{X}$라고 하면 μ에 대한 $100(1-\alpha)\%$ 신뢰구간은 다음과 같다.

$$\overline{X} - z_{\alpha/2}\frac{\sigma}{\sqrt{n}} < \mu < \overline{X} + z_{\alpha/2}\frac{\sigma}{\sqrt{n}}$$

[예제-12] 분산 σ^2=225 인 정규모집단으로부터 크기 20인 임의표본을 추출했을 때의 표본평균이 $\overline{X}$=64.3 이었다. 모평균 μ 에 대한 95% 신뢰구간을 구하여라.

[해] α=0.05 이므로 부록의 표준정규분포표로부터 $z_{\alpha/2} = z_{0.025} = 1.96$ 을 얻는다. 따라서 μ 에 대한 95% 신뢰구간은

$$64.3 - 1.96\frac{15}{\sqrt{20}} < \mu < 64.3 + 1.96\frac{15}{\sqrt{20}}$$

이를 정리하면 신뢰구간은 $57.726 < \mu < 70.874$ 가 되며, <<프로그램 7-3>>을 실행하면 다음과 같은 신뢰구간의 그래프가 그려진다.

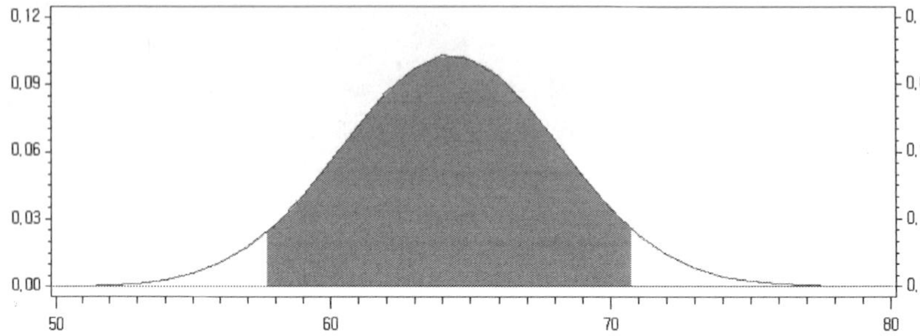

그림-3 모평균의 95% 신뢰구간

[예제-13] 은행 지점의 무인현금지급기에서 지난달까지 인출된 현금은 하루 평균 3,200만원이고 표준편차는 650만원이었다. 이달 첫 주의 5일간을 측정하였더니 평균 3,520만원이었다고 한다. 인출되는 현금이 부족하지 않으려면 앞으로는 얼마를 준비해야 95% 안심할 수 있는가?

[해] 모평균 μ 의 95% 신뢰구간은 $\left[\overline{X} - 1.96\frac{\sigma}{\sqrt{n}}, \overline{X} + 1.96\frac{\sigma}{\sqrt{n}}\right]$ = [2951 , 4090] 이므로 4,090만원을 준비해야만 안심할 수 있다.

일반적으로 신뢰수준(=$1-\alpha$)을 높이면 Z_α의 값이 커지므로 더 넓은 신뢰구간이 얻어진다. 따라서 지나치게 높은 신뢰수준을 요구하면 추측되는 μ 의 범위가 너무 넓어지므로 적절한 신뢰수준을 정해야 한다.

한편, 신뢰수준이 $1-\alpha$ 인 경우의 신뢰구간의 길이는

$$(\overline{x} + Z_{\alpha/2}\frac{\sigma}{\sqrt{n}}) - (\overline{x} - Z_{\alpha/2}\frac{\sigma}{\sqrt{n}}) = 2Z_{\alpha/2}\frac{\sigma}{\sqrt{n}}$$

이므로 표본의 크기를 적절히 선택하면 신뢰구간의 길이를 조절할 수 있다.

[정리-2] 모평균과 표본평균과의 차이를 d, 모분산을 σ 라 할 때 신뢰도가 $1-\alpha$ 가 되는 표본의 크기는 다음과 같다.

$$n \geq (Z_{\alpha/2} \times \frac{\sigma}{d})^2$$

[예제-14] 모분산의 추정치가 1.32 이고 추정치의 오차가 0.5라 할 때, 95% 신뢰수준을 갖기 위해서는 표본의 크기를 얼마로 해야 하는가?

[해] $\alpha = 0.05$ 이므로 $Z_{0.025} = 1.96$ 이므로 $n \ge (Z_{\alpha/2} \times \frac{\sigma}{d})^2 = (1.96 \times \frac{1.32}{0.5})^2 = 26.77$ 이다. 따라서 표본의 크기는 27 이상이어야 한다.

(2) 정규분포 $N(\mu, \sigma^2)$를 따를 때, μ 에 대한 신뢰구간 (μ , σ^2 은 모두 미지)

[정리-3] 정규모집단 $N(\mu, \sigma^2)$ 으로부터 크기 n인 임의표본의 표본평균을 $\overline{X}$, 표본표준편차를 S 라고 하면 μ 에 대한 $100(1-\alpha)\%$ 신뢰구간은 다음과 같다.

$$\overline{X} - t(n-1, \frac{\alpha}{2})\frac{S}{\sqrt{n}} < \mu < \overline{X} + t(n-1, \frac{\alpha}{2})\frac{S}{\sqrt{n}}$$

[예제-15] 어떤 페인트 제조업자가 새로운 내장벽 페인트의 평균건조시간을 결정하려고 한다. 크기가 같은 면적 12곳을 시험하여 평균건조시간 66.3(분), 표준편차 8.4(분)을 얻었다면 μ 의 95% 신뢰구간을 구하여라.

[해] $\alpha = 0.05$, $n = 12$ 이므로 $t(11, 0.025) = 2.201$ 이다. 따라서 신뢰구간은

$$66.3 - 2.201\frac{8.4}{\sqrt{12}} < \mu < 66.3 + 2.201\frac{8.4}{\sqrt{12}}$$

$$\Rightarrow \quad 61.0 < \mu < 71.6$$

(3) 모평균 차에 관한 신뢰구간 (σ_1^2 , σ_2^2 이 기지)

[정리-4] 기지의 분산 $\widehat{\sigma_1^2}, \widehat{\sigma_2^2}$ 을 갖는 두 정규모집단 $N(\mu_1, \sigma_1^2)$, $N(\mu_2, \sigma_2^2)$으로부터 크기 n_1, n_2인 표본을 추출하였을 때의 표본평균을 각각 $\overline{X_1}, \overline{X_2}$라고 하면 $\mu_1 - \mu_2$에 대한 $100(1-\alpha)\%$ 신뢰구간은 다음과 같다.

$$(\overline{X_1} - \overline{X_2}) - z_{\alpha/2}\sqrt{\frac{\sigma_1^2}{n_1} + \frac{\sigma_2^2}{n_2}} < \mu_1 - \mu_2 < (\overline{X_1} - \overline{X_2}) + z_{\alpha/2}\sqrt{\frac{\sigma_1^2}{n_1} + \frac{\sigma_2^2}{n_2}}$$

[예제-16] 두 가지의 전구 A_1과 A_2가 있다. A_1전구를 40개 뽑아 평균수명을 구하였더니

$\overline{X_1} = 418$ (시간)이고 A_2전구를 50개 뽑아 평균수명을 구하였더니 $\overline{X_1} = 402$ (시간)임을 알았다. 모표준편차는 $\sigma_1 = 26$, $\sigma_2 = 22$ 라고 할 때, 전구의 평균수명의 차에 대한 94% 신뢰구간을 구하여라.
[해] $\alpha = 0.06$ 이므로 $z_{\alpha/2} = z_{0.03} = 1.88$ 이다. 따라서 $(\mu_1 - \mu_2)$의 94% 신뢰구간은

$$(418-402) - 1.88\sqrt{\frac{26^2}{40} + \frac{22^2}{50}} < \mu_1 - \mu_2 < (418-402) + 1.88\sqrt{\frac{26^2}{40} + \frac{22^2}{50}}$$

$\therefore \quad 6.3 < \mu_1 - \mu_2 < 25.7$

(4) $\mu_1 - \mu_2$ 에 대한 신뢰구간 ($\sigma_1^2 = \sigma_2^2$ 은 미지)

[정리-5] 미지의 등분산을 갖는 두 정규모집단 $N(\mu_1, \sigma_1^2), N(\mu_2, \sigma_2^2)$ 으로부터 크기 n_1, n_2인 표본을 추출하였을 때의 표본평균을 각각 $\overline{X_1}, \overline{X_2}$ 라고 하면 $\mu_1 - \mu_2$ 에 대한 $100(1-\alpha)\%$ 신뢰구간은 다음과 같다. 여기서 S_p^2 은 분산 σ^2의 불편추정량이다. 2)

$$(\overline{X_1} - \overline{X_2}) - t(n_1 + n_2 - 2, \frac{\alpha}{2})S_p\sqrt{\frac{1}{n_1} + \frac{1}{n_2}} < \mu_1 - \mu_2 < (\overline{X_1} - \overline{X_2}) + t(n_1 + n_2 - 2, \frac{\alpha}{2})S_p\sqrt{\frac{1}{n_1} + \frac{1}{n_2}}$$

[예제-17] 두 가지 담배 C_1과 C_2의 니코틴함량을 비교한다고 하자. C_1 담배 10개의 평균 니코틴함량은 3.1mg, 표준편차는 0.5mg 이고, C_2 담배 8개의 평균 니코틴함량은 2.7mg, 표준편차는 0.7mg 이라고 한다. 이 값들은 등분산을 갖는 정규모집단으로부터 추출한 임의표본에서 얻은 값이라고 할 때, 두 담배의 니코틴함량의 차에 대한 95% 신뢰구간을 구하여라.
[해] $\alpha = 0.05$, $n_1 + n_2 - 2 = 16$ 이므로 $t(16, 0.025) = 2.12$ 를 얻는다. 또한 합동분산 S_p 의 값은

$$S_p = \sqrt{\frac{9(0.25) + 7(0.49)}{16}} = 0.596$$

따라서 $\mu_1 - \mu_2$에 대한 95% 신뢰구간은

$$(3.1-2.7) - 2.12 \cdot 0.596\sqrt{\frac{1}{10} + \frac{1}{8}} < \mu_1 - \mu_2 < (3.1-2.7) + 2.12 \cdot 0.596\sqrt{\frac{1}{10} + \frac{1}{8}}$$

$\therefore \quad -0.20 < \mu_1 - \mu_2 < 1.00$

---

2) $S_p^2 = \dfrac{(n_1-1)S_1^2 + (n_2-1)S_2^2}{n_1 + n_2 - 2}$ 이며, 합동분산(Pooled Variance)이라고 부른다.

(5) 모비율 p 에 대한 신뢰구간

> [정리-6] 표본의 크기 n 이 클 때 이항모집단의 모비율 p 에 대한 $100(1-\alpha)$ 신뢰구간은 다음과 같다. 단, $\hat{p}=\frac{1}{n}\sum_{i=1}^{n}X_i=\frac{X}{n}$ 이다.
>
> $$\hat{p}-z_{\alpha/2}\sqrt{\frac{\hat{p}(1-\hat{p})}{n}}<p<\hat{p}+z_{\alpha/2}\sqrt{\frac{\hat{p}(1-\hat{p})}{n}}$$

[예제-18] 도시의 유권자 중에서 임의로 400명을 추출하여 특정한 정책에 대한 여론조사를 하였다. 이 조사에서 "찬성"에 답한 사람은 240명이고 나머지는 반대하였다고 하면 찬성률에 대한 95% 신뢰구간을 구하여라.

[해] $\hat{p}=\frac{240}{400}=0.6$ 이고, n 은 충분히 크므로 신뢰구간은

$$0.6-1.96\sqrt{\frac{0.6\cdot 0.4}{400}}<P<0.6+1.96\sqrt{\frac{0.6\cdot 0.4}{400}}$$

$\therefore\ 0.552 < p < 0.648$

> 응답률이 p 일 때의 표본오차는 $e=Z_{\frac{\alpha}{2}}\sqrt{\frac{p(1-p)}{n}}$ 이다.

신문이나 방송에서 여론조사결과 또는 상품선호도 조사결과를 발표할 때 "1,000명의 응답자에게 조사하였더니 .... 95% 신뢰수준에서 ± 3% 수준의 표본오차를 갖는다." 라는 표현을 쓰는 것을 보았을 것이다. 이러한 값은 어떻게 나온 것일까? 이것은 응답확률은 좋다 또는 싫다가 동일한 확률인 0.5를 갖는다고 보면 될 것이다.

표본수는 1,000 이므로 다음과 같은 결과값을 얻게 된다. 이 값이 바로 표본오차 ± 3% 가 되는 것이다.

$$1.96\sqrt{\frac{0.5\times 0.5}{1000}}=0.03099$$

[예제-19] 전국 40세 이상 남성들의 성인병 유무를 알아보기 위해 임의추출된 1,000명의 남성을 대상으로 조사하였더니 성인병을 갖고 있는 사람이 430명 이었다. 표본오차는 얼마인가?

[해] n = 1,000 이고 응답율이 0.43 이므로 $e = 1.96\sqrt{\dfrac{0.43(1-0.43)}{1000}}$ = 0.0307 이므로 오차의 한계는 ± 3.1% 이다.

(6) 모분산에 대한 신뢰구간

> **[정리-7]** 모평균 μ 를 갖는 정규모집단으로부터 크기 n 인 표본을 임의 추출할 때의 $100(1-\alpha)$ 신뢰구간은 다음과 같다.
>
> $$\frac{\sum_{i=1}^{n}(X_i-\mu)^2}{\chi^2(n-1,\frac{\alpha}{2})} < \sigma^2 < \frac{\sum_{i=1}^{n}(X_i-\mu)^2}{\chi^2(n-1,1-\frac{\alpha}{2})}$$

표본분산의 관계식은 $\sum_{i=1}^{n}(X_i-\mu)^2 = (n-1)S^2$ 로 나타낼 수 있으므로 **[정리-7]**의 수식은 다음과 같이 표현할 수도 있다.

$$\frac{(n-1)S^2}{\chi^2(n-1,\frac{\alpha}{2})} < \sigma^2 < \frac{(n-1)S^2}{\chi^2(n-1,1-\frac{\alpha}{2})}$$

[예제-20] 어떤 제품 중에서 9개를 임의추출하여 무게를 측정하였다. 표본분산이 $S^2 = 0.286$ 으로 나타났을 때, 제품의 모분산에 대한 95% 신뢰구간을 구하여라.

[해] 자유도는 8이므로 $\chi^2(8, 0.025) = 17.535$, $\chi^2(8, 0.975) = 2.18$ 이다. 따라서 σ^2 에 대한 95% 신뢰구간은 $\dfrac{9(0.286)}{17.5} < \sigma^2 < \dfrac{9(0.286)}{2.2}$ 또는 $0.147 < \sigma^2 < 1.17$ 이다. 다음의 그림-4는 <<프로그램 7-4>>를 실행시켜 얻은 것이다.

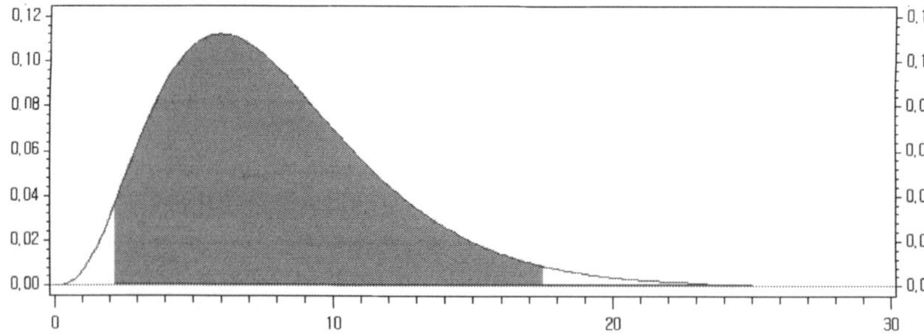

그림-4 $\chi^2(8)$ 분포의 95% 신뢰구간

(7) 모분산 비율에 대한 신뢰구간

[정리-8] 두 정규모집단 $N(\mu_1, \sigma_1^2)$, $N(\mu_2, \sigma_2^2)$에서 크기 n_1, n_2 인 표본을 추출하였을 때 표본분산이 S_1^2, S_2^2 이라 하면 σ_1^2/σ_2^2의 $100(1-\alpha)\%$ 신뢰구간은 다음과 같다.

$$\frac{S_1^2}{S_2^2}\frac{1}{F(n_2-1, n_1-1; \alpha/2)} < \frac{\sigma_1^2}{\sigma_2^2} < \frac{S_1^2}{S_2^2}\frac{1}{F(n_1-1, n_2-1; \alpha/2)}$$

[예제-21] 두 가지 담배 C_1과 C_2의 니코틴함량을 비교한다고 하자. C_1 담배 10개의 평균 니코틴함량은 3.1mg, 표준편차는 0.5mg 이고, C_2 담배 8개의 평균 니코틴함량은 2.7mg, 표준편차는 0.7mg 이라 한다. 두 담배의 니코틴함량의 분산에 대한 98% 신뢰구간을 구하여라.

[해] $n_1 = 10$, $n_2 = 8$, $S_1 = 0.5$, $S_2 = 0.7$ 이므로 F분포표로부터 $F(7, 9; 0.01) = 6.72$ 이고 $F(9, 7; 0.01) = 5.61$ 를 얻을 수 있다. 따라서 98% 신뢰구간은 다음과 같다.

$$\frac{0.25}{0.49}\times\frac{1}{6.72} < \frac{\sigma_1^2}{\sigma_2^2} < \frac{0.25}{0.49}\times 5.61$$

정리하면

$$0.076 < \frac{\sigma_1^2}{\sigma_2^2} < 2.862$$

가 된다.

5. SAS 프로그램

<<프로그램 7-1>> 표준정규분포의 95% 신뢰구간 색칠하기 (그림-2)

```
data normal_fig ;
  cv1 = probit(0.025) ;
  cv2 = probit(0.975) ;
  m = 0 ; sigma = 1 ;
  do x = -3 to 3 by 0.1 ;
    f = 1/sqrt(8*atan(1)*sigma**2) * exp(-(x-m)**2/(2*sigma**2)) ;
    output ;
  end ;
  do x = cv1 to cv2 by 0.1 ;
    f1 = 1/sqrt(8*atan(1)*sigma**2) * exp(-(x-m)**2/(2*sigma**2)) ;
    output ;
  end ;
run ;

axis1 order = (0 to 0.4 by 0.1) ;
symbol1 i=join ;

proc gplot ;
  plot f*x  / vaxis = axis1 vref=0 ;
  plot2 f1*x /  vaxis = axis1 area=1 vref=0 ;
run ;
```

<<프로그램 7-2>> 20개의 정규난수와 평균을 3회 출력하기

```
data normal_simula ;
mu = 64.3 ;  sigma = 15 ;
do i = 1 to 3 ;
   do j = 1 to 20 ;
      x = mu + sqrt(sigma) * rannor(1235) ;
      file 'd:\sas_data\normal_simula.txt' ;
      put x 5.2 ;
   end ;
end ;
run ;
```

```
data a ;
   infile 'd:\sas_data\normal_simula.txt' ;
   input x1 - x20 ;
   mean = sum(of x1 - x20) / 20 ;
run ;
```

<<프로그램 7-3>> $N(64.3, 225)$인 정규분포의 모평균에 대한 95% 신뢰구간

```
data nmal_fig3 ;
m = 64.3 ; v = 15 ; n = 20 ;
pi = 4*atan(1) ;
cv = probit(0.975) ;
left = m - cv*v/sqrt(n) ;
right = m + cv*v/sqrt(n) ;
  do x = 50 to 80 ;
    f = 1 / sqrt(2*pi*v)*exp(-(x-m)**2/(2*v)) ;
    output ;
  end ;
  do x = left to right ;
    f1 = 1 / sqrt(2*pi*v)*exp(-(x-m)**2/(2*v)) ;
    output ;
  end ;
run ;

axis1 order = (0 to 0.12 by 0.03) ;
symbol1 i=join ;
symbol2 i=join ;
proc gplot ;
  plot f*x  / vaxis = axis1 ;
  plot2 f1*x /  vaxis = axis1 area=1 vref=0 ;
run ;
```

<<프로그램 7-4>> 자유도 8인 카이제곱분포의 95% 신뢰구간

```
data chisq_fig3 ;
n = 9 ; df = n-1 ;
cv1 = cinv(0.025,df) ;  cv2 = cinv(0.975,df) ;
do x = 0 to 25 by 0.1 ;
  pr = 1/(2**(df/2)*gamma(df/2))*x**(df/2 -1)*exp(-x/2) ;
```

```
  output ;
end ;
do x = cv1 to cv2 by 0.2 ;
  pr1 = 1/(2**(df/2)*gamma(df/2))*x**(df/2 -1)*exp(-x/2) ;
  output ;
end ;
run ;

axis1 order = (0 to 0.12 by 0.02) ;
symbol1 i=join ;
symbol2 i=join ;

proc gplot ;
plot pr * x / vaxis = axis1 ;
plot2 pr1*x / vaxis = axis1 area=1 vref=0 ;
run ;
```

▸ ▸ ▶ 연습문제 ◀ ◂ ◂

1. 어떤 물건의 무게를 알기 위하여 물건의 무게를 5회 측정하여 다음의 자료를 얻었다.

18.9　20.7　18.5　17.8　20.7

1) 물건 무게의 참값을 구하여라.
2) 추정값의 오차는 어느 정도라고 생각되나?
3) 추정값의 정도를 높여서 확률 95%로서 추정값의 오차를 0.5 이하로 되게 하기 위해서는 표본은 얼마나 필요한가?

2. 불량률이 35%인 제품의 모집단으로부터 100개의 표본을 추출할 경우 표본불량률의 표준오차를 구하여라.

3. A 치약의 시장점유율을 조사하기 위해 시장조사한 결과 425개의 팔린 치약 중 70개가 A 치약이었다. 95% 신뢰구간을 구하여라.

4. 분산이 σ^2 인 정규분포를 따르는 모집단의 모평균에 대한 95% 신뢰도의 신뢰구간을 표본평균을 이용하여 구하려고 한다. 신뢰구간의 길이는 4이고 표본의 크기가 9일 때 신뢰구간의 길이를 1로 하려면 표본의 크기는 얼마가 되겠는가?

5. 크기 n 인 표본에 의하여 신뢰도 95%로 모평균을 추정할 때 오차의 한계를 ϵ 으로 한다. 만일 오차의 한계를 $\frac{\epsilon}{2}$ 가 되게 하려면 표본의 크기는 얼마로 하면 되는가?

6. 어떤 공장에서 생산되는 통조림의 무게는 정규분포를 이룬다고 한다. 이 공장에서 임의로 5개의 제품을 추출하여 무게를 재어본 결과 다음과 같았다.

25.0　23.5　23.0　23.5　24.5

이 공장에서 생산되는 통조림의 평균무게에 대한 95% 신뢰구간을 구하여라.

7. 300명의 성적분포가 평균 70점, 표준편차 10점인 정규분포를 한다고 한다. 60점 이상 80점 이하인 사람은 대략 몇 명인가?

8. 어떤 회사에서 생산하는 통조림의 무게는 평균 500g, 분산 144g인 정규분포를 한다. 이 중에서 36개의 통조림을 임의추출하였을 경우 표본평균무게 $\overline{X}$가 495g 이하가 될 확률은 얼마인가?

9. A 시의 18세 남자의 키를 추정하기 위하여 100명의 임의표본을 추출하여 조사하였더니 평균 165Cm, 불편분산 25Cm 이었다. 이로부터 A 시의 18세 남자의 평균키에 대한 95% 신뢰구간의 길이는 얼마인가?

10. 400명을 임의추출하여 어떤 문제에 대한 찬성자수를 조사하였더니 50% 이었다. 찬성률 p에 대한 95% 신뢰구간을 구하여라.

11. 임의로 추출한 100개의 종자에 대하여 발아율을 조사하였더니 85개의 종자만 발아하였다. 이로부터 이 종자의 모집단 발아율 p를 신뢰도 95%로 추정하여라.

12. 어떤 제품을 A, B 두 생산공정을 통하여 생산하고 있다. 각 공정으로부터 100개씩 임의추출하여 합격품을 조사하였더니 A공정의 것은 62개, B공정의 것은 77개가 합격품이었다. 두 공정에 의한 합격률의 차에 대한 95% 신뢰구간을 구하여라.

13. 25호의 표본농가의 단위면적당 쌀 생산량의 표준편차를 조사하여 s =65Kg을 얻었다. 쌀 생산량의 모표준편차 σ에 대한 95% 신뢰구간을 구하여라.

제8장 가설검정

1. 가설검정의 개념

모집단에서 표본추출을 하고, 이로부터 모집단의 모수에 대한 추론을 하는 것은 통계학에서는 아주 중요하다고 할 수 있다. 모수에 대한 추정을 하는 것이 중요하지만 모집단에 대한 추측이 옳고 그름을 판정해야 하는 경우가 흔히 발생한다. 이렇게 모집단에서 추출된 표본의 정보를 이용하여 모집단의 모수의 옳고 그름을 판단하기 위한 분석방법을 가설검정이라 한다.

예를 들어, 동전이 균질인가를 알아보기 위해 동전던지기 실험을 20회 실시하였더니 앞면이 7번 나왔다고 하면 직관적으로 동전이 균질인가를 판단하기는 어렵다. 이러한 경우에, 확률의 원리를 사용하여 동전이 균질인가를 알아보는 절차를 통계적 가설검정이라고 한다.

> [정의-1] 가설검정에서 세우려는 가설을 귀무가설(Null Hypothesis)이라 하며 H_o로 표기한다. 귀무가설에 대응하는 가설을 대립가설(Alternative Hypothesis)이라 하며 H_1으로 표기한다.

가설검정의 문제에서는 귀무가설을 정하는 것이 제일 어렵고도 중요하다. 귀무가설만 제대로 세운다면 대립가설은 반대가 되는 현상을 세우면 된다. 일반적으로 참(true)이라고 생각되는 명제를 귀무가설로 세워서 검정을 하는 것이 중요하다.

동전을 20회 던졌을 때 앞면이 13회 나왔을 때, '동전은 균질인가'를 알아보기 위한 귀무가설과 대립가설은 다음 중에서 어느 것이 맞는 것일까?

표-1 가설세우기

	귀무가설	대립가설
1	H_o : 앞면이 많이 나온다.	H_1 : 동전은 균질이다.
2	H_o : 동전은 균질이다.	H_1 : 앞면이 많이 나온다.

결론적으로, 2번의 설정이 맞다는 것이다. 왜냐하면 참은 하나이며, 수식으로는 등호(=)로 표현되기 때문이다.

확률값이 얼마면 귀무가설을 기각할 수 있을까? 이러한 기준이 되는 확률을 유의수준(Significant Level)이라고 한다.

[정의-2] 참인 귀무가설을 기각하는 확률을 유의수준이라 한다. [1]

유의수준은 통상적으로 α 로 나타내며, α 의 값을 얼마로 할 것인가는 통계학 이전의 문제로서 검정할 대상이 무엇인가에 따라 달라질 것이다. 예를 들면, 주사액의 앰플의 불량 여부 등 인명에 관한 것은 유의수준의 값을 작게 해야 할 것이고 위험이 따르지 않는 검정의 수준은 크게 해도 무방하다.

유의수준은 귀무가설을 기각하는 확률로서 5% 유의수준은 귀무가설을 기각시키더라도 그에 의한 잘못은 5% 이하가 됨을 의미한다. 유의수준 α 의 값은 일정하더라도 분포함수에 따라

$$\int_x^\infty f(x)\,dx = \alpha$$

를 만족하는 x의 값은 달라진다. 이 때의 x값을 임계값이라 한다.

[정의-3] 귀무가설의 참과 거짓을 구분 짓는 값을 임계값(Critical Value)이라 한다.

예를 들어, 확률밀도함수는 자유도가 14인 χ^2분포라고 하면 5% 유의수준에 따른 임계값은 23.685이며 다음 그림과 같다.[2]

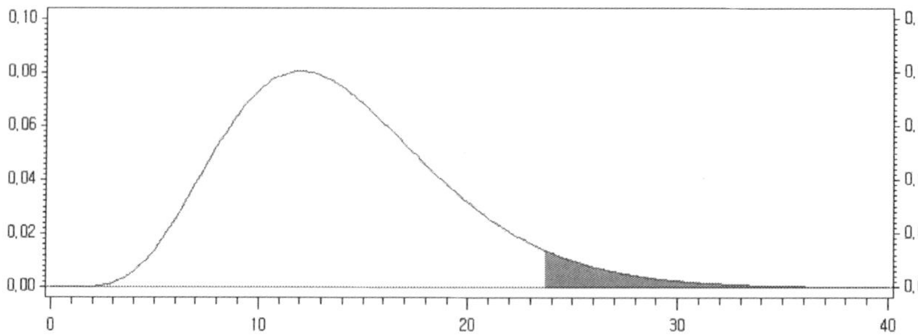

그림-1 $\chi^2(14, 0.05)$의 임계값

가설검정에서 "가설을 기각하지 않는다"라고 하는 것은 가설을 기각할 근거가 없다는 것뿐이지 적극적으로 가설이 참이라고 하는 것을 주장하는 것과는 다르다. 하지만 대분분의 경우, 실제로 주어진 문제를 분석할 때에 검정통계량이 채택역(accept region)에 위치하면 귀무가설을 채택하고 대립가설은 일방적으로 기각처리하게 되는데, 이는 올바른 것은 아니라고 할 수 있다.

---

1) 유의수준을 α라고 할 때 $(1-\alpha)$를 신뢰수준이라고 한다.

2) 데이터의 개수가 11개일 때, 자유도는 10 이 된다. 그래프 그리는 것은 <<프로그램 6-7>>을 참조하라.

프랑스의 박물학자 C Buffon(1707-1788)은 동전을 4040번 던져서 2048번의 앞면을 얻었다고 한다.[3] 앞면의 출현비율은 0.507이 되는데 5% 유의수준에서 동전은 균질이라는 귀무가설을 채택한다는 결론을 내리게 된다.

윷놀이용 윷을 4회 던져서 연속적으로 모가 나온 경우를 드물지만 관찰하게 된다. 이것은 윷 1쪽을 던지는 시행을 16회 실시한 것으로 볼 수 있으며, 16회 연속적으로 배가 나왔다는 것을 의미한다. 일반적으로 윷을 던지면 등과 배가 나올 확률은 차이가 있음을 알고 있지만, 어쩌다가 4회 연속하여 모가 나온 윷을 그대로써도 되는 것일까? 양품이라는 귀무가설이 기각되었다고 불량품이라는 대립가설을 받아들여야 하는 것일까? 앞서 언급한 바대로, 일방적인 기각은 올바른 방법이 아니다.

[정의-4]	귀무가설에 대해 대립가설이 부등호로 주어질 때의 가설검정을 단측검정(one-side test)이라 한다. 귀무가설에 대해 대립가설이 등호로 주어질 때의 가설검정을 양측검정(two-side test)이라 한다.

일반적으로 양측검정이 아닌 검정이 단측검정이다. 양측검정은 유의수준을 양쪽에 배정하며, 가설의 형태는 다음과 같다.

$$H_0: \text{ 모수 = 특정값} \quad \text{vs} \quad H_1: \text{ 모수} \neq \text{특정값}$$

2. 제 1 종 오차와 제 2 종 오차

가설검정을 할 때는 2가지의 오차가 항상 발생한다. 이를 표로 정리하면 다음과 같다.

표-2 제 1 종 오차와 제 2 종 오차

실제상황 / 검정결과	H_0이 참	H_0이 거짓
H_0 채택	옳은 결정	제 2 종 오차
H_1 채택	제 1 종 오차	옳은 결정

실제로 H_0이 참 임에도 불구하고, 이를 기각하고 H_1 을 채택한다면 과오가 발생한 것이며 이를 제 1 종 오차라고 부르는 것이다. 일반적으로 제 1 종 오차는 α 로 표시하고 제 2 종 오차는 β 로 나타낸다.

일반적으로 유의수준 α 인 기각역에 의한 검정법이 제 1 종 오차를 범할 확률은 α 이하가 된다. 따라서 유의수준을 α 로 정하는 것은 제 1 종 오차를 범할 허용한계를 α 로 한다는 것

3) 통계학, 심규박 • 조태경 • 신미영 공역에서 발췌

으로 해석할 수 있다.

제 1 종 오차와 제 2 종 오차를 예를 들어 설명하여보자. 어떤 약이 지금까지 25%의 효과가 있는 것으로 알려져 있다. 새로 개발된 약이 더 효과가 있는지를 결정하기 위하여 20명의 환자에게 투약하였다. 만일 9명 이상이 효과가 나타났다면 약이 더 효과가 있다고 가정하자. 즉,

$$H_0: p = 0.25 \quad \text{vs} \quad H_1: p > 0.25$$

20명 중에서 새 약으로 더 효과를 본 사람의 수를 X라 하자. 그러면 $X \geq 8.5$ 는 기각역이 되고 $X < 8.5$ 는 채택역이 된다. 제 1 종 오차를 범할 확률은

$$\begin{aligned} \alpha &= P(\text{제 1 종 오차}) \\ &= P(X \geq 9 \mid p = 0.25) = \sum_{x=9}^{20} b(x\,;20, 0.25) = 0.0409 \end{aligned}$$ [4)]

이다. 이 때 귀무가설 $H_0: p = 0.25$ 는 유의수준 $\alpha = 0.0409$ 에서 검정되었다고 한다. 유의수준을 기각역의 크기라고도 한다.

제 2 종 오차를 범할 확률 β는 $H_1: p > 0.5$ 일 때 (즉, $H_o: p = 0.5$)

$$\begin{aligned} \beta &= P(\text{제 2 종 오차}) \\ &= P(X < 9 \mid p = 0.5) = \sum_{x=0}^{8} b(x\,;20, 0.5) = 0.2517 \end{aligned}$$

이다. 만일 $H_1: p > 0.7$ 이면 이 검정에서 제 2 종 오차는 다음의 값을 갖는다.

$$\beta = P(X < 9 \mid p = 0.7) = \sum_{x=0}^{8} b(x\,;20, 0.7) = 0.0051$$

이처럼 p의 값을 변경시키면 오차의 확률이 변화하는데, 이것을 함수로 나타낸 것을 검정력함수(power function)라고 부른다.

[예제-1] 20명의 환자에게 투약하여 9명 이상이 효과가 나타났다면 약이 더 효과가 있다고 가정하자. 제 2 종 오차를 범할 확률 β는 $H_1: p = p_0$ 일 때 p_0를 변화시키면서 구한 값으로 검정력함수를 그래프로 나타내어라.

---

4)
```
data p ;
    pr = 1 - probbnml(0.25, 20, 8) ;
run ;
proc print ; run ;
```

[해] <<프로그램 8-1>>을 실행시키면 다음과 같은 그림을 얻게 된다.

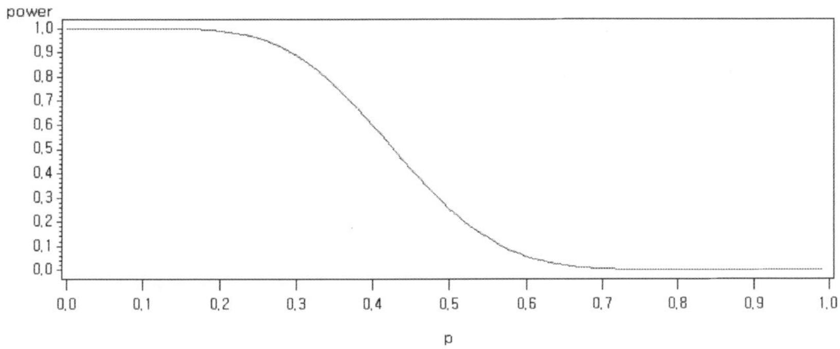

그림-1 검정력함수 그래프

3. 가설검정 절차

계산된 통계량으로부터 모수의 옳고 그름을 판단하기 위한 가설검정 절차는 다음과 같다. 여기서 (ⅱ), (ⅲ)의 순서는 바뀌어도 무방하다.

(ⅰ) 가설을 세운다. (ⅱ) 검정통계량을 계산한다. (ⅲ) 유의수준에 따른 임계값을 구한다. (ⅳ) 판정

검정통계량(test statistic)의 계산에는 표준화변량이 사용된다. 검정통계량에 대해서는 이미 언급한 바 있으며 다음과 같은 수식으로 계산된다.

$$\text{검정통계량} = \frac{\text{변량} - E(\text{변량})}{\sqrt{V(\text{변량})}}$$

임계값은 부록의 표 또는 SAS 프로그램을 사용하면 구할 수 있다. 만일 계산된 검정통계량이 기각역(reject region)에 속하면 귀무가설을 기각하고 대립가설을 채택하면 된다. 반대로 채택역(accept region)에 속하면 귀무가설을 채택하면 된다.

[예제-2] 발아율이 0.8인 씨앗을 6개 심었더니 그 중에서 2개가 발아하였다. 이 씨앗은 발아율이 0.8인 씨앗으로부터 뽑은 표본이라고 할 수 있는가? 5% 유의수준으로 가설검정을 하여라.

[解] (ⅰ) H_o : 발아율이 0.8인 표본에서 뽑은 표본이다.
(ⅱ) 이항분포를 따르며, 검정통계량은

$$P = P(X \leq 2) = \sum_{x=0}^{2} \binom{2}{x} 0.8^x 0.2^{6-x} = 0.017$$

(ⅲ) $P = 0.017 < \alpha$이므로 귀무가설을 기각한다. 즉, 이 씨앗은 발아율이 0.8인 씨앗으로부터 뽑은 표본이 아니라고 할 때의 과오(오류)는 5%이하가 된다.

[예제-3] 어떤 농촌에서 8호의 농가를 임의추출하여 냉장고를 가지고 있는지를 조사하였더니 8호 모두 냉장고를 소유하고 있었다. 이 농촌에서는 소유자 쪽이 소유하지 않은 쪽보다 많다고 보아도 좋은가?
[解] (ⅰ) 귀무가설은 H_o : $p = 0.5$ (소유한 쪽과 소유하지 않은 쪽이 반반이다.)
(ⅱ) 2항분포이며 8호 중 8호 모두가 냉장고를 소유하는 확률이므로 검정통계량은

$$P = \sum_{x=8}^{8} \binom{8}{x} (\frac{1}{2})^x (\frac{1}{2})^{8-x} = (\frac{1}{2})^8 = 0.0039$$

(ⅲ) $P = 0.0039 < 0.01 = \alpha$ 이므로 귀무가설을 기각한다. 즉, 냉장고를 소유하고 있는 쪽이 많다고 보아도 틀릴 위험은 1% 이내이다.

4. 여러 가지 경우의 가설검정

가설검정은 임의표본을 추출하여 모집단의 모수의 옳고 그름을 판단하는 것이다. 추출된 표본에서 검정통계량을 계산하여야 하며, 이때에 통계량에 대한 표준화변량이 검정통계량이 된다.

표본의 통계량은 여러 가지가 있으며 대표적인 것으로는 표본평균 $\overline{X}$와 표본분산 S^2(또는 $V(\overline{X})$)이 있다. 검정통계량의 계산에 필요한 표본평균의 기대값과 표본분산은 다음과 같다.

n 개의 표본으로부터 계산된 표본평균은 $\overline{X} = \frac{1}{n}\sum_{i=1}^{n} X_i$ 이므로

$$E(\overline{X}) = E(\frac{1}{n}\sum_{i=1}^{n} X_i) = \frac{1}{n}E(X_1 + X_2 + \cdots + X_n) = \frac{1}{n}\{\mu + \mu + \cdots + \mu\} = \mu$$

$$V(\overline{X}) = V\{\frac{1}{n}\sum_{i=1}^{n} X_i\} = \frac{1}{n^2}V\{X_1 + X_2 + \cdots + X_n\} = \frac{1}{n^2} \times n\sigma^2 = \frac{\sigma^2}{n}$$

1) 모평균에 대한 검정 (σ 를 알 때)

먼저 귀무가설과 대립가설을 세우면 다음과 같다.

$$H_0:\ \mu = \mu_0 \quad vs \quad H_1:\ \mu \neq \mu_0$$

귀무가설 하에서의 검정통계량은 표본평균 $\overline{X}$의 표준화변량이므로 앞서 계산된 기대값과 분산을 대입하면 다음과 같은 식을 얻게된다.

$$Z = \frac{\overline{X} - E(\overline{X})}{\sigma/\sqrt{n}} = \frac{\overline{X} - \mu_0}{\sigma/\sqrt{n}}$$

[예제-4] 전구의 평균수명은 5,000시간, 표준편차는 500시간으로 알려져 있다. 전구 생산업자는 자신이 만든 전구의 평균수명이 5,000시간 이상이라고 주장하고 있다. 이를 확인하기 위해 50개의 전구를 추출하여 평균수명을 구해보니 5,100 시간이었다. 유의수준 5%로 가설검정하라.

[해] (ⅰ) 가설은 $H_0 : \mu = 5000 \quad vs \quad H_1 : \mu > 5000$

(ⅱ) 귀무가설 하에서의 검정통계량은 $Z = \dfrac{\overline{X} - \mu_0}{\sigma/\sqrt{n}} = \dfrac{5100 - 5000}{500/\sqrt{50}} = 1.41$

(ⅲ) 그런데 5% 유의수준에 대한 임계값은 $Z_{0.95} = 1.645$ 이므로 가설은 채택된다. 즉, 이 회사제품의 수명은 5000 시간을 초과하지 않는다고 할 수 있다. [5]

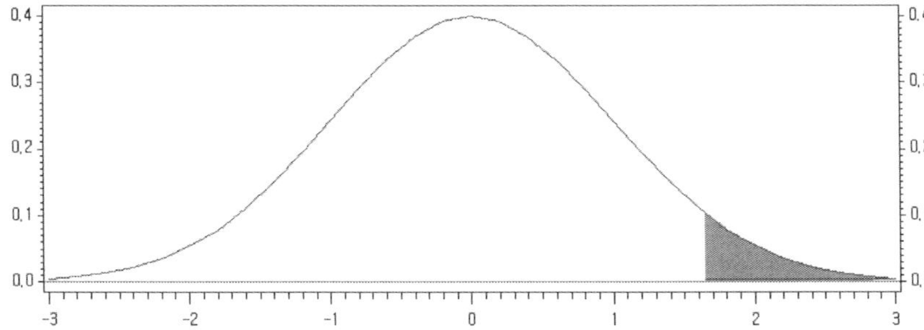

그림-2 표준화정규분포의 5% 임계값

[예제-5] 독감 예방주사가 효과가 있는 지를 알아보기 위하여 100명의 어린이에게 예방주사를 놓았더니 독감에 걸리지 않고 겨울을 지낸 어린이가 61명이었다. 독감 예방주사는 효과가 있는가?

---

5) 그림에서 임계값(critical value)은 1.645이며, 칠한 부분의 값은 0.05이다.

[해] (ⅰ) 가설은 $H_0 : p = 0.5 \quad vs \quad H_1 : p > 0.5$ [6]

(ⅱ) 이 경우는 항목이 2개이고 실험을 100회 실시한 경우로 취급할 수 있으므로 변량은 2항분포를 따르게 된다. 귀무가설 하에서

$$\mu = np = 100 \times 0.5 = 50$$
$$\sigma^2 = np(1-p) = 100 \times 0.5 \times 0.5 = 25$$

따라서 검정통계량은

$$Z = \frac{x-\mu}{\sigma} = \frac{61-50}{5} = 2.2$$

(ⅲ) 그런데 앞의 그림-2 에 표시한 것처럼, 유의수준 5%의 임계값은 $Z_{0.95} = 1.645$ 이므로 귀무가설은 기각된다. 따라서 독감예방주사의 효과가 없다는 귀무가설을 기각시킬 확률은 5% 이하라는 의미이다. 즉, 독감예방주사를 맞으면 독감에 걸리지 않는다는 결론을 내릴 수 있다.

[예제-6] 동전을 20번 던져서 앞면이 나온 회수를 세어보니 14번이었다. 이 동전은 균질이라고 할 수 있는가?

[해] (ⅰ) 동전이 균질인가 아닌가를 알아보는 것이므로 양측검정의 문제이다. 따라서 다음과 같이 가설을 세운다.

$$H_0 : p = 0.5 \quad vs \quad H_1 : p \neq 0.5$$

(ⅱ) 시행결과는 2개(앞면 또는 뒷면)이고 실험을 20회 실시한 경우이므로 변량은 2항분포를 따르게 된다. 귀무가설 하에서

$$\mu = np = 20 \times 0.5 = 10$$
$$\sigma^2 = np(1-p) = 20 \times 0.5 \times 0.5 = 5$$

이다. 실험회수가 20회이므로 t 분포에 의한 검정을 해야 한다. 앞서 계산된 평균과 분산을 이용하여 변량 14에 대한 검정통계량을 계산하면

$$t = \frac{x-\mu}{\sigma} = \frac{14-10}{\sqrt{5}} = 1.789$$

(ⅲ) 양측검정의 문제이므로 유의수준 5%를 양쪽에 똑같이 2.5%씩 배정해야 한다. 다음 그림-3 에서 보듯이 임계값은 $t(19, 0.025) = 2.093$ 이다. [7] 검정통계량 1.789는 채택역에 속하므로 귀무가설은 채택된다. 즉, 동전은 균질이라고 할 수 있다.

---

6) 귀무가설은 '독감예방주사를 맞더라도 독감에 걸리 확률 0.5, 걸리지 않을 확률 0.5'라는 의미이다. 즉, 독감예방주사의 효과는 없다는 것이다.

7) 이 값은 부록의 t 분포표에서 찾을 수 있으며, 표본수가 20 이므로 자유도는 19가 된다.

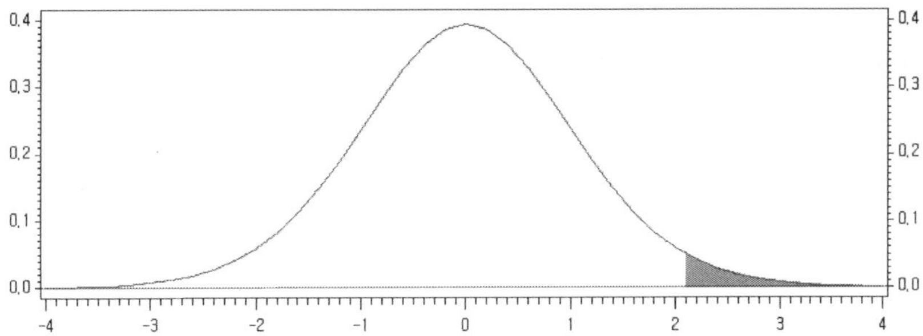

그림-3 $t(19, 0.025)$의 임계값

2) 모평균에 대한 검정 (σ를 모를 때)

먼저 귀무가설과 대립가설은 앞에서 세운 것과 동일하다.

$$H_0: \mu = \mu_0 \quad vs \quad H_1: \mu \neq \mu_0$$

σ를 모르므로 표본의 표준편차 S를 사용하면 된다. 검정통계량을 구하기 위해서는 표본평균 $\overline{X}$ 를 표준화(standardizing)시키면 되며, 이러한 가설검정의 문제는 소표본의 문제이므로 t 분포가 사용된다. 표본의 분산을 S^2 이라하면

$$S^2 = \frac{1}{n-1}\sum_{i=1}^{n}(X_i - \overline{X})^2$$

은 모분산 σ^2의 불편추정량이므로, 귀무가설 하에서 검정통계량

$$t = \frac{\overline{X} - E(\overline{X})}{S/\sqrt{n}} = \frac{\overline{X} - \mu}{S/\sqrt{n}}$$

는 자유도가 $(n-1)$인 t 분포를 따른다.

[예제-7] 신기술 개발로 고속도로 보수에 쓰이는 콘크리트의 응고시간은 100분 이내라고 주장하는 업자가 있다. 업자의 주장이 옳은지 알아보기 위해 15군데에서 콘크리트가 굳는 시간을 측정한 결과, 다음과 같았다. 업자의 주장이 옳은가?

93	101	103	88	95	98	101	94
91	101	105	92	96	95	94	

[해] (i) 가설은 $H_0: \mu = 100 \quad vs \quad H_1: \mu < 100$

(ii) 15회 측정하였으므로 자유도는 14 이고 단측검정의 문제이다. 5% 유의수준은 다음의 그림-4 에 나타내었다. 또한 임계값은 $t(14, 0.05) = -1.761$ 이며, 이 값은 부록의 t 분포표에서 찾을 수 있다.

(iii) $\overline{X} = 96.467$, $S^2 = 23.5524$ 이므로, 귀무가설 하에서의 검정통계량은

$$t = \frac{96.467 - 100}{\sqrt{23.5524/15}} = -2.8195$$

(iv) 검정통계량 -2.8195는 그림-4의 빗금친 부분인 기각역에 속하므로 귀무가설은 기각된다. 즉, 업자의 주장은 옳다고 판정할 수 있다. 참고로, 검정통계량의 값이 음(-)이므로 5% 유의수준을 왼쪽 부분에 표시하였다. (그래프는 <<프로그램 6-10>>을 참조하라.)

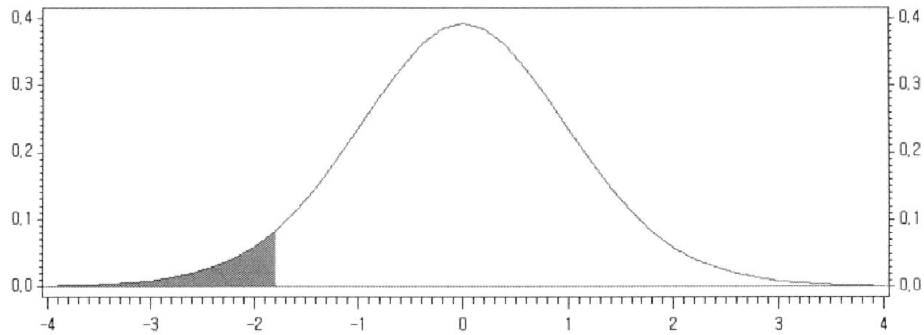

그림-4 자유도 14인 t 분포의 5% 유의수준

[예제-8] 공장에서 생산되는 베어링의 직경은 평균 12.7mm로 알려져 있다. 이러한 제품이 잘 만들어지고 있는 가를 알아보기 위해 10개의 제품을 임의 추출하여 직경을 측정한 결과 다음과 같았다. 제품의 직경은 12.7mm인가? 유의수준 5%로 가설검정하라.

12.68	12.64	12.79	12.83	12.85
12.67	12.74	12.79	12.80	12.65

[해] (i) 가설은 $H_0 : \mu = 12.7 \quad vs \quad H_1 : \mu \neq 12.7$

(ii) 10개의 표본에 대하여 평균과 분산을 계산하면 $\overline{X} = 12.744$, $S^2 = 0.006138$ 이므로 검정통계량은

$$t = \frac{12.744 - 12.70}{\sqrt{\frac{0.0061378}{10}}} = 1.776$$

(iii) 자유도는 9 이고 양측검정이므로, 유의수준 5%의 임계값은 $t(9, 0.025) = 2.262$ 이다.

(iv) 검정통계량 1.776 은 채택역에 속하므로 가설은 채택된다. 즉 제품의 직경은 12.70 mm 라고 보아도 된다.

[예제-9] 부산의 대학병원에 내원한 환자들의 지방간 검사를 하여 얻은 fatliver 데이터에서 여성의 수는 모두 216명이다. 이 중에서 14명의 여성을 임의선택하여 헤모글로빈 수치를 조사하였더니 다음과 같았다. 8) 이러한 자료로부터 지방간 검사를 받은 여성들의 헤모글로빈 수치는 정상이라고 할 수 있는가?

12.8	13.7	13.2	13.4	10.9	12.4	12.2
11.0	12.5	12.8	8.5	13.9	11.4	13.1

[해] (ⅰ) 귀무가설과 대립가설은 $H_0: \mu = 12 \quad vs \quad H_1: \mu < 12$

(ⅱ) $n = 14$, 표본평균은 $\overline{X}$ = 12.2714 , 분산은 S^2 = 2.0484이므로 귀무가설 하에서의 검정통계량은

$$t = \frac{12.2714 - 12}{\sqrt{\frac{2.0484}{14}}} = 0.71$$

(ⅲ) 유의수준 5%에서의 임계값은 $t(13, 0.95) = 1.7709$ 이므로 검정통계량은 채택역에 놓이게 된다. 따라서 귀무가설이 채택되며 병원에 내원한 지방간 검사를 받은 여성 216명은 헤모글로빈 수치가 정상이라고 볼 수 있다.

3) 모분산의 가설검정

크기 n 인 표본을 $X_1, X_2, \cdots, X_n$이라할 때, 귀무가설 $H_o: \sigma^2 = \sigma_0^2$ 을 검정하는 절차를 알아보기로 한다.

표본의 분산을 $S^2 = \frac{1}{n-1}\sum_{i=1}^{n}(X_i - \overline{X})^2$ 로 정의할 때 $\frac{(n-1)S^2}{\sigma^2}$ 은 자유도 $(n-1)$인 χ^2 분포를 하므로, 귀무가설 하에서의 검정통계량 $\frac{(n-1)S^2}{\sigma_0^2}$ 은 자유도 $(n-1)$인 χ^2분포를 따른다. 9)

[예제-10] 어떤 지역의 소득분포의 모분산은 $\sigma^2 = 4{,}400$ 원이라 하자. 지금 이 지역으로부터 11호의 표본세대를 임의추출하여 소득분포의 표본분산을 구했더니 $S^2 = 5{,}610$ 원이었다. 이 표본세대는 소득의 모분산이 $\sigma^2 = 4{,}400$ 원인 지역의 표본세대로 보아도 좋은가? 5%의 유의수준으로 가설검정하라.

---

8) 세계보건기구(World Health Organization, WHO)의 진단기준은 임신을 하지 않은 여성과 6-15세 사이의 청소년들은 12mg/dl 이하, 15세 이상의 남성은 13mg/dl 이하인 경우를 빈혈이라 진단한다.

9) 제6장의 χ^2 분포를 참조하기 바란다.

[해] (i) 가설은 $H_o : \sigma^2 = 4400 \quad vs \quad H_1 : \sigma^2 > 4400$

(ii) 표본의 수가 11이므로 자유도는 10 이고 단측검정이다. 5% 유의수준의 임계값은 $\chi^2(10, 0.05) = 18.307$

(iii) 귀무가설 하에서의 검정통계량은

$$\chi_0^2 = \frac{(n-1)S^2}{\sigma_0^2} = \frac{10 \times 5610}{4400} = 12.75$$

(iv) 검정통계량이 채택역에 놓여 있으므로 귀무가설을 채택한다. 즉, 뽑혀진 표본세대는 소득의 모분산이 $\sigma^2 = 4{,}400$ 원이라고 볼 수 있다. 다음의 그림은 $\chi^2(10)$ 의 확률밀도함수와 5%의 유의수준을 나타낸 것이다. (그래프는 <<프로그램 6-7>>을 참조하라.)

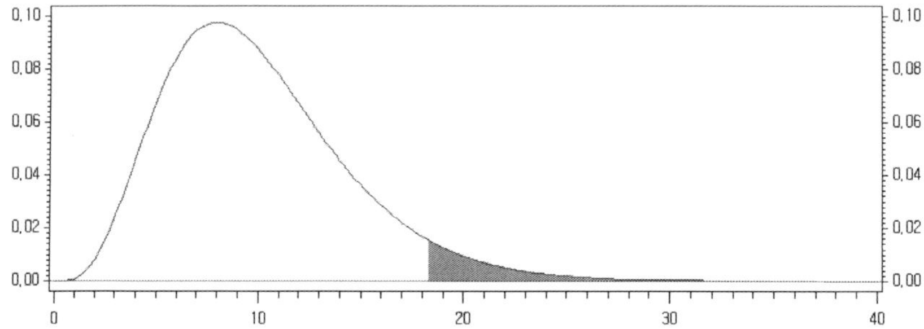

그림-5 자유도 10인 χ^2 분포의 5% 유의수준

[예제-11] 앞서 예시한 14명의 헤로글로빈 수치자료가 다음과 같다. 이를 분석하여 병원에 내원한 216명의 분산은 4라고 볼 수 있는가? 유의수준 5%로 가설검정하라.

12.8	13.7	13.2	13.4	10.9	12.4	12.2
11.0	12.5	12.8	8.5	13.9	11.4	13.1

[해] (i) 귀무가설과 대립가설은 $H_o : \sigma^2 = 4 \quad vs \quad H_1 : \sigma^2 \neq 4$

(ii) 표본의 분산은 S^2 = 2.0484 이므로 귀무가설 하에서의 검정통계량은

$$\chi_0^2 = \frac{(n-1)S^2}{\sigma^2} = \frac{13 \times 2.0484}{4} = 6.6573$$

(iii) 5% 유의수준일 때의 임계값은 $\chi^2(13, 0.025) = 5.0088$, $\chi^2(13, 0.975) = 24.7356$ 이므로 검정통계량은 채택역에 놓이게 된다. 따라서 귀무가설이 채택되며 내원한 216명 여성 환자의 헤모글로빈 수치의 분산은 4라고 할 수 있다.

다음은 $\chi^2(13)$인 확률밀도함수의 95% 신뢰구간을 나타낸 그림이다. 신뢰구간의 나머지 부

분이 유의수준이므로, 색칠되지 않은 곳에 유의수준이 2.5%씩 배분된다.

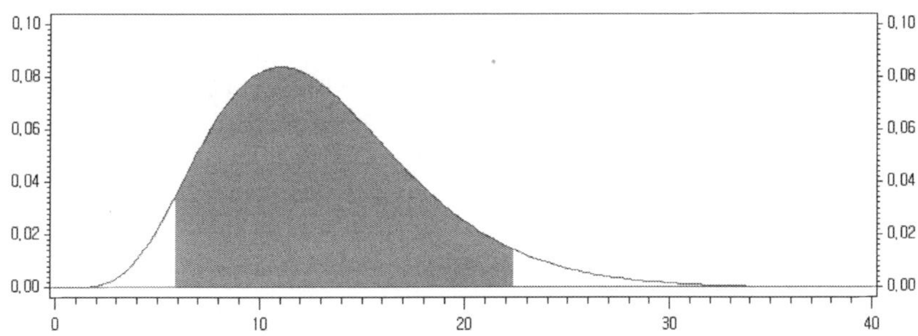

그림-6 $\chi^2(13)$의 95% 신뢰구간

4) 모비율의 가설검정

이항모집단의 모수가 p 일 때 $H_o : p = p_0$ 인 가설검정을 하여보자. p 의 추정값으로 통계량 $\hat{p}= \frac{1}{n}\sum_{i=1}^{n} X_i$ 을 사용하면 n 이 충분히 큰 경우에는

$$E(\hat{p}) = p \ , \quad V(\hat{p}) = \frac{p(1-p)}{n}$$

이고, 이항분포를 따르지만 정규분포에 근사(Approximate)하며 중심극한정리에 따라

$$Z = \frac{\hat{p} - p}{\sqrt{p(1-p)/n}}$$

은 표준정규분포를 따른다. 따라서 귀무가설 하에서

$$Z_0 = \frac{\hat{p} - p_0}{\sqrt{p_0(1-p_0)/n}}$$

는 표준정규분포를 하므로 이것을 이용하여 가설검정을 실시하면 된다.

[예제-12] A 맥주의 선호도가 10%를 넘는다는 주장을 검토하기 위하여 100명에게 질문한 결과, 14명이 좋아한다고 응답하였다. 선호도는 10%이상이라고 볼 수 있는가?

[해] (ⅰ) 귀무가설과 대립가설은 $H_o : p = 0.10 \quad vs \quad H_1 : p > 0.10$

(ⅱ) 단측검정이고 대표본이므로 5% 유의수준에서의 임계값은 $Z_{0.05} = 1.645$ 이다.

(ⅲ) 귀무가설 하에서의 검정통계량은

$$Z_0 = \frac{0.14 - 0.10}{\sqrt{\frac{0.10(1-0.10)}{100}}} = 1.33$$

(iv) 유의수준 5%에 대한 임계값은 $Z_{0.05} = 1.645$ 이고, 계산된 검정통계량은 1.33 이므로 채택역에 속하게 된다. 따라서 귀무가설이 채택되며, A 맥주의 선호도는 10% 이상이라고 할 수는 없다.

5) 모평균 차의 검정

$N(\mu_1, \sigma_1^2)$인 분포로부터 크기 n_1인 표본을 취하여 이로부터 계산한 표본평균을 $\overline{X_1}$, 표본분산을 S_1^2 이라고 하고, $N(\mu_2, \sigma_2^2)$인 분포로부터 크기 n_2인 표본을 취하여 계산한 표본평균을 $\overline{X_2}$, 표본분산을 S_2^2이라 한다.

예를 들어, 서울 소재 A 대학교 학생들과 지방 소재 B 대학교 학생들의 1개월 평균 용돈에는 차이가 있는가를 알아보기 위해서는 A, B 대학교의 학생들을 전수조사하는 것이 확실하지만, 이것은 시간과 비용이라는 측면에서 바람직하지 못하다. 이러한 경우에 A, B 대학교의 학생들을 임의로 뽑고 용돈을 비교함으로써 모집단에 대한 용돈의 차이가 있는가를 알아볼 수 있다.

표본조사이므로 약간의 오차가 발생하는 것은 피할 수 없다는 것이 단점이지만 신뢰수준을 조절하면 모집단에 대한 보다 확실한 결과를 얻을 수 있다.

(1) σ_1, σ_2를 알고 있을 때

σ_1, σ_2를 알고 있는 경우라면 모집단 각각에 대해 전수조사를 하여 표준편차를 직접 계산한 경우라고 볼 수 있다. 모집단을 모두 조사하였으므로 결국은 두 집단의 모평균 차가 존재하는 가를 알 수 있다. 따라서, 이곳에서 다루는 예제는 실생활에서 발생하는 예제라기 보다는 문제를 내기 위한 예제라고 볼 수 있다.

두 모집단의 모평균은 차이가 있는 가를 검정하는 경우, 귀무가설과 대립가설은 다음과 같이 만들어진다.

$$H_0 : \mu_1 = \mu_2 \quad \text{vs} \quad H_1 : \mu_1 \neq \mu_2$$

여기서 $(\overline{X_1} - \overline{X_2})$의 기대값과 분산은 각각 $E(\overline{X_1} - \overline{X_2}) = \mu_1 - \mu_2$, $V(\overline{X_1} - \overline{X_2}) = \frac{\sigma_1^2}{n_1} + \frac{\sigma_2^2}{n_2}$ 이므로 $(\overline{X_1} - \overline{X_2})$의 분포는 $N(\mu_1 - \mu_2, \frac{\sigma_1^2}{n_1} + \frac{\sigma_2^2}{n_2})$인 정규분포를 따른다. 따라서 표준화변량 Z는

$$Z = \frac{(\overline{X_1} - \overline{X_2}) - (\mu_1 - \mu_2)}{\sqrt{\frac{\sigma_1^2}{n_1} + \frac{\sigma_2^2}{n_2}}}$$

이며 $N(0,1)$ 인 정규분포를 따르게 된다. 따라서 귀무가설($H_0 : \mu_1 = \mu_2$) 하에서의 검정통계량은 다음과 같다.

$$Z_0 = \frac{\overline{X_1} - \overline{X_2}}{\sqrt{\frac{\sigma_1^2}{n_1} + \frac{\sigma_2^2}{n_2}}}$$

[예제-13] A, B 두 기업체의 과장을 100명 뽑아 연봉을 조사하였더니 A회사의 평균과 표준편차는 각각 2298만원, 474만원이었고 B 회사의 평균과 표준편차는 2165만원, 537만원이었다고 한다. 그렇다면 A회사의 연봉이 B회사보다 많다고 할 수 있는가?

[해] (ⅰ) 귀무가설과 대립가설은 $H_0 : \mu_1 = \mu_2 \quad vs \quad H_1 : \mu_1 > \mu_2$

(ⅱ) 귀무가설 하에서의 검정통계량은

$$Z = \frac{2298 - 2165}{\sqrt{\frac{474^2}{100} + \frac{537^2}{100}}} = 1.86$$

(ⅲ) 단측검정이고, 표본수가 크므로 정규분포를 따른다. 유의수준 5%에 대한 임계값은 1.645이고 검정통계량은 기각역에 놓이므로 귀무가설이 기각된다. 따라서 A회사의 연봉이 더 많다고 할 수 있다.

[예제-14] 정신분열증 환자 9명과 비슷한 연령의 정상인 9명에 대하여 특정한 실험을 하였다. 이 실험에서 각 세포 조직의 1시간 동안에 특정한 효소 활동에 의해 형성되는 물질을 측정한 결과가 다음과 같았다. 정상인보다 정신 분열증 환자의 평균 뇌세포 활동이 저조한 가를 검정하라.

표-3 효소에 의해 형성되는 물질의 양

	정상인	정신분열증
평 균	39.8	35.50
표준편차	8.16	6.93

[해] 귀무가설과 대립가설은 $H_0 : \mu_1 = \mu_2 \quad vs \quad H_1 : \mu_1 > \mu_2$

(ⅱ) 귀무가설 하에서의 검정통계량은

$$Z_0 = \frac{39.8 - 35.3}{\sqrt{\frac{8.16^2}{9} + \frac{6.93^2}{9}}} = 1.261$$

(iii) 단측검정이고 정규분포를 따르므로 유의수준 5%에 대한 임계값은 1.645이므로 가설이 채택된다. 따라서 두 집단(정상인, 정신분열증환자)의 뇌세포 활동에는 차이는 없다.

(2) σ_1, σ_2는 모르지만 대표본인 경우

모집단 분산의 값을 모르므로 표본의 분산을 구하여 모분산으로 대체하여야 한다. 귀무가설은 $H_0 : \mu_1 = \mu_2$ 이다. 귀무가설 하에서 $(\overline{X_1} - \overline{X_2})$의 기대값과 분산은

$$E(\overline{X_1} - \overline{X_2}) = \mu_1 - \mu_2 \quad , \quad V(\overline{X_1} - \overline{X_2}) = \frac{\sigma_1^2}{n_1} + \frac{\sigma_2^2}{n_2}$$

이므로 $(\overline{X_1} - \overline{X_2})$의 분포는 $N(\mu_1 - \mu_2 , \frac{\sigma_1^2}{n_1} + \frac{\sigma_2^2}{n_2})$인 정규분포를 따른다. $(\overline{X_1} - \overline{X_2})$의 표준화 변량 Z는

$$Z = \frac{(\overline{X_1} - \overline{X_2}) - (\mu_1 - \mu_2)}{\sqrt{\frac{S_1^2}{n_1} + \frac{S_2^2}{n_2}}}$$

이다. 따라서 귀무가설 하에서의 $(\overline{X_1} - \overline{X_2})$에 대한 검정통계량은 다음과 같이 정리된다.

$$Z_0 = \frac{\overline{X_1} - \overline{X_2}}{\sqrt{\frac{S_1^2}{n_1} + \frac{S_2^2}{n_2}}}$$

[예제-15] A 회사의 작업시간이 B 회사의 작업시간보다 많다는 주장을 조사하기 위하여 두 회사에서 각각 50명씩을 임의추출하여 작업시간을 조사한 결과가 다음과 같았다. A 회사의 작업시간이 B 회사의 작업시간보다 많은가를 5% 유의수준으로 검정하라.

표-4 A, B 두 회사의 작업시간

	A	B
평균	43.7	41.5
표준편차	11.8	46.3

[해] (ⅰ) 귀무가설과 대립가설은 $H_0 : \mu_1 = \mu_2 \quad vs \quad H_1 : \mu_1 > \mu_2$
(ⅱ) 귀무가설 하에서의 검정통계량은

$$Z_0 = \frac{43.7 - 41.5}{\sqrt{\frac{11.8^2}{50} + \frac{46.3^2}{50}}} = 2.04$$

(ⅲ) 단측검정이고 정규분포를 따르므로 유의수준 5%에 대한 임계값은 1.645이다. 따라서 귀무가설이 기각되므로 두 회사의 작업시간에는 차이가 있다고 볼 수 있다.

(3) σ_1, σ_2를 모르고 소표본인 경우

표본의 크기가 작은 경우는 두 모집단이 모두 정규분포를 따른다는 가정이 필요하다. 뿐만 아니라 두 모집단은 동일한 모분산 σ^2 을 갖는다는 가정이 필요하다.

이제 $N(\mu_1, \sigma^2)$으로부터 크기 n_1 인 표본을 뽑고 이로부터 계산된 표본평균을 $\overline{X_1}$, 편차제곱합을 $S_1 = \sum_{i=1}^{n_1}(X_{1i} - \overline{X_1})^2$이라 하자. 또 $N(\mu_2, \sigma^2)$으로부터 크기 n_2인 표본을 뽑고 이로부터 계산된 표본평균을 $\overline{X_2}$, 편차제곱합을 $S_2 = \sum_{i=1}^{n_2}(X_{2i} - \overline{X_2})^2$이라 하자. $\overline{X_1}$, $\overline{X_2}$는 서로 독립으로 각각 $N(\mu_1, \frac{\sigma^2}{n_1})$, $N(\mu_2, \frac{\sigma^2}{n_2})$를 따르는 분포를 하므로 $(\overline{X_1} - \overline{X_2})$ 의 분포는 $N(\mu_1 - \mu_2 , \frac{\sigma^2}{n_1} + \frac{\sigma^2}{n_2})$인 정규분포를 따른다. 이것을 표준화한

$$T = \frac{(\overline{X_1} - \overline{X_2}) - (\mu_1 - \mu_2)}{\sqrt{(\frac{1}{n_1} + \frac{1}{n_2})\sigma^2}}$$

은 표준정규분포 $N(0, 1)$을 하게 된다. 두 모집단이 공통인 분산 σ^2 을 가지므로 σ^2 을 추정하는 경우에는 두 표본을 모두 사용하게 된다. 공분산 σ^2 에 대한 합동추정량은

$$S_{pooled}^2 = \frac{S_1 + S_2}{n_1 + n_2 - 2}$$

이므로

$$T = \frac{(\overline{X_1} - \overline{X_2}) - (\mu_1 - \mu_2)}{\sqrt{(\frac{1}{n_1} + \frac{1}{n_2})(\frac{S_1 + S_2}{n_1 + n_2 - 2})}}$$

는 자유도 $(n_1 + n_2 - 2)$인 t분포를 한다. 따라서 귀무가설 하에서 검정통계량은 다음과 같다.

$$T_0 = \frac{\overline{X_1} - \overline{X_2}}{\sqrt{(\frac{1}{n_1} + \frac{1}{n_2})(\frac{S_1 + S_2}{n_1 + n_2 - 2})}}$$

[예제-16] A , B 두 명이 작업을 하는데 걸리는 시간에 차이가 있는가를 조사하기 위하여 작업을 시켰더니 소요된 시간이 다음과 같았다. A , B의 능력에 차이가 있는가를 검정하라.

A : 8.0 10.3 6.4 9.7 7.4
B : 6.3 4.8 8.6 6.3 7.6 6.0

[해] (i) A, B의 능력을 나타내는 자료는 각각 정규분포 $N(\mu_1, \sigma_1^2)$, $N(\mu_2, \sigma_2^2)$을 따른다고 하자. 기본 가정은 두 표본의 분산이 σ^2으로 동일하다는 것이었으므로 먼저 모분산 σ_1^2과 σ_2^2이 같은가를 알아보아야 한다. 10)

이 경우의 귀무가설과 대립가설은 다음과 같다.

$$H_0 : \sigma_1^2 = \sigma_2^2 \quad vs \quad H_1 : \sigma_1^2 \neq \sigma_2^2$$

먼저 두 표본의 평균과 분산을 계산하여 보면 다음과 같다.

$$n_1 = 5, \ \overline{X_1} = 8.36, \ s_1^2 = 2.61$$
$$n_2 = 6, \ \overline{X_2} = 6.60, \ s_2^2 = 1.76$$

(ii) 표본수와 평균 및 분산을 이용하여 두 개의 χ^2 통계량을 만들 수 있으며, χ^2 통계량의 비율이 F 분포를 하므로 검정통계량은 $F_0 = \frac{s_1^2}{s_2^2} = \frac{2.61}{1.76} = 1.48$ 이다. 11)

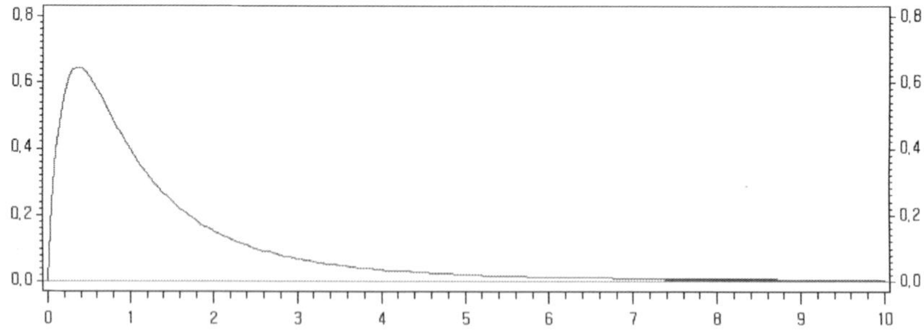

그림-7 $F(4, 5)$의 2.5% 임계값

10) 모분산에 대한 가설검정을 참조하라.
11) <<프로그램 6-13>>을 참조하라.

(iii) 양측검정이므로 유의수준을 양쪽으로 배분하여야 한다. 이 경우에 $F(4,5;0.025)=7.39$ 이므로 유의수준 5%에서 귀무가설은 채택된다. [12] 즉, 두 집단의 모분산은 동일하다고 볼 수 있다.

이제 A , B의 능력에 차이가 있는 가를 검정하여 본다.

(i) 귀무가설과 대립가설은 $H_0:\ \mu_1=\mu_2\quad vs\quad H_1:\ \mu_1\neq\mu_2$

(ii) 귀무가설 하에서 검정통계량은

$$T_0=\frac{|\,8.36-6.60\,|}{\sqrt{(\frac{1}{5}+\frac{1}{6})(\frac{(5-1)\times 2.61+(6-1)\times 1.76}{5+6-2})}}=1.98$$ [13]

이다. 그런데 $t(9,0.975)=2.262$ 이므로 검정통계량은 채택역에 위치하게 되어 귀무가설은 채택된다. 즉, 두 사람의 능력에는 차이가 없다고 볼 수 있다.

(6) 모분산에 대한 검정

두 모집단분산을 비교할 때의 귀무가설은 다음과 같다.

$$H_0:\sigma_1^2=\sigma_2^2\quad vs\quad H_1:\sigma_1^2\neq\sigma_2^2$$

$(n_1-1)S_1^2/\sigma_1^2$ 은 자유도 (n_1-1)인 χ^2분포를 하고, $(n_2-1)S_2^2/\sigma_2^2$은 자유도 (n_2-1)인 χ^2분포를 하므로

$$F=\frac{s_1^2/\sigma_1^2}{s_2^2/\sigma_2^2}=\frac{s_1^2\sigma_2^2}{s_2^2\sigma_1^2}$$

은 자유도 (n_1-1,n_2-1)인 F분포를 한다. 따라서 귀무가설 하에서 검정통계량은

$$F_0=s_1^2/s_2^2$$

이다. 참고로 값이 큰 분산을 분자에 놓고 검정통계량을 계산한다.

[예제-17] A, B 두 지역의 소득분포를 표본조사하여 다음 결과를 얻었다. 양 지구의 소득분포의 모분산은 같다고 보아도 좋은가?

---

12) 그림상으로는 2.5% 색칠한 부분을 구분할 수 없으므로 프로그램을 실행시켜서 확인하여야 한다.
13) <<프로그램 6-13>>을 참조하라.

표-5 A, B 두 지역의 소득분포

소득계층	1	2	3	4	5	6	7	8	9	합계
A	-	2	6	13	25	40	27	6	1	120
B	1	12	24	40	27	20	13	11	2	150

[해] (i) 귀무가설은 $H_o : \sigma_1^2 = \sigma_2^2$

(ii) A계층의 불편분산은 $s_1^2 = 228.57$, B계층의 불편분산은 $S_2^2 = 174.94$ 이다. 따라서 검정통계량은 $\frac{S_1^2}{S_2^2} = \frac{228.57}{174.94} = 1.3066$ 이다.

(iii) $F(119, 149; 0.05) = 1.3289$ 이므로 귀무가설은 기각된다. 즉, 양 지역의 소득분포의 모분산은 차이가 있다. 14)

(7) 모비율 차의 가설검정

두 개의 모집단으로부터 크기가 각각 n_1, n_2 인 독립표본을 뽑을 때 표본비율의 차 $(\hat{p_1} - \hat{p_2})$ 는 $N\left(p_1 - p_2, \frac{p_1(1-p_1)}{n_1} + \frac{p_2(1-p_2)}{n_2}\right)$ 인 정규분포를 한다. 그러므로

$$Z = \frac{(\hat{p_1} - \hat{p_2}) - (p_1 - p_2)}{\sqrt{\frac{p_1(1-p_1)}{n_1} + \frac{p_2(1-p_2)}{n_2}}}$$

는 근사적으로 $N(0,1)$인 표준정규분포를 한다. 모비율을 모르는 경우는 표본비율을 대입하여 검정통계량을 계산한다. 귀무가설 하에서 검정통계량은 다음과 같다.

$$Z_0 = \frac{\hat{p_1} - \hat{p_2}}{\sqrt{\frac{\hat{p_1}(1-\hat{p_1})}{n_1} + \frac{\hat{p_2}(1-\hat{p_2})}{n_2}}}$$

[예제-18] A, B 두 지역에서 각각 80호, 70호의 농가를 표본 추출하여 경운기의 소유현황을 조사하였더니 A 지역은 10호, B 지역은 5호가 소유하고 있었다. 두 지역의 경운기 소유율에는 차이가 있는가?

[해] (i) 가설은 $H_0 : p_1 = p_2 \ \ vs \ \ H_1 : p_1 \neq p_2$

여기서 $n_1 = 80$, $n_2 = 70$ 이고, 표본비율은 $\hat{p_1} = 0.125$, $\hat{p_2} = 0.071$ 이다.

(ii) 양측검정이므로 유의수준 5%에서의 임계값은 $z_{0.05} = 1.96$

14) 부록의 F 분포표로는 값을 구할 수 없다. F 분포의 임계값을 구하는 프로그램을 실행시켜서 값을 구한다.

(iii) 검정통계량은

$$Z_0 = \frac{\hat{p_1} - \hat{p_2}}{\sqrt{\frac{\hat{p_1}(1-\hat{p_1})}{n_1} + \frac{\hat{p_2}(1-\hat{p_2})}{n_2}}} = 1.1135$$

(iv) 검정통계량이 채택역에 놓이므로 귀무가설을 채택한다. 즉, 두 지역의 경운기 소유율은 차이가 없다.

[예제-19] 두 지역에서 300명에게 "현재 마시고 있는 물은 안심할 정도인가?"라는 질문을 했더니 각각 33명, 84명이 안심하고 마신다는 응답을 하였다. 두 지역의 차이는 8% 이하라고 말할 수 있는가?

[해] (i) 가설은 $H_0 : p_2 - p_1 = 0.08 \quad vs \quad H_1 : p_2 - p_1 > 0.08$ [15)]

(ii) 단측검정이므로 유의수준 1%의 임계값은 $z_{0.01} = \pm 2.33$

(iii) 귀무가설 하에서의 검정통계량은

$$z_0 = \frac{(0.11 - 0.28) - (-0.08)}{\sqrt{\frac{0.11 \times 0.89}{300} + \frac{0.28 \times 0.72}{300}}} = -2.85$$

(iv) 검정통계량이 기각역에 속하므로 귀무가설은 기각된다. 즉, 음료수의 만족도의 차이는 8% 이내라고 볼 수 있다.

5. SAS에서의 가설검정

각종 통계패키지에서 가설검정을 하는 것은 의외로 수월하다. 여기서는 SAS에서 사용되는 판정법이며, 대다수의 통계분석용 패키지에서는 가설검정의 기각-채택에서 다음의 판정 방법을 사용한다.

> **가설 검정 판정 방법**
> 유의수준이 유의확률보다 크면 귀무가설을 기각한다. 여기서 유의확률은 임계값에 의해 계산되는 확률이다.

예를 들어, 유의수준은 0.05 이고 통계패키지에서 계산된 유의확률이 0.02 이면

유의수준 > 유의확률

15) 33명이 응답한 지역의 비율을 p_1으로 하였음.

의 관계가 성립하므로 귀무가설을 기각하게 된다.

SAS에서는 유의확률을 통상적으로 P , Pr 또는 Prob 로 나타낸다.

[예제-20] 제품의 직경은 평균 12.7mm로 알려져 있다. 이러한 제품이 잘 만들어지고 있는가를 알아보기 위해 10개의 제품을 임의 추출하여 직경을 측정한 결과 다음과 같았다. 제품의 직경은 12.7mm인가? 가설검정하라.

12.68	12.64	12.79	12.83	12.85
12.67	12.74	12.79	12.80	12.65

[해] 가설검정을 위한 SAS 프로그램과 실행 결과는 다음과 같다.

```
data bearing ;
input x @@ ;
cards ;
    12.68    12.79    12.85    12.74    12.80
    12.64    12.83    12.67    12.79    12.65
run ;

proc ttest H0=12.7 ;
run ;
```

프로그램 실행결과 중의 일부분을 표시하면 다음과 같다.

표-6 가설검정 결과표

Variable	DF	t Value	Pr > |t|
x	9	1.78	0.1095

주어진 문제에 대한 가설은 ($H_0 : \mu = 12.7 \quad vs \quad H_1 : \mu \neq 12.7$) 이다. 위의 결과를 보면 자유도(DF)는 9이고 검정통계량(t Value)은 1.78이며 유의확률(Pr)은 0.1095인 것을 알 수 있다. 따라서

유의수준(=0.05) < 유의확률(=0.1095)

의 관계가 성립하며, SAS의 판정기준에 따라 귀무가설은 채택된다. 따라서 제품의 직경은 12.7mm라고 할 수 있다.

표-6의 마지막 줄을 살펴보면 t value는 1.78 이고, 이에 따른 유의확률이 0.1095 로 나온 것을 설명하면 다음과 같다. 이 경우의 신뢰수준은 0.8905가 된다.

Pr > | t | 의 형태로 표시되어 있으므로 양측검정임을 알 수 있으며, 유의확률은 양쪽 꼬리부분에 0.05475 씩 균등하게 배분해야 한다. 따라서 확률이 0.94525 (=1-0.05475)가 되는 t 분포의 임계값을 구하면 1.776 이 된다.

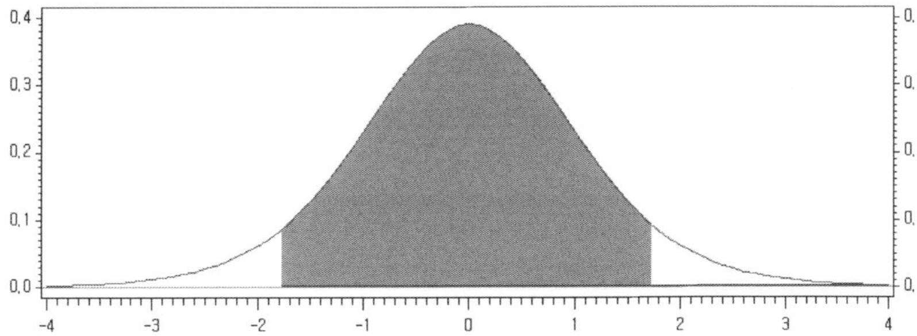

그림-8 자유도 9인 t 분포의 0.8905 신뢰수준 (=유의확률 0.1095)

[예제-21] A , B 두 명이 작업을 하는데 걸리는 시간에 차이가 있는가를 조사하기 위하여 작업을 시켰더니 소요된 시간이 다음과 같았다. A , B의 능력에 차이가 있는가를 SAS 프로그램을 이용하여 검정하라.

A : 8.0 10.3 6.4 9.7 7.4
B : 6.3 4.8 8.6 6.3 7.6 6.0

[해] <<프로그램 8-2>>의 실행 결과를 일부 발췌한 것이 다음과 같다.

표-7 단순통계량

Variable	person	N	Lower CL Mean	Mean	Upper CL Mean	Lower CL Std Dev	Std Dev	Upper CL Std Dev	Std Err
time	A	5	6.3529	8.36	10.367	0.9685	1.6165	4.645	0.7229
time	B	6	5.2093	6.6	7.9907	0.8272	1.3251	3.2501	0.541
time	Diff (1-2)		-0.242	1.76	3.7624	1.0055	1.4618	2.6687	0.8852

먼저 기초통계량의 밑줄 친 부분을 살펴보면 A의 평균(Mean)은 8.36, 표준편차(Std Dev)는 1.6165 이다. B의 평균과 표준편차는 6.60, 1.3251 이다. 정리하면

A : $n_1 = 5$, $\overline{X_1} = 8.36$, $s_1^2 = 2.6131$

B : $n_2 = 6$, $\overline{X_2} = 6.60$, $s_2^2 = 1.7559$

가설검정은 2단계로 진행된다. 먼저 분산의 동일성을 검정하고, 모평균의 검증을 나중에 하게 된다.

1) 분산의 동일성 검정

(ⅰ) 귀무가설과 대립가설은 $H_0: \sigma_1^2 = \sigma_2^2$ vs $H_1: \sigma_1^2 \neq \sigma_2^2$ 이다.

(ⅱ) <<프로그램 8-2>>의 실행결과인 표-8을 보면 검정통계량은 1.49 이고, 유의확률은 0.6643 이다. 따라서 가설검정의 판정기준에 의해 귀무가설이 채택되므로 A, B 두 명의 작업시간의 분산은 동일하다고 판단된다.

표-8 분산의 동일성검정

Equality of Variances

Variable	Method	Num DF	Den DF	F Value	Pr > F
time	Folded F	4	5	1.49	0.6643

2) 모평균의 동일성 검정

(ⅰ) 귀무가설과 대립가설은 $H_0: \mu_1 = \mu_2$ vs $H_1: \mu_1 \neq \mu_2$

(ⅱ) 앞에서 분산은 동일(Equal)한 것으로 확인되었으므로, 표-9에서 Equal 부분의 밑줄 친 결과값을 살펴보면 된다. 검정통계량은 1.99이고 유의확률이 0.0780 이므로 귀무가설은 채택된다. 즉, 두 사람의 능력차이가 있다고 판단된다.

표-9 평균의 동일성검정

Variable	Method	Variances	DF	t Value	Pr > |t|
time	Pooled	Equal	9	1.99	0.0780
time	Satterthwaite	Unequal	7.78	1.95	0.0881

6. 대응표본(paired sample)의 문제

하나의 개체에 대해 두 가지의 실험을 한 경우의 문제이다. 예를 들어, 100미터 달리기를 하기 전후의 맥박수 등이 대응표본의 문제이다.

두 모집단을 비교하는 경우에는 실험 단위들이 되도록 동질적이어서 측정값의 차이가 처리효과에 의한 차이로 나타나는 것이 바람직하다. 이것은 모집단의 차에 대한 검정처럼 보이지만 실제로는 모집단이 하나인 경우에 해당된다. 따라서 단변량의 검정과 같이 처리한다.

[예제-22] 특정한 피임약이 사용자의 맥박수를 저하시키는 가를 조사하기 위해 15명의 부인들을 대상으로 평상시의 맥박수와, 피임약을 일정기간 사용한 후의 맥박을 측정한 결과가 다음과 같았다. 피임약이 맥박수에 미치는 영향을 유의수준 5%로 조사하라.

표-10 피임약 복용 전후의 맥박수

번 호	1	2	3	4	5	6	7	8	9	10	11	12	13	14	15
복용전	70	80	72	76	76	76	72	78	82	64	74	92	74	68	84
복용후	68	72	62	70	58	66	68	52	64	72	74	60	74	72	74

[해] (ⅰ) 귀무가설과 대립가설은 다음과 같다.

$$H_0: \text{복용 전 맥박} = \text{복용 후 맥박} \quad \text{vs} \quad H_1: \text{복용 전 맥박} > \text{복용 후 맥박}$$

(ⅱ) 복용 전후의 차 d 에 대하여 평균과 분산을 계산하면 다음과 같다.

$$\bar{d} = \frac{1}{15}\sum_{i=1}^{15} d_i = 8.80 \quad , \quad S^2 = \frac{1}{15}\sum_{i=1}^{15}(d_i - \bar{d})^2 = 120.457$$

따라서 검정통계량은

$$\chi_0^2 = \frac{8.8}{\sqrt{\frac{120.457}{15}}} = 3.11$$

(ⅲ) 자유도는 14 이고 단측검정이므로 5% 유의수준의 임계값은 $t(14, 0.05) = 1.761$
(ⅳ) 검정통계량 3.11 은 기각역에 속하므로 대립가설 H_1 을 채택한다. 따라서 피임약 복용은 맥박 하락에 영향을 준다고 볼 수 있다.

위의 **[예제-22]**는 <<프로그램 8-3>>으로 확인할 수 있으며, 실행결과는 다음과 같다.

표-11 결과표

Variable	DF	t Value	Pr > |t|
diff	14	3.11	0.0077

검정통계량은 3.11이고, 유의확률은 0.0077이므로 유의수준(=0.05)보다 작은 값이다. 따라서 판정기준에 따라 귀무가설이 기각된다. 즉, 피임약 복용은 맥박 하락에 영향을 준다고 볼 수 있다.

[예제-23] 고혈압 환자 15명에게 콜레스테롤 강하제를 투여하기 전·후의 콜레스테롤 양(gram/리터)을 측정한 결과 다음과 같은 자료를 얻었다. 콜레스테롤 강하제의 효과가 있는가를 10% 유의수준으로 자료분석을 하라.

표-12 콜레스테롤 강하제를 투여하기 전·후의 콜레스테롤 양(gram/리터)

번 호	1	2	3	4	5	6	7	8	9	10	11	12	13	14	15
복용전	0.9	2.2	1.6	2.8	4.2	3.7	2.6	2.9	3.3	1.2	3.2	2.7	3.8	4.5	4.0
복용후	1.4	2.7	2.1	1.8	3.0	3.2	1.6	1.9	2.3	2.5	2.3	1.4	2.6	3.5	2.1

[해] (i) 가설은 H_0 : 강하제 투여 전·후의 콜레스테롤 양은 차이가 없다.

(ii) <<프로그램 8-3>>의 데이터에 표-12의 값을 입력하여 분석한 결과는 다음과 같다.

표-13 결과표

```
Variable     DF     t Value     Pr > |t|
diff         14        2.68       0.0181
```

(iii) 자유도는 14이고 검정통계량은 2.68이며, 이때의 유의확률이 0.0181 이므로 유의수준(10%)이 더 크다. 따라서 판정기준에 따라 귀무가설을 기각하게 된다. 즉, 콜레스테롤 강하제는 콜레스테롤 수치에 영향을 준다고 볼 수 있다.

[예제-24] Arterolin B 라는 약이 혈압에 관련이 있는가를 알아보기 위해 6명에 대하여 Arterolin B를 복용하기 전후의 수축기혈압을 측정한 자료가 다음과 같았다. 약의 복용이 혈압에 영향을 주는 가를 5% 유의수준으로 가설검정하여라.

표-14 Arterolin B 복용 전후의 수축기혈압 [16)]

번 호	1	2	3	4	5	6
복용전	100	120	120	140	80	150
복용후	108	120	150	135	120	140

[해] (i) 귀무가설은

H_o : Arterolin B 복용 전후의 수축기혈압은 차이가 없다.

H_o : Arterolin B 복용 전후의 수축기혈압은 차이가 없다.

(ii) <<프로그램 8-3>>의 데이터를 표-9의 데이터로 대체하여 프로그램을 실행시키면 다음

16) Steve Mckillup, Statistics Explained, 2005, Cambridge University Press, p56

과 같은 결과를 얻게 된다.

표-15 결과표

DF	t Value	Pr > |t|
5	-1.28	0.2576

(ⅲ) 유의확률 0.2576은 유의수준 0.05보다 크므로 귀무가설이 채택된다. 따라서 Arterolin B 는 혈압에 아무런 영향을 주지 않는다고 볼 수 있다.

7. SAS 프로그램

<<프로그램 8-1>> 검정력함수의 그래프

```
data ;
do p=0 to 1 by 0.01 ;
  power =  probbnml(p, 20, 8) ;
  output ;
end ;
run ;

proc gplot ;
plot power*p ;
run ;
```

<<프로그램 8-2>> 두 작업자의 능력차이 검정

```
data job ;
input person$ time@@ ;
cards ;
    a  8.0   a  10.3   a  6.4   a  9.7   a  7.4
    b  6.3   b   4.8   b  8.6   b  6.3   b  7.6   b  6.0
run ;

proc ttest ;
class person ;
run ;
```

<<프로그램 8-3>> 피임약과 맥박과의 관계

```
data pulse ;
  input pre post @@ ;
  diff = pre - post ;
cards ;
   70  68      80  72      72  62      76  70      76  58
   76  66      72  68      78  52      82  64      64  72
   74  74      92  60      74  74      68  72      84  74
run ;

proc ttest h0=0 ;
```

```
  var diff ;
run ;
```

<<프로그램 8-5>> 매크로를 이용하여 베어링 제작 공정에 대한 검정력함수(power function) 구하기. 매크로에 전달되는 귀무가설의 값은 정수가 되어야하므로 전체적인 데이터 값을 10배 하였다.

```
data bearing ;
  input x@@ ;
  y = x*10 ;
cards ;
  12.68    12.79    12.85    12.74    12.80
  12.64    12.83    12.67    12.79    12.65
;

%macro p_ftn ;
  %do p=125 %to 135 ;
    proc ttest h0 = &p  data=bearing ;
      var y ;
    run ;
  %end ;
%mend p_ftn ;
%p_ftn ;
```

<<실습 프로그램>> $N(5,10)$을 따르는 정규난수를 30개 생성하여 이 값의 분산이 $N(5,10)$인 정규분포로부터 추출된 것이 옳다고 볼 수 있는가를 확인하는 프로그램. $(H_o : \sigma^2 = 10)$

```
data a ;
m = 5 ; sigma = sqrt(10) ; n = 30 ;
do i=1 to n ;
   x = m + sigma*rannor(123) ;
   output ;
end ;
run ;

proc means ;
   output out= cc ;
run ;
```

```
data a1 ;
  set cc ;
  if _STAT_ ^= 'STD' then delete ;
  keep x ;
run ;

data a2 ;
  set a1 ;
  sample_var = x**2 ;
run ;

data a3 ;
  set a (firstobs=1 obs=1) ;
  keep n sigma ;
run ;

data b ;
  merge a2 a3 ;
  chi_sq = (n-1)*sample_var / sigma**2 ;
  critical_value = cinv(0.95,n) ;
run ;

proc print ;
run ;
```

▸ ▸ ▶ 연습문제 ◀ ◂ ◂

1. S시에 있는 전체 고등학교 학생 중에서 100명을 임의추출하여 키를 측정하였더니 평균은 171Cm, 분산은 36Cm 이었다. S시 고등학교 학생의 평균키는 전국평균 168Cm보다 크다고 할 수 있는 지를 유의수준 5%로 검정하여라.

2. 어느 지방의 학력고사에서 900명의 답안지를 임의추출하여 어떤 문제에 대한 정답자를 조사하였더니 711명이었다. 정답률이 76%보다 높다고 할 수 있는가? 유의수준 5%로 검정하여라.

3. 어느 액체주입기 생산업자는 자신이 생산한 기계의 주입액의 표준편차가 2cc 미만이라고 주장하고 있다. 10개의 병을 추출하여 표준편차를 계산하였더니 1.19cc 이었다. 유의수준 5%로 생산업자의 주장이 옳은 가를 검정하여라.

4. 선거에 앞서 후보 "갑"의 지지율을 조사하기 위해 100명을 추출하여 조사한 결과 55명이 "갑"을 지지하는 것으로 나타났다. 전 유권자의 과반수가 후보 "갑"을 지지하는 가를 유의수준 1%로 검정하여라.

5. 정규분포로부터 크기 9인 표본을 추출하여 다음 자료를 얻었다. 모집단의 평균을 100이라고 할 수 있는가? 5% 유의수준으로 가설검정하라.

6. 두 가지 전구 A, B를 50개 뽑아 수명검사를 한 결과 A는 평균수명이 1882시간, 표준편차는 80시간이었고 B는 평균수명이 1804시간, 표준편차는 95시간의 정규분포를 따르는 것으로 알려져 있다. A, B의 평균수명은 차이가 있는가? 유의수준 5%로 가설검정하라.

7. 어느 공장에서 A, B 두 가지의 보일러를 사용하고 있다. A, B 보일러에 대하여 6회씩 운전을 하여 그 열효율을 측정한 결과가 다음과 같았다. A보일러의 열효율의 분산이 B보일러의 열효율의 분산보다 작다고 할 수 있는가? 유의수준 5%로 가설검정하라.

A	68.8	65.7	67.6	67.8	66.2	66.8
B	69.0	68.2	69.4	67.1	68.8	68.2

8. 오랫동안 어는 공장으로부터 기계부품을 구입하고 있다. 종래의 자료에 의하면 불량률은 10.5% 이었다. 최근에 구입한 기계부품 100개를 검사한 결과 불량품이 7개 나왔다. 불량률은 변화하였는가를 1% 유의수준으로 가설검정하라.

9. 어떤 가게에서 유리컵을 A, B 두 회사로부터 구입하고 있다. A 회사의 파손율이 B 회사보다 높다고 볼 수 있는가? 1% 유의수준으로 가설검정하라.

	검사개수	파손개수
A 회사	1000	43
B 회사	900	28

10. 주사위를 300번 던진 결과 다음과 같은 자료를 얻었다. 주사위는 정상인가를 유의수준 5%로 가설검정하라.

눈	1	2	3	4	5	6
빈도	53	60	47	58	42	40

11. sashelp.stock에는 1986년 8월 1일부터 2005년 10월 3일까지 233개월 동안의 매달 첫째날 주식가격이 저장되어 있다. IBM 주식인 경우에 월별 상승-하락을 조사하여 주식가격은 상승하고 있다고 볼 수 있는가를 유의수준 5%로 가설검정하라.

제9장 단순회귀분석

1. 회귀분석의 기본개념

변수들 간의 상호 관련성을 알 수 있다면 하나의 변수로부터 다른 변수의 변화를 예측할 수 있다. 단순하게 표현한다면, 회귀분석(regression analysis)이란 변수들 간의 관련성을 수학적 모형, 즉 관계식으로 나타내는 것이다.

회귀분석을 적용할 수 있는 자료는 우리의 주변에서 흔히 볼 수 있다. 예를 들면, 스마트폰 사용시간과 수면시간과의 관계, 국제원유가격의 변동과 주유소 기름값의 변화, 종합주가지수의 변동에 따른 달러화의 변동, 고객예탁금과 종합주가지수와의 관계, 백화점을 찾는 고객의 숫자와 매출액, 로또 총구입액과 1등 당첨금액과의 관계 등등, 손으로 꼽을 수도 없을 만큼 많은 경우가 회귀분석과 관련이 있는 것이다.

다음은 sashelp 라이브러리에 저장된 class 자료 중에서 키와 몸무게에 대한 그림이며 <<프로그램 9-1>>을 실행시켜 얻을 수 있다.

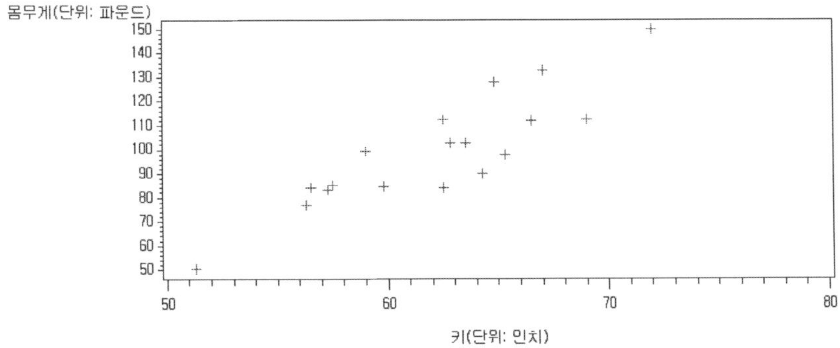

그림-1 Class 자료 중에서 키와 몸무게의 그래프

그림-1 에서 보듯이, 키와 몸무게 사이에는 100% 일치하지는 않지만 함수관계식을 만들 수 있다고 판단된다.

이처럼 수학적 관련성을 측정하기 시작한 것은 언제이고 누가 하였을까? 찰스 다윈의 조카인 영국의 우생학자인 갈톤(Fransis Galton)은 928쌍의 아버지와 아들의 키에 대한 관계식

을 구하여 아버지의 키가 아들의 키에 미치는 영향을 조사하였다. 1)

그가 얻은 결론은 아버지의 키가 크면 아들은 아버지에 비해 상대적으로 작고(물론 평균키보다는 큼), 아버지의 키가 작으면 아들의 키는 상대적으로 크다(물론 평균키보다는 작음)는 것이었다. 이에 갈톤은 아버지 세대의 키에 대한 범위가 아들 세대에서는 줄어들기 때문에 세대가 흐르면 키는 평균값으로 되돌아가게 된다고 주장하였다. 갈톤은 아버지와 아들의 키에 대한 관계식을 나타내는 직선을 회귀선(regression line)이라고 불렀는데 여기서부터 회귀(regression)라는 통계용어가 나타난 것이다. 2)

현대적 의미의 회귀분석은 앞서 언급한 것처럼 변수간의 관계식을 찾아내고 관계식의 정밀도를 파악하는 통계적 방법론이다.

주어진 자료를 분석할 때의 회귀모형은 다음과 같은 종류가 있다. 물론 다음에 소개된 것 이외의 회귀모형도 있으나 여기서는 논하지 않기로 한다.

단순회귀모형 : $y_i = \beta_0 + \beta_1 x_1 + \epsilon_i$

중회귀모형 : $y_i = \beta_0 + \beta_1 x_{11} + \beta_2 x_{21} + \beta_3 x_{31} + \cdots + \epsilon_i$

단순회귀모형은 독립변수가 한 개인 모형이고, 중회귀모형은 독립변수가 여러 개인 모형이다. 여기서 독립변수는 실험자가 관리할 수 있는 변수이고 종속변수는 실험자가 관리할 수 없는 변수이다.

2. 단순회귀분석

독립변수와 종속변수의 관계를 선형으로 나타내는 모형을 단순회귀모형이라 한다. 획득한 자료를 직선으로 표시하면 당연히 오차가 수반되므로 오차에 대한 해석이 중요하다. 회귀분석을 함에 있어 오차에 대한 기본가정은 다음과 같다.

(1) $\epsilon_i \sim N(0, \sigma^2)$

(2) $cov(\epsilon_i, \epsilon_j) = 0,\ i \neq j$

그런데 회귀분석을 할 때는 이러한 가정을 만족하는 지를 고려하지 않고 무작정 회귀분석을 실시하여 결론을 도출하는 경향이 있다. 만일 자료가 기본가정을 만족하지 않으면 회귀분석 결과는 신뢰성을 잃게 되므로 회귀분석을 실시한 후에라도 이것을 검토하여야 한다.

1) 회귀계수의 추정

1) 928쌍의 데이터는 무상 소프트웨어인 R에서 얻을 수 있으며, 추출 방법은 부록을 참조하라.

2) "Regression to Mediocrity" 라는 제목의 강연에서 Co-Relation과 Regression라는 단어를 사용해 오늘 날의 상관분석, 회귀분석의 시초가 되는 연구결과를 발표했다. [출처] 통계학의 역사|작성자 통계계산 연구실

회귀분석에서 모수를 추정하는 방법으로 최소자승법을 사용하고 있다. 이제 단순회귀모형의 모수를 추정하는 방법에 대하여 다뤄보기로 한다. 회귀모형은

$$y_i = \beta_0 + \beta_1 x_i + \epsilon_i$$

이므로, 이 식을 ϵ_i에 대해 정리하면 $\epsilon_i = y_i - \beta_0 - \beta_1 x_i$ 가 된다. 양변의 제곱합을 구해보면

$$\sum_{i=1}^{n} \epsilon_i^2 = \sum_{i=1}^{n} (y_i - \beta_0 - \beta_1 x_1)^2$$

이 되며, 이를 모수 β_0, β_1 에 관하여 편미분하면 다음과 같은 결과를 얻게 된다.

$$\begin{cases} \dfrac{\partial}{\partial \beta_0} \displaystyle\sum_{i=1}^{n} \epsilon_i^2 = \dfrac{\partial}{\partial \beta_0} \displaystyle\sum_{i=1}^{n} (y_i - \beta_0 - \beta_1 x_i)^2 = -2 \displaystyle\sum_{i=1}^{n} (y_i - \beta_0 - \beta_1 x_i) = 0 \\ \dfrac{\partial}{\partial \beta_1} \displaystyle\sum_{i=1}^{n} \epsilon_i^2 = \dfrac{\partial}{\partial \beta_1} \displaystyle\sum_{i=1}^{n} (y_i - \beta_0 - \beta_1 x_i)^2 = -2 x_i \displaystyle\sum_{i=1}^{n} x_i (y_i - \beta_0 - \beta_1 x_i) = 0 \end{cases}$$

정리하면

$$\begin{cases} \displaystyle\sum_{i=1}^{n} (y_i - \beta_0 - \beta_1 x_i) = 0 \\ \displaystyle\sum_{i=1}^{n} x_i (y_i - \beta_0 - \beta_1 x_i) = 0 \end{cases}$$

이다. 이 식을 만족하는 β_0, β_1 대신에 회귀계수의 추정치 b_0, b_1 으로 바꾸어 방정식을 만들면

$$\begin{cases} b_0 \cdot n + b_1 \displaystyle\sum_{i=1}^{n} x_i = \displaystyle\sum_{i=1}^{n} y_i \\ b_0 \displaystyle\sum_{i=1}^{n} x_i + b_1 \sum x_i^2 = \displaystyle\sum_{i=1}^{n} x_i y_i \end{cases}$$

이 된다. 이 식을 정규방정식(normal equation)이라고 부른다. 이러한 정규방정식을 b_0, b_1에 관하여 풀면 다음과 같은 회귀계수 추정치를 얻는다.

$$b_1 = \frac{\displaystyle\sum_{i=1}^{n} (x_i - \overline{x}) \cdot (y_i - \overline{y})}{\displaystyle\sum_{i=1}^{n} (x_i - \overline{x})^2} = \frac{\displaystyle\sum_{i=1}^{n} (x_i - \overline{x}) \cdot y_i}{\displaystyle\sum_{i=1}^{n} (x_i - \overline{x})^2} \quad , \quad b_0 = \overline{y} - b_1 \overline{x}$$

[예제-1] K 대학교 전자계산학과 3학년 학생들에게 데이터베이스 강의를 하였다. 다음은 질의어(query)를 풀 때의 점수와 시간으로 측정한 것이다. 여기서 grade(평점), units(답한 문제수), score(DB 성적), time(소요시간)이다. 평점과 성적에 대한 회귀분석을 하라.

표-1 데이터베이스 성적

grade	units	score	time	grade	units	score	time	grade	units	score	time
2.81	31	84	32	2.97	38	90	24	2.44	32	92	26
1.26	31	80	31	2.81	30	90	29	1.57	36	89	32
1.92	32	88	34	1.95	38	82	35	3.37	45	91	27
3.36	49	88	30	2.75	46	95	26	3.31	46	94	25
4.25	45	99	28	2.94	48	85	32	3.50	46	86	33
3.78	50	89	28	3.78	51	93	27	3.52	52	92	30
3.35	51	90	34	4.00	45	95	27	3.22	47	94	26

[해] 앞에서 유도한 회귀계수의 추정치 계산공식에 따라 표를 만들고 최소자승 회귀선을 구하여보기로 한다. DB 성적이 평점에 영향을 미치므로 독립변수는 score, 종속변수는 grade이다. 편의상 score를 x, grade를 y라고 하였다.

표-2 score(x)와 grade(y)의 자료

번호	x	y	x^2	xy
1	84	2.81	7056	236.04
2	90	2.97	8100	267.30
3	92	2.44	8464	224.48
4	80	1.26	6400	100.80
5	90	2.81	8100	252.90
6	89	1.57	7921	139.73
7	88	1.92	7744	168.96
8	82	1.95	6724	159.90
9	91	3.37	8281	306.67
10	88	3.36	7744	295.68
11	95	2.75	9025	261.25
12	94	3.31	8836	311.14
13	99	4.25	9801	420.75
14	85	2.94	7225	249.90
15	86	3.50	7396	301.00
16	89	3.78	7921	336.42
17	93	3.78	8649	351.54
18	92	3.52	8464	323.84
19	90	3.35	8100	301.50
20	95	4.00	9025	380.00
21	94	3.22	8836	302.68
합	1886	62.86	169812	5692.48

표-2의 계산결과값을 앞에서 유도한 정규방정식에 대입하면 다음과 같은 방정식을 얻게 된다.

$$\begin{cases} 21 \cdot b_0 + 1886 \cdot b_1 = 62.86 \\ 1886 \cdot b_0 + 169812 \cdot b_1 = 5692.48 \end{cases}$$

이상의 정규방정식을 풀면, $b_0 = -6.806$, $b_1 = 0.109$ 을 얻을 수 있으므로 추정된 회귀직선은 다음과 같다.

평점 = -6.806 + 0.109*(DB 성적)

2) 회귀계수의 검정

추정된 회귀계수 b_1의 기울기가 0인지 아닌지를 알아보는 것은 중요하다. 만일 b_1의 값이 0(영)이면 독립변수가 종속변수를 설명하는 데 아무런 기여를 하지 못하는 것을 의미한다.
추정치 b_1의 기대값과 분산은

$$E(b_1) = E\left(\frac{\sum_{i=1}^{n}(x_i - \overline{x}) \cdot y_i}{\sum_{i=1}^{n}(x_i - \overline{x})^2} \right) = \frac{\sum_{i=1}^{n}(x_i - \overline{x}) \cdot E(y_i)}{\sum_{i=1}^{n}(x_i - \overline{x})^2} = \frac{\sum_{i=1}^{n}(x_i - \overline{x}) \cdot E(\beta_0 + \beta_1 x_i)}{\sum_{i=1}^{n}(x_i - \overline{x})^2} = b$$

$$V(b_1) = V\left(\frac{\sum_{i=1}^{n}(x_i - \overline{x}) \cdot y_i}{\sum_{i=1}^{n}(x_i - \overline{x})^2} \right) = \frac{\sigma^2}{\sum_{i=1}^{n}(x_i - \overline{x})^2}$$

이며, 만일 분산 σ^2이 미지인 경우에는 σ^2의 불편추정량을 사용하여야 한다.

단순회귀모형의 경우에는 모형의 적합성검정과 회귀계수의 기울기가 0인 가의 검정과 동일하다. 이 때의 귀무가설과 대립가설은

$$H_0: \ b_1 = 0 \quad \text{vs} \quad H_1: \ b_1 \neq 0$$

이다. 귀무가설 하에서 검정통계량은 다음과 같으며 자유도가 $(n-2)$인 t 분포를 따른다.

$$t_0 = \frac{b_1}{\sigma^2 / \sum_{i=1}^{n}(x_i - \overline{x})^2} = \frac{b_1}{\text{표준오차}}$$

회귀계수 추정치를 사용하여 일일이 손으로 계산을 한다는 것은 어렵고도 번거로운 일이다. SAS를 사용한다면 이러한 불편함을 해소할 수 있다.

[예제-2] SAS를 사용하여 앞의 데이터베이스 성적 데이터에 대해 회귀분석을 실시하라.
[해] DB 성적이 평점에 영향을 미치므로 독립변수는 score, 종속변수는 grade이다. 회귀분석을 실시하기 위해 <<프로그램 9-2>>를 실행시켜보기로 한다. 3)

먼저 독립변수와 종속변수 간의 산점도를 그려보는 것이 중요하다. 산점도를 살펴보면, 100% 일치하지는 않지만 두 변수간의 선형 관계식을 만들 수 있음을 알 수 있다.

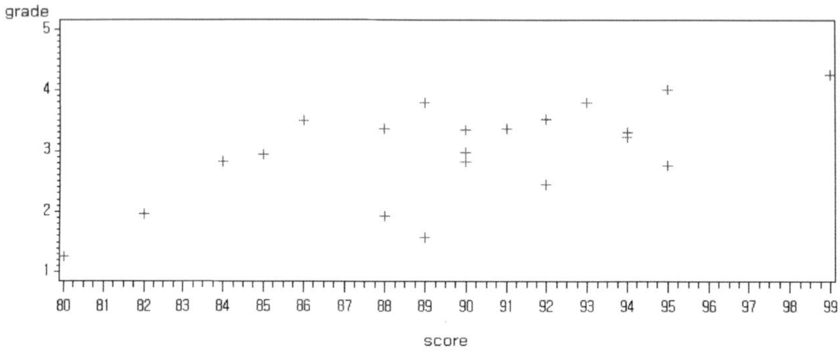

그림-2 한 학기의 평점과 DB 성적과의 산점도

계속하여 <<프로그램 9-2>>를 실행시켜 나온 회귀분석 결과를 살펴보자. 먼저 분산분석표(Analysis of Variance)는 다음과 같다.

표-3 분산분석표

Source	DF	Sum of Squares	Mean Square	F Value	Pr > F
Model	1	5.13409	5.13409	13.02	0.0019
Error	19	7.49237	0.39434		
Corrected Total	20	12.62647			

분산분석의 귀무가설과 대립가설은 4)

H_o : 회귀모형은 부적합하다. vs H_1 : 회귀모형은 적합하다.

3) 성적과 평점과의 인과관계를 알 수는 없지만, 성적이 좋으면 평점이 올라간다고 판단하였음.
4) 다음의 9장 3절에서 가설을 정하는 방법을 설명하고 있다.

이며, 검정통계량(F Value)은 13.02이고 유의확률(Pr)은 0.0019임을 확인할 수 있다.

유의수준 0.05(이 때의 임계값은 4.35124)보다 유의확률이 크므로 가설검정의 판정기준에 따라 귀무가설을 기각하고 대립가설을 채택한다. 실제로 검정통계량의 값이 임계값보다 크므로 기각역에 속하게 되어 귀무가설이 기각된다. 즉, 회귀모형은 적합하다고 볼 수 있다.

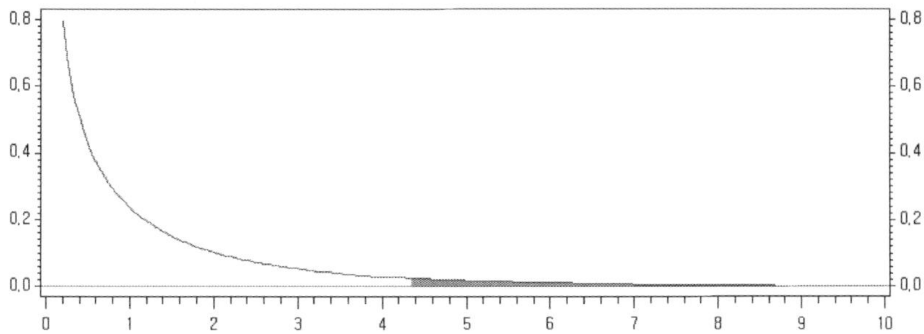

그림-3 자유도가 $n_1 = 1$, $n_2 = 20$인 F분포의 5% 유의수준

회귀모형이 적합하다면 선형관계식으로는 어떻게 나타낼 수 있는가를 살펴보기 위한 모수추정치(Parameter Estimates)가 다음과 같다. 표-4의 Parameter Estimate 하단에는 두 개의 값(-6.80598, 0.10911)이 출력되어 있는데, 이 값이 바로 회귀계수 추정치이며 앞에서 직접 계산한 결과와 일치함을 알 수 있다.

표-4 모수추정치

Variable	DF	Parameter Estimate	Standard Error	t Value	Pr > |t|
Intercept	1	-6.80598	2.71925	-2.50	0.0216
score	1	0.10911	0.03024	3.61	0.0019

회귀계수 score의 추정치에 대한 검정통계량은 귀무가설하에서

$$t_0 = \frac{b_1}{\text{표준오차}} = \frac{0.10911}{0.03024} = 3.6081$$

이다. 표-4의 밑줄 친 부분의 값인 0.0019는 검정통계량(3.61)에 대한 유의확률을 나타내며, 양측검정이므로 유의확률을 꼬리부분에 균등하게 배분해야 한다. 가설검정의 판정기준에 따라 귀무가설은 기각되므로 회귀계수는 0 이 아님을 알 수 있다. 참고로, 자유도 20인 t 분포의

확률밀도함수는

$$f(t) = \frac{\Gamma(21/2)}{\sqrt{20\pi}\,\Gamma(10)}(1 + \frac{t^2}{20})^{-21/2}$$

이므로 검정통계량 3.61 이상의 확률, 즉 유의확률을 구해보면 다음과 같다.[5)]

$$2 \times \int_{3.61}^{\infty} \frac{\Gamma(21/2)}{\sqrt{20\pi}\,\Gamma(10)}(1 + \frac{t^2}{20})^{-21/2}\,dt = 0.00175$$

[예제-3] 다음과 같은 광고비와 총판매액과의 자료를 회귀분석하라.

표-5 광고비와 총판매액의 자료

광고비(ad)	4	8	9	8	8	12	6	10	6	9
총판매액(money)	9	20	22	15	17	30	18	25	10	20

[해] 먼저 <<프로그램 9-3>>을 실행시켜 주어진 자료에 대한 산점도를 그려보면 다음과 같다. 산점도를 살펴보면 대략적으로 선형의 관계식을 만들 수 있음을 알 수 있다.

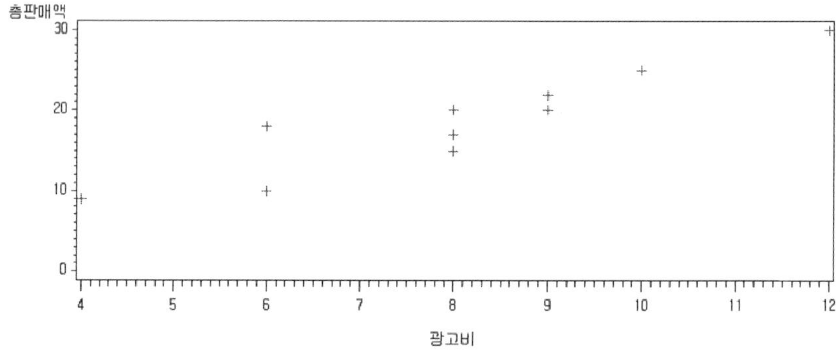

그림-4 광고비와 총판매액의 산점도

<<프로그램 9-4>>의 실행결과를 이용하여 회귀분석한 결과를 살펴보자. 다음의 분산분석표를 보면 유의확률이 0.0001 이므로 유의수준 0.05보다 작기 때문에 귀무가설(H_o :회귀모형이 부적합하다)은 기각된다. 따라서 모형은 적합하다고 보인다.

---

5) 앞서 언급한 바와 같이, 양측검정이므로 t 분포의 한쪽만 적분하여야 한다.

표-6 분산분석표

Source	DF	Sum of Squares	Mean Square	F Value	Pr > F
Model	1	313.04348	313.04348	45.24	0.0001
Error	8	55.35652	6.91957		
Corrected Total	9	368.40000			

회귀모형이 적합하다고 판단되었으므로, 회귀선을 예측하기 위해서 다음 단계를 보아야 한다. 다음의 모수추정치에는 회귀모형의 모수가 계산되어 있으므로 이로부터 회귀식을 만들 수 있다.

표-7 모수추정치

Variable	Label	DF	Parameter Estimate	Standard Error	t Value	Pr > |t|
Intercept	Intercept	1	-2.26957	3.21235	-0.71	0.4999
ad	광고비	1	2.60870	0.38785	6.73	0.0001

따라서, 광고비와 총판매액 사이의 관계식은 다음과 같다.

총판매액 = - 2.2696 + 2.6087*광고비

다음의 그림은 산점도와 회귀직선을 동시에 나타낸 것이다.

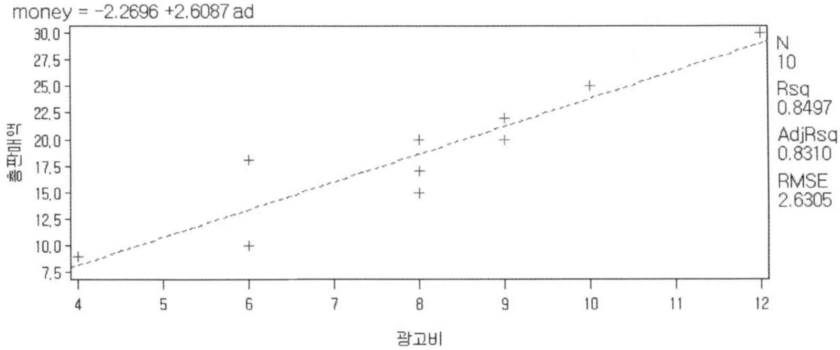

그림-5 산점도를 적합시킨 회귀직선

이제까지 몇 가지의 회귀분석을 하고 회귀직선을 추정하였다. 이러한 회귀직선은 어떤 경우에 사용될까? 앞의 광고비와 총판매액 간의 추정된 회귀식을 사용하면 광고비에 따른 총판매액을 예상할 수 있다.

[예제-4] 광고비와 총판매액의 데이터로부터 광고비가 7인 경우에 총판매액을 예측하여라.
]해] 광고비가 7이므로 윗 식에 값을 대입하면

총판매액 = - 2.2696 + 2.6087*7 = 15.99

독립변수의 특정한 값에 대하여 종속변수를 예측(prediction)하려면 반드시 독립변수의 범위 내에서만 할 수 있다.

다음의 예제는 독립변수의 범위를 넘어선 경우의 예측을 하면 발생할 수 있는 문제점에 대한 것이다.

[예제-5] SAS 패키지에서 제공하는 regex3.sas 파일에는 남녀학생의 나이, 키, 몸무게의 자료가 들어있다. [6] 이 중에서 여학생의 자료만을 따로 추출하여 female이라는 데이터세트로 저장시키고, 키와 몸무게 간의 회귀분석을 실시하라. 그리고 키가 90cm인 여학생의 체중 예측을 하여라.
[해] <<프로그램 9-5>>는 regex3.sas로부터 htwt 데이터세트를 생성하는 프로그램이고, <<프로그램 9-6>>에서는 htwt 데이터세트를 불러들여 male, female 두 개의 데이터세트로 분리하여 저장하는 프로그램이다. 편의상 인치(inch)와 파운드(pound)를 센티미터(cm)와 킬로그램(kg)으로 변환시켰다. <<프로그램 9-5>>의 실행결과, 모수추정치에 대한 표는 다음과 같다.

표-8 모수추정치

Variable	DF	Parameter Estimate	Standard Error	t Value	Pr > |t|
Intercept	1	-69.45927	9.63816	-7.21	<.0001
ht	1	0.74355	0.06260	11.88	<.0001

이로부터 키와 몸무게에 관한

wt = -69.4593 + 0.7436*ht

라는 회귀식이 얻어진다.
체중을 예측하려는 여학생의 키가 90cm 라고 하면 몸무게는 -2.53kg으로 예측되는데, 이는 명백히 잘못된 예측이다. [7]

6) 파일의 경로는 C:\Program Files\SASHome\SASFoundation\9.4\stat\sample\regex3
7) 키가 제일 작은 여학생은 130.3cm이므로 90cm인 경우는 독립변수(키)의 범위를 벗어난 값이다.

3. 회귀직선의 분산분석

회귀모형이 자료를 얼마나 정확하게 예측하는 가를 측정하는 방법을 알아보기로 하자. 이를 위해 다음과 같은 식을 고려 하여보자.

$$y_i - \overline{y} = (y_i - \hat{y_i}) + (\hat{y_i} - \overline{y})$$

이 식에서 사용된 $\hat{y_i}$은 y_i의 추정치라고 할 때, 이를 그림으로 나타내면 다음과 같다.

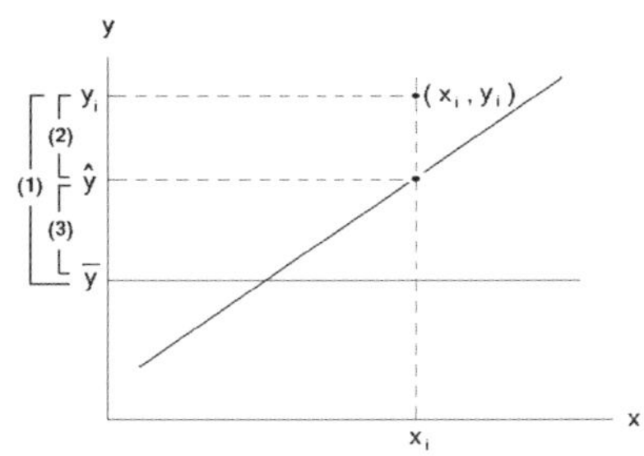

그림-6 편차의 분해

그림-6의 (1)은 총편차(total deviation)라고 부르며, (2)를 잔차(residual)라고 부른다. 그리고 (3)은 회귀직선에 의하여 설명되는 편차이다.

이제 총편차 분해식의 양변을 제곱한 뒤, 합을 구해보면 다음과 같다.

$$\sum_{i=1}^{n}(y_i - \overline{y})^2 = \sum_{i=1}^{n}(y_i - \hat{y_i})^2 + \sum_{i=1}^{n}(\hat{y_i} - \overline{y})^2 + 2\sum_{i=1}^{n}(y_i - \hat{y_i})(\hat{y_i} - \overline{y})$$

그런데 $\sum_{i=1}^{n}(y_i - \hat{y_i})(\hat{y_i} - \overline{y}) = 0$ 이므로 다음의 관계식이 만족된다.

$$\sum_{i=1}^{n}(y_i - \overline{y})^2 = \sum_{i=1}^{n}(y_i - \hat{y_i})^2 + \sum_{i=1}^{n}(\hat{y_i} - \overline{y})^2$$

여기서 각각의 제곱합은 다음과 같이 표현한다.

$TSS = \sum_{i=1}^{n}(y_i - \overline{y})^2$: 총제곱합

$SSE = \sum_{i=1}^{n}(y_i - \hat{y_i})^2$: 회귀직선으로 설명되지 않는 제곱합

$SSR = \sum_{i=1}^{n}(\hat{y_i} - \overline{y})^2$: 회귀직선으로 설명되는 제곱합

총제곱합(TSS) 중에서 회귀선에 의하여 설명이 되는 비율(SSR)을 결정계수(Coefficient of Determination)라고 한다. 결정계수는 R^2 으로 표현한다. 즉,

$$R^2 = \frac{SSR}{TSS}$$

R^2 의 범위는 $0 \leq R^2 \leq 1$ 이다. 만일 $R^2 = 1$ 이면 $SSE = 0$ 이므로 모든 관찰점이 회귀직선 상에 놓인 것이다. R^2 의 값이 1 에 가까우면 회귀직선에 의해 설명되는 비율이 크므로 쓸모 있는 회귀직선이 되는 것이다. 이렇듯, 회귀분석에 있어서 총제곱합을 회귀선에 의하여 설명되는 부분과 설명이 안되는 부분으로 나누어 고찰하는 것은 매우 의미 있는 일이다.

주어진 자료를 적합 시키는데 있어서 회귀선이 통계적으로 유의한 가를 알아보기 위하여 SSR 이 SSE 보다 어느 정도 큰 가를 다음과 같은 분산분석표(Analysis of Variance table)를 만들어 알아볼 수 있다. 이 표에 나타난 제곱평균(Mean Square)은 제곱합을 자유도로 나눈 값이다.

표-9 분산분석표 (ANOVA)

요 인	제곱합	자유도	제곱평균	F value
회 귀	SSR	1	$MSR = \frac{SSR}{1}$	$\frac{MSR}{MSE}$
잔 차	SSE	$n-2$	$MSE = \frac{SSE}{(n-2)}$	
전 체	TSS			

분산분석표의 오른쪽에 위치한 F value 는 회귀모형의 적합성을 검정하기 위한 검정통계량이다. 이것은 회귀직선이 데이터를 제대로 설명하는 가를 알아볼 때 사용한다.

추정된 회귀모형의 적합성에 대한 가설을 세우는 것은 매우 중요하다.

회귀모형의 적합성에 대한 가설검정

H_0 : 회귀모형은 부적합하다. (또는 $b_1 = 0$)

H_1 : 회귀모형은 적합하다. (또는 $b_1 \neq 0$)

귀무가설은 등호(=)로 나타내야 한다. 따라서 귀무가설을 "H_0 : $b_1 = 0$" 라고 세우는 것은 타당하다. 하지만 이것이 "회귀모형은 부적합하다."와 어떻게 동일한 것일까?

이를 설명하기 위해 광고비와 매출과의 관계가 다음과 같은 극단적인 경우를 생각해보자.

표-10 광고비와 총판매액

광고비	2	4	5	8	12	16	17	20	30
총판매액	7	7	7	7	7	7	7	7	7

이를 그래프로 나타내면 다음과 같으며, 광고비를 아무리 늘리더라도 총판매액은 변화가 없음을 알 수 있다.

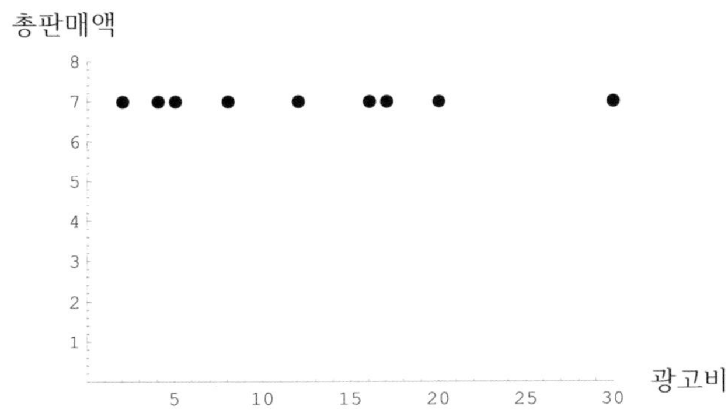

그림-7 극단적인 데이터의 산점도

이것은 광고비와 총판매액은 아무런 관련이 없음을 의미하며, 관계식을 만들면 기울기가 $b_1 = 0$ 된다. 따라서 추정된 "회귀모형은 부적합"하다고 결론지을 수 있다.

[예제-6] sashelp.class 의 데이터를 불러와서 키와 몸무게 간의 회귀분석을 하여라.
[해] class 데이터에 대한 키와 몸무게 사이의 산점도는 그림-1에서 다룬 바 있다. 키와 몸무게 간의 회귀분석을 하기 위해 <<프로그램 9-7>>을 실행시키면 다음과 같은 분산분석표를 얻을 수 있다.

표-11 분산분석표

Source	DF	Sum of Squares	Mean Square	F Value	Pr > F
Model	1	7193.24912	7193.24912	57.08	<.0001
Error	17	2142.48772	126.02869		
Corrected Total	18	9335.73684			

귀무가설(H_0: 회귀모형은 부적합하다)에 대한 유의확률은 0.0001 보다도 작은 값이므로 판정기준에 따라 귀무가설이 기각된다. 따라서 대립가설이 채택되므로 회귀모형은 적합하다

고 할 수 있다. 계속하여, 결정계수는 0.7705이므로 회귀선이 주어진 자료를 설명하는 비율은 77%임을 알 수 있다.

표-12 결정계수

Root MSE	11.22625	R-Square	0.7705
Dependent Mean	100.02632	Adj R-Sq	0.7570
Coeff Var	11.22330		

모형은 적합하므로 이제부터는 추정된 모수의 적합성을 살펴보아야 한다. 귀무가설과 대립가설은 각각

$$H_0:\ b_1 = 0 \quad vs \quad H_1:\ b_1 \neq 0$$

이며, 다음의 표-12를 보면 귀무가설 하에서의 검정통계량은 $t_0 = \dfrac{3.89903}{0.51609} = 7.55$이고 유의확률은 0.0001 보다 작음을 알 수 있다. 유의수준 0.05보다 유의확률이 작으므로 귀무가설은 기각된다.

표-13 모수추정치

Variable	DF	Parameter Estimate	Standard Error	t Value	Pr > |t|
Intercept	1	-143.02692	32.27459	-4.43	0.0004
height	1	3.89903	0.51609	7.55	<.0001

즉, 기울기는 영(zero)이 아니므로 키가 몸무게에 영향을 미친다고 볼 수 있으며, 키와 몸무게 사이의 회귀식은 다음과 같다.

몸무게 = -143.027 + 3.899 * 키

4. 잔차분석

두 변수 사이의 회귀모형을 도출한 것으로 회귀분석이 끝났다고 볼 수 없다. 회귀분석에서의 기본 가정은 오차항이 정규성, 등분산성, 독립성의 세 가지를 만족하는 것이다. 하지만 회귀분석을 실시하기 전에 오차항의 분석을 할 수는 없으므로 회귀분석이 끝난 뒤의 잔차(residual)분석을 통해 세 가지의 기본 가정을 검토해야 한다. 만일 세 가지 기본 가정이 만족되지 않으면 모형설정에 문제점은 없는지를 확인해야 한다.

1) 정규성

정규성은 잔차의 분포가 정규분포의 형태를 나타내는 가를 알아보는 것이다. 이것은 그림을 그려보면 알 수 있지만 자료의 개수가 적은 경우에는 정규성을 파악하기는 어렵다. SAS에서는 REG 프로시저를 수행한 후, 표준화된 잔차에 UNIVARIATE 프로시저를 실행시켜 정규성 검정을 하게 된다. [8)]

2) 독립성

독립성은 잔차가 상호간에 영향을 미치지 않음을 보여야 한다. 이를 판단하는 방법으로는 Durbin-Watson 통계량을 구하여 판단하면 된다. [9)] 더빈-왓슨 검정법은 다음과 같다.

(ⅰ) 가설은 $H_0:\ \rho = 0 \quad vs \quad H_1:\ \rho > 0$

(ⅱ) 검정통계량을 계산한다.

$$d = \frac{\sum_{i=1}^{n}(e_i - e_{i-1})^2}{\sum_{i=1}^{n} e_i^2}$$

(ⅲ) (1) $d < d_L$ 이면 H_1을 채택

(2) $d_L < d < d_U$ 이면 불확정적

(3) $d > d_U$ 이면 H_1을 기각

검정통계량 계산식을 보면 시계열 형태의 자료에 적용됨을 알 수 있다. SAS 프로그램에서 REG 프로시저를 수행하면 더빈-왓슨의 통계량이 출력되므로 이를 부록의 Durbin-Watson 표와 비교하여 독립성 여부를 판정하면 된다. [10)]

3) 등분산성

White(1980)는 오차항에 이분산성(Heteroskedasticity)이 존재하면 일치추정량이지만 유효통계량은 아니며, 따라서 일치추정량이 아닌 공분산행렬이 나타나므로 통계적 가설검정을 하면 그릇된 결과를 얻게 된다고 하였다. [11)]

SAS의 Reg 프로시저의 SPEC 옵션은 이분산성의 검정을 수행하는 기능을 한다. 이러한

8) 정규성검정에 있는 Shapiro-Wilk 통계량을 이용하여 정규성에 대한 검토를 할 수 있다.

9) SAS의 REG 프로시저에 DW 옵션을 사용하면 결과가 출력된다.

10) 독립변수가 1개이고 자유도가 10 이면 5% 유의수준에서 d_L=1.00 , d_U=1.32 가 된다.

11) A Heteroskedasticity-Consistent Covariance Matrix Esrimator and a Direct Test for Hetero- skedasticity", Econometrica, 48, 817-838.

방법과 더불어 사용되는 등분산성을 판단하는 일반적인 방법은 그림을 그려보는 것이다. 잔차의 산점도가 영(zero)을 기준으로 ±2 범위 내에 골고루 퍼져 있으면 등분산성을 만족한다고 판단하게 된다.

[예제-7] 앞의 K대 전자계산학과 학생들의 성적과 평점 자료에 대해 잔차분석을 수행하라.
[해] 전자계산학과 학생들의 회귀분석은 **[예제-1]**에서 다룬 바 있다. 잔차분석은 회귀분석 프로그램에 약간의 옵션을 부과하면 된다. <<프로그램 9-8>>에서는 옵션 dw 에 의해 더빈-왓슨 통계량이 얻어지고, output 명령에 의해 잔차는 jc 라는 이름으로 저장된다. 데이터세트의 이름은 반드시 jc 일 필요는 없고 사용자가 지정하는 것을 따르게 된다. 계산된 잔차는 res 라는 변수명으로 저장되는 데, 이를 단변량분석하면 된다.

(1) 잔차 res 에 대하여 UNIVARIATE 프로시저를 실행시켜 얻은 정규성 검정결과는 다음과 같다.

표-14 proc univariate에 의한 정규성 검정 결과

정규성 검정

검정	----통계량----		-------p-값-------	
Shapiro-Wilk	W	0.942275	Pr < W	0.2416
Kolmogorov-Smirnov	D	0.180402	Pr > D	0.0741
Cramer-von Mises	W-Sq	0.091242	Pr > W-Sq	0.1407
Anderson-Darling	A-Sq	0.524823	Pr > A-Sq	0.1662

정규성 검정에서의 귀무가설은

H_0: 정규성을 갖는다.

인데 Shapiro-Wilk 통계량의 유의확률은 0.2416 이므로 유의수준 0.05보다는 크다. 따라서 귀무가설을 채택하게 된다. 즉, 잔차는 정규성을 갖는다고 할 수 있다.

(2) 잔차의 독립성은 REG 프로시저에서 Durbin-Watson 통계량을 구하는 옵션을 주면 결과값이 출력된다. 출력 결과는 다음과 같다.

표-15 더빈-왓슨 통계량

Durbin-Watson D	0.895
Number of Observations	21
1st Order Autocorrelation	0.536

주어진 데이터는 독립변수가 1개이고 자유도가 20 이므로 5% 유의수준에서 $d_L=1.20$ 이다. 따라서 더빈-왓슨의 판정기준에 따라 대립가설이 채택된다. 즉, 자료의 독립성은 보장되지 않는다고 판단된다.

하지만 검정결과가 과연 타당하다고 할 수 있을까? 물론 아니다. 시계열 자료가 아닌 경우는 더빈-왓슨 검정은 문제가 발생할 소지가 있다. 동일한 자료를 데이터 입력 순서만 바꿔서 더빈-왓슨 검정을 해보자.

```
data db_score ;
input id grade units score time @@ ;
cards ;
  1  2.81  31 84 32     2  2.97  38 90 24     3  2.44  32 92 26
 13  4.25  45 99 28    14  2.94  48 85 32    15  3.50  46 86 33
 16  3.78  50 89 28    17  3.78  51 93 27    18  3.52  52 92 30
  4  1.26  31 80 31     5  2.81  30 90 29     6  1.57  36 89 32
  7  1.92  32 88 34     8  1.95  38 82 35     9  3.37  45 91 27
 10  3.36  49 88 30    11  2.75  46 95 26    12  3.31  46 94 25
 19  3.35  51 90 34    20  4.00  45 95 27    21  3.22  47 94 26
run ;
```

이 경우의 잔차의 독립성 검정결과는 다음과 같다.

표-16 자료의 순서를 바꾸었을 때의 더빈-왓슨 통계량

Durbin-Watson D	1.168
Number of Observations	21
1st Order Autocorrelation	0.399

결과를 살펴보면 자료의 입력 순서만 바꾸었을 뿐인데 더빈-왓슨 통계량의 값이 변한 것을 알 수 있다. 앞서 언급한 것처럼 시계열 자료가 아닌 경우는 더빈-왓슨 방법으로 독립성 검정을 하는 것은 아무런 의미가 없다고 볼 수 있다.

(3) 등분산성을 갖는 가를 검정하는 절차를 알아보자. 제일 먼저 고려할 점은 산점도를 그리는 것이다. 그림을 보고 직관적인 판단을 하는 것 외에도, SPEC 옵션을 사용하여 가설검정을 할 수도 있다. 다음은 옵션 spec 을 사용하여 작성한 프로그램이다.

```
proc reg data = db_score ;
   model grade = score / spec ;
run ;
```

이 때의 귀무가설은

H_0 : 잔차는 등분산이다.

SPEC 옵션을 사용하여 분석한 결과값은 다음과 같다.

표-16 등분산검정

DF	Chi-Square	Pr > ChiSq
2	2.19	0.3351

Test of First and Second Moment Specification

유의확률(0.3351)이 유의수준(0.05)보다 크므로 가설을 채택하게 된다. 즉, 등분산성을 갖는다고 할 수 있다.

[예제-7]에서 단변량분석의 결과를 jc 라는 dataset에 이미 저장하였다. <<프로그램 9-9>>를 실행시켜 성적과 잔차의 산점도를 그려보면 ±2 내에 골고루 퍼져 있으므로 등분산성을 만족한다고 볼 수 있다.

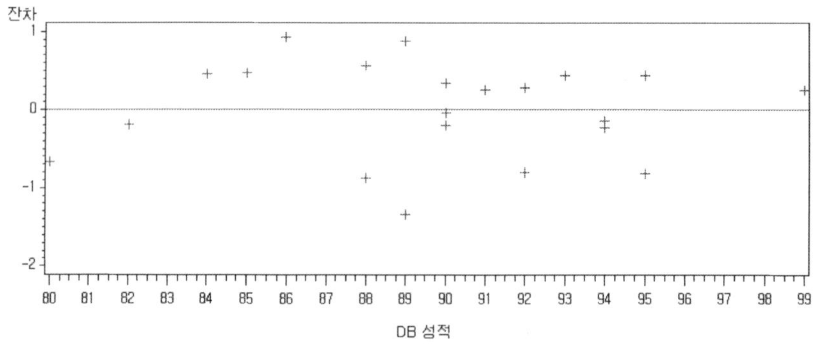

그림-8 성적과 잔차와의 산점도

오차에 관한 3가지 기본가정 중에서 독립성에 관한 검정은 유보되며, 나머지 2개는 기본가정을 만족하므로 회귀분석은 신뢰할 수 있다고 판단된다.

5. SAS 프로그램

<<프로그램 9-1>> class 자료의 산점도

```
data ht_wt ;
  set sashelp.class ;
run ;
proc gplot ;
  plot weight * height ;
run ;
```

<<프로그램 9-2>> DB 성적처리

```
data db_score ;
  input id grade units score time @@ ;
cards ;
 1  2.81  31 84 32    2  2.97  38 90 24    3  2.44  32 92 26
 4  1.26  31 80 31    5  2.81  30 90 29    6  1.57  36 89 32
 7  1.92  32 88 34    8  1.95  38 82 35    9  3.37  45 91 27
10  3.36  49 88 30   11  2.75  46 95 26   12  3.31  46 94 25
13  4.25  45 99 28   14  2.94  48 85 32   15  3.50  46 86 33
16  3.78  50 89 28   17  3.78  51 93 27   18  3.52  52 92 30
19  3.35  51 90 34   20  4.00  45 95 27   21  3.22  47 94 26
run ;

proc gplot ;
  plot grade * score ;
run ;

proc reg ;
  model grade = score ;
run ;
```

<<프로그램 9-3>> 광고비와 총판매액

```
data ad_sale ;
  input ad money @@ ;
  label ad = '광고비'  money = '총판매액' ;
cards ;
```

```
 4   9    8  20    9  22    8  15    8  17
12  30    6  18   10  25    6  10    9  20
run ;

proc gplot ;
  plot money * ad ;
run ;
```

<<프로그램 9-4>> 산점도에 회귀선 동시에 출력하기

```
data ad_sale ;
  input ad money @@ ;
  label ad = '광고비'  money = '총판매액' ;
cards ;
 4   9    8  20    9  22    8  15    8  17
12  30    6  18   10  25    6  10    9  20
run ;

proc reg ;
  model money = ad ;
  plot money * ad ;
run ;
```

<<프로그램 9-5>> 데이터세트 만들기

```
data htwt;
   input sex $ age :3.1 height weight @@;
   datalines;
f 143 56.3  85.0 f 155 62.3 105.0 f 153 63.3 108.0 f 161 59.0  92.0
f 191 62.5 112.5 f 171 62.5 112.0 f 185 59.0 104.0 f 142 56.5  69.0
f 160 62.0  94.5 f 140 53.8  68.5 f 139 61.5 104.0 f 178 61.5 103.5
f 157 64.5 123.5 f 149 58.3  93.0 f 143 51.3  50.5 f 145 58.8  89.0
f 191 65.3 107.0 f 150 59.5  78.5 f 147 61.3 115.0 f 180 63.3 114.0
f 141 61.8  85.0 f 140 53.5  81.0 f 164 58.0  83.5 f 176 61.3 112.0
f 185 63.3 101.0 f 166 61.5 103.5 f 175 60.8  93.5 f 180 59.0 112.0
f 210 65.5 140.0 f 146 56.3  83.5 f 170 64.3  90.0 f 162 58.0  84.0
f 149 64.3 110.5 f 139 57.5  96.0 f 186 57.8  95.0 f 197 61.5 121.0
f 169 62.3  99.5 f 177 61.8 142.5 f 185 65.3 118.0 f 182 58.3 104.5
```

```
f 173 62.8 102.5 f 166 59.3  89.5 f 168 61.5  95.0 f 169 62.0  98.5
f 150 61.3  94.0 f 184 62.3 108.0 f 139 52.8  63.5 f 147 59.8  84.5
f 144 59.5  93.5 f 177 61.3 112.0 f 178 63.5 148.5 f 197 64.8 112.0
f 146 60.0 109.0 f 145 59.0  91.5 f 147 55.8  75.0 f 145 57.8  84.0
f 155 61.3 107.0 f 167 62.3  92.5 f 183 64.3 109.5 f 143 55.5  84.0
f 183 64.5 102.5 f 185 60.0 106.0 f 148 56.3  77.0 f 147 58.3 111.5
f 154 60.0 114.0 f 156 54.5  75.0 f 144 55.8  73.5 f 154 62.8  93.5
f 152 60.5 105.0 f 191 63.3 113.5 f 190 66.8 140.0 f 140 60.0  77.0
f 148 60.5  84.5 f 189 64.3 113.5 f 143 58.3  77.5 f 178 66.5 117.5
f 164 65.3  98.0 f 157 60.5 112.0 f 147 59.5 101.0 f 148 59.0  95.0
f 177 61.3  81.0 f 171 61.5  91.0 f 172 64.8 142.0 f 190 56.8  98.5
f 183 66.5 112.0 f 143 61.5 116.5 f 179 63.0  98.5 f 186 57.0  83.5
f 182 65.5 133.0 f 182 62.0  91.5 f 142 56.0  72.5 f 165 61.3 106.5
f 165 55.5  67.0 f 154 61.0 122.5 f 150 54.5  74.0 f 155 66.0 144.5
f 163 56.5  84.0 f 141 56.0  72.5 f 147 51.5  64.0 f 210 62.0 116.0
f 171 63.0  84.0 f 167 61.0  93.5 f 182 64.0 111.5 f 144 61.0  92.0
f 193 59.8 115.0 f 141 61.3  85.0 f 164 63.3 108.0 f 186 63.5 108.0
f 169 61.5  85.0 f 175 60.3  86.0 f 180 61.3 110.5 m 165 64.8  98.0
m 157 60.5 105.0 m 144 57.3  76.5 m 150 59.5  84.0 m 150 60.8 128.0
m 139 60.5  87.0 m 189 67.0 128.0 m 183 64.8 111.0 m 147 50.5  79.0
m 146 57.5  90.0 m 160 60.5  84.0 m 156 61.8 112.0 m 173 61.3  93.0
m 151 66.3 117.0 m 141 53.3  84.0 m 150 59.0  99.5 m 164 57.8  95.0
m 153 60.0  84.0 m 206 68.3 134.0 m 250 67.5 171.5 m 176 63.8  98.5
m 176 65.0 118.5 m 140 59.5  94.5 m 185 66.0 105.0 m 180 61.8 104.0
m 146 57.3  83.0 m 183 66.0 105.5 m 140 56.5  84.0 m 151 58.3  86.0
m 151 61.0  81.0 m 144 62.8  94.0 m 160 59.3  78.5 m 178 67.3 119.5
m 193 66.3 133.0 m 162 64.5 119.0 m 164 60.5  95.0 m 186 66.0 112.0
m 143 57.5  75.0 m 175 64.0  92.0 m 175 68.0 112.0 m 175 63.5  98.5
m 173 69.0 112.5 m 170 63.8 112.5 m 174 66.0 108.0 m 164 63.5 108.0
m 144 59.5  88.0 m 156 66.3 106.0 m 149 57.0  92.0 m 144 60.0 117.5
m 147 57.0  84.0 m 188 67.3 112.0 m 169 62.0 100.0 m 172 65.0 112.0
m 150 59.5  84.0 m 193 67.8 127.5 m 157 58.0  80.5 m 168 60.0  93.5
m 140 58.5  86.5 m 156 58.3  92.5 m 156 61.5 108.5 m 158 65.0 121.0
m 184 66.5 112.0 m 156 68.5 114.0 m 144 57.0  84.0 m 176 61.5  81.0
m 168 66.5 111.5 m 149 52.5  81.0 m 142 55.0  70.0 m 188 71.0 140.0
m 203 66.5 117.0 m 142 58.8  84.0 m 189 66.3 112.0 m 188 65.8 150.5
m 200 71.0 147.0 m 152 59.5 105.0 m 174 69.8 119.5 m 166 62.5  84.0
m 145 56.5  91.0 m 143 57.5 101.0 m 163 65.3 117.5 m 166 67.3 121.0
m 182 67.0 133.0 m 173 66.0 112.0 m 155 61.8  91.5 m 162 60.0 105.0
m 177 63.0 111.0 m 177 60.5 112.0 m 175 65.5 114.0 m 166 62.0  91.0
```

```
m 150 59.0  98.0 m 150 61.8 118.0 m 188 63.3 115.5 m 163 66.0 112.0
m 171 61.8 112.0 m 162 63.0  91.0 m 141 57.5  85.0 m 174 63.0 112.0
m 142 56.0  87.5 m 148 60.5 118.0 m 140 56.8  83.5 m 160 64.0 116.0
m 144 60.0  89.0 m 206 69.5 171.5 m 159 63.3 112.0 m 149 56.3  72.0
m 193 72.0 150.0 m 194 65.3 134.5 m 152 60.8  97.0 m 146 55.0  71.5
m 139 55.0  73.5 m 186 66.5 112.0 m 161 56.8  75.0 m 153 64.8 128.0
m 196 64.5  98.0 m 164 58.0  84.0 m 159 62.8  99.0 m 178 63.8 112.0
m 153 57.8  79.5 m 155 57.3  80.5 m 178 63.5 102.5 m 142 55.0  76.0
m 164 66.5 112.0 m 189 65.0 114.0 m 164 61.5 140.0 m 167 62.0 107.5
m 151 59.3  87.0
;
```

<<프로그램 9-6>>　여학생 자료에 대한 회귀분석

```
data male female ;
  set htwt ;
  ht = height * 2.54 ;
  wt = weight * 0.4536 ;
  if sex='m' then output male ;
  if sex='f' then output female ;
run ;

proc gplot data=female ;
plot wt * ht ;
run ;

proc reg data=female ;
model wt = ht ;
run ;
```

<<프로그램 9-7>>　class 회귀분석

```
data ht_wt ;
  set sashelp.class ;
run ;

proc reg ;
  model weight = height ;
run ;
```

<<프로그램 9-8>> <<프로그램 9-2>>에서 생성한 db_score 자료를 불러들여 잔차분석을 하는 SAS 프로그램

```
proc reg data = db_score ;
   model grade = score / dw ;
   output out = jc  residual = res ;
run ;
```

<<프로그램 9-9>> jc의 그래프 출력하기

```
proc gplot data=jc ;
label res='잔차' score='DB 성적';
plot res * score / vref = 0 ;
run ;
```

<<실습 프로그램>> sashelp에 저장되어 있는 stocks 데이터세트를 분석하라. stocks에는 IBM, Intel, Microsoft 의 주식가격이 들어있는데 이 중에서 IBM 데이터세트의 그래프 출력하기

```
data ibm intel microsoft ;
  set sashelp.stocks ;
  quarter = qtr(date) ;
  if stock='IBM' then output ibm ;
  if stock='Intel' then output intel ;
  if stock='Microsoft' then output microsoft ;
run ;

proc gplot data=ibm ;
  plot close*date ;
run ;
```

▸ ▸ ▶ 연습문제 ◀ ◂ ◂

1. 자동차의 속도와 거리에 따른 자료가 다음과 같다. (출처 : R의 cars 데이터세트)

speed	dist	speed	dist	speed	dist	speed	dist	speed	dist
4	2	11	28	14	36	17	50	20	52
4	10	12	14	14	60	18	42	20	56
7	4	12	20	14	80	18	56	20	64
7	22	12	24	15	20	18	76	22	66
8	16	12	28	15	26	18	84	23	54
9	10	13	26	15	54	19	36	24	70
10	18	13	34	16	32	19	46	24	92
10	26	13	34	16	40	19	68	24	93
10	34	13	46	17	32	20	32	24	120
11	17	14	26	17	40	20	48	25	85

1) 회귀모형에 대한 귀무가설과 대립가설을 세워라.
2) 두 변수에 대한 산점도를 그리는 프로그램을 작성하라.
3) 회귀모형을 추정하는 SAS 프로그램을 작성하라.
4) 프로그램의 실행결과를 보고, 5% 유의수준으로 회귀모형의 적합성에 대한 판단을 하여라.
5) 추정된 회귀모형을 써라.
6) 속도가 17일 때의 주행거리를 예측하여라.

2. 다음의 자료는 2000년 6월 1일부터 2000년 6월 29일 까지의 코스닥시장의 거래량, 거래대금에 관한 자료이다. 거래량(단위:만주)과 거래대금(단위:억원)에 대한 회귀분석을 하려고 한다. 여기서 거래량을 독립변수로 하라.

날짜	지수	거래량	날짜	지수	거래량
0601	146.84	28702	0602	148.99	31480
0605	158.59	27466	0607	166.85	33014
0608	169.87	31815	0609	166.18	23462
0612	166.61	22929	0613	156.01	24968
0614	154.76	21072	0615	143.42	19419
0616	146.87	22756	0619	142.38	22314
0620	146.12	22457	0621	152.01	26116
0622	150.69	24394	0623	149.20	19742
0626	155.70	22301	0627	155.78	24346
0628	155.99	23445	0629	153.57	20064

(1) 회귀모형에 대한 가설을 세우고 모형의 적합성을 유의수준 5%로 가설검정하라.
(2) 추정된 회귀직선의 식을 구하여라.
(3) 분산분석표를 작성하여라
(4) 결정계수를 구하여라.

3. 다음 표는 1959~1964년까지의 미국 9개 주에서의 방사능 폐기물에 의한 암사망자수이다. 여기서 방사능 노출량은 X, 암 사망자수는 Y로 한다.

주	방사능 노출량	암 사망자수(10만명 당)
A	8.3	210
B	6.4	180
C	3.4	130
D	3.8	170
E	2.6	130
F	11.6	210
G	1.2	120
H	2.5	150
I	1.6	140

(1) X와 Y의 산점도를 그려라.
(2) 회귀모형에 대한 가설을 세우고 모형의 적합성을 유의수준 5%로 가설검정하라.
(3) 회귀직선의 식을 구하여라.
(4) $x=5$일 때의 암사망자수를 구하여라.

제10장 중회귀분석

1. 행렬과 벡터

수, 문자, 함수 등을 직사각형 모양으로 배열하고 괄호로 묶은 것을 행렬이라 한다. 예를 들면

$$(a)\begin{bmatrix}3 & -2 & 0\\ 7 & 5 & 1\end{bmatrix}\qquad (b)\begin{bmatrix}\sin(x) & \cos(x)\\ -\cos(x) & \sin(x)\end{bmatrix}\qquad (c)\begin{bmatrix}a\\ b\\ c\end{bmatrix}$$

등은 행렬이며, 수평인 배열을 행(row), 수직인 배열을 열(column)이라 한다. 행렬의 행으로 만들어지는 성분을 행벡터(row vectors), 열로 만들어지는 성분을 열벡터(column vectors)라고 부르며, 벡터 x 는 $\vec{x}$ 로 표시한다.

행렬은 알파벳의 대문자로 표시하고 행렬의 원소는 소문자를 사용하며 행렬 A의 제 i 행, 제 j 열의 원소를 a_{ij} 로 나타낸다. 다음 행렬은 $(m\times n)$ 행렬이라 한다.

$$A=\begin{bmatrix}a_{11} & a_{12} & \cdots & a_{1n}\\ a_{21} & a_{22} & \cdots & a_{2n}\\ \cdots & \cdots & \cdots & \\ a_{m1} & a_{m2} & \cdots & a_{mn}\end{bmatrix}$$

행렬 A의 원소 $a_{ii}\,(i=1,2,\ldots)$ 를 주대각성분(diagonal element)이라고 한다. 행과 열의 크기가 같은 행렬을 정방행렬(square matrix)이라 한다. 또한 주대각원소를 제외한 나머지 모든 원소가 0 인 정방행렬을 대각행렬(diagonal matrix)이라 한다. 주대각선(principal diagonal)의 원소는 1이고, 다른 원소가 모두 영(零)인 행렬을 단위행렬(unit matrix 또는 identity matrix)이라 하고 표기는 I로 한다.

행렬 A의 i 행을 i 열로 바꾸어 놓은 행렬을 전치행렬(transpose matrix)이라 하며, 행렬 A의 전치행렬은 A^T 또는 A' 로 표기한다.

크기가 같은 행렬 $A=(a_{ij}), B=(b_{ij}), C=(c_{ij})$ 에 대하여 행렬 A 와 행렬 B 의 합 C 는 $A+B=C$ 로 쓰고, 행렬의 원소 사이에는 $a_{ij}+b_{ij}=c_{ij}$ 의 관계가 있다.

[정리-1] 같은 크기의 행렬 A, B, C와 임의의 실수 α, β 에 대하여 다음이 성립한다.
1) $A+B=B+A$
2) $(A+B)+C=A+(B+C)$
3) $\alpha(A+B)=\alpha A+\alpha B$
4) $(\alpha+\beta)A=\alpha A+\beta A$

행렬 A에 대하여 $A+A=(a_{ij}+a_{ij})=2(a_{ij})=2A$ 이므로 다음과 같은 스칼라곱에 대한 정의가 가능하다.

[정의-1] 행렬 A 와 어떤수 r 에 대해 스칼라곱(scalar product) rA 는 행렬의 각 원소에 r 을 곱하여 얻는다.

A 는 $(m\times r)$ 행렬이고 B 는 $(r\times n)$ 행렬이라고 할 때, 두 행렬의 곱은 $C=AB$ 로 표시하고 행렬 C 의 (i,j) 원소 c_{ij} 는 다음과 같이 정의한다.

$$C_{ij}=\sum_{k=1}^{r}(a_{ik}\times b_{kj})$$

[예제-1] 두 행렬의 곱을 구하여라.

$$A=\begin{bmatrix}1 & 2 & 4\\ 2 & 6 & 0\end{bmatrix} \qquad B=\begin{bmatrix}4 & 1 & 4 & 3\\ 0 & -1 & 3 & 1\\ 2 & 7 & 5 & 2\end{bmatrix}$$

[解] SAS IML을 사용하여 두 행렬의 곱을 계산하는 프로그램과 실행결과는 다음과 같다.

```
proc iml ;
   a = { 1 2 4 , 2 6 0 } ;
   b = {4 1 4 3 , 0 -1 3 1 , 2 7 5 2} ;
   c = a*b ;
print c ;
```

$$AB=\begin{bmatrix}12 & 27 & 30 & 13\\ 8 & -4 & 26 & 12\end{bmatrix}$$

[정의-2] 정방행렬 A에 대하여 $AB=BA=I$ 를 만족시키는 정방행렬 B가 존재하면, 이러한 B를 행렬 A의 역행렬 (inverse matrix)이라 하고 A^{-1}로 표기한다.

역행렬을 계산하는 방법은 여러 가지가 있으나 여기서는 언급하지 않는다. 역행렬 연산에 대해 자세히 알고 싶으면 수치해석학 또는 선형대수학 책을 참조하기 바란다.

[예제-2] 다음 행렬의 역행렬을 구하여라.

$$A=\begin{bmatrix}1 & 2\\ 2 & 3\end{bmatrix}$$

[해] SAS IML을 사용하여 역행렬을 계산하는 프로그램과 실행결과는 다음과 같다.

```
proc iml ;
   a = {1 2 , 2 3} ;
   inv_a = inv(a) ;
print inv_a ;
```

$$A^{-1}=\begin{bmatrix}-3 & 2\\ 2 & -1\end{bmatrix}$$

[정의-2] 두 개의 벡터 $\vec{x}$, $\vec{y}$ 의 내적(inner product) $\vec{x}\cdot\vec{y}$ 는

$$\vec{x}\circ\vec{y} = \|x\|\ \|y\|\cos\theta$$

이다. 여기서 $\|\ \|$ 은 벡터의 길이이고, θ 는 두 벡터의 사잇각이다.

[정리-2] 두 벡터 $\vec{x}=(x_1,x_2,\ldots,x_n)$, $\vec{y}=(y_1,y_2,\ldots,y_n)$ 의 내적은 다음과 같다.

$$\vec{x}\circ\vec{y} = x_1y_1+x_2y_2+x_3y_3+\cdots+x_ny_n$$

[예제-3] 두 개의 벡터가 $\vec{x}=(1,-2,3)$, $\vec{y}=(3,6,3)$ 일 때 내적을 구하여라.
[해] 벡터 $\vec{x}=(1,-2,3)$ 의 길이는 $\|x\|=\sqrt{(1+4+9}=\sqrt{14}$ 이고, 벡터 $\vec{y}=(3,6,3)$ 의 길이는 $\|y\|=\sqrt{54}$ 이다.

두 벡터의 사잇각을 θ 라고 하면 $\vec{x} \circ \vec{y} = \sqrt{14} \times \sqrt{54} cos\theta$ 가 된다. 그런데 [정리-2]에 따라 내적을 구해보면 $\vec{x} \circ \vec{y} = (1\times3)+((-2)\times6)+(3\times3)=0$ 이므로 $\cos\theta=0$이 된다. 따라서 두 벡터는 수직이다.

2. 중회귀모형

회귀모형에 영향을 미칠 수 있는 설명변수가 $X_1, X_2, X_3, ..., X_k$ 라고 하면 n 개의 관찰치에 대한 중회귀모형은

$$Y_j = \beta_0 + \beta_1 X_{1j} + \beta_2 X_{2j} + \cdots + \beta_k X_{kj} + \epsilon_j \ , \ j = 1,2,...,n$$

이다. 이 모형을 행렬의 곱으로 표시하면

$$Y_j = [1, X_1, X_2, ..., X_k] \begin{bmatrix} \beta_0 \\ \beta_1 \\ \beta_2 \\ \cdot \\ \cdot \\ \beta_k \end{bmatrix} + \epsilon_j \quad ^{1)}$$

와 같은 벡터로 표현되며, n 개의 관찰점에 대해 행렬을 사용하여 표현하면 다음과 같다.

$$\vec{Y} = \overrightarrow{X\beta} + \vec{\epsilon} \quad \text{또는} \quad \vec{\epsilon} = \vec{Y} - \overrightarrow{X\beta} \ , \quad \epsilon \sim N(\vec{0}, I\sigma^2)$$

이다. 최소자승법의 원리에 따라 오차를 최소화하기 위해서는 오차 $(\vec{Y} - \overrightarrow{X\beta})$ 와 회귀선 $\overrightarrow{X\beta}$ 는 수직관계에 있어야 하며, 그러한 경우에 $(\vec{Y} - \overrightarrow{X\beta})$ 와 $\overrightarrow{X\beta}$ 사이의 거리가 최소가 될 것이다. 두 벡터는 수직의 관계를 갖으므로 내적(Inner Product)은 영이 된다. 즉

$$(\vec{Y} - \overrightarrow{X\beta}) \circ \overrightarrow{X\beta} = 0$$

그런데 $(\vec{Y} - \overrightarrow{X\beta})$ 와 $\overrightarrow{X\beta}$ 의 차원(dimension)은 $n \times 1$ 로 동일하므로 직접 행렬의 곱으로 표시할 수는 없다. 따라서 하나의 행렬을 전치행렬로 만들어야만 행렬의 곱으로 나타낼 수 있으므로 다음 관계식이 성립한다.

$$\overrightarrow{X\beta}'(\vec{Y} - \overrightarrow{X\beta}) = 0$$

이 식을 정리하면 다음과 같이 회귀계수를 추정하는 식을 얻게 된다. 여기서, 계산된 $\vec{\beta}$는 추

1) 벡터 $\vec{X}$ 를 행렬로 나타낼 때, 행렬의 첫째 성분에는 1 이 표시됨에 주의하라.

정량이므로 $\hat{b}$로 표시할 수 있다. 즉,

$$\vec{b} = (X'X)^{-1}X'Y = \hat{b}$$

이제부터는 행렬의 연산을 통한 회귀계수 추정방법에 대한 예를 들어보기로 한다.

[예제-4] 다음 데이터로부터 회귀계수 추정치를 구하여라.

표-1

x	1	2	3	5
y	1	4	5	6

[解] 주어진 자료를 행렬로 나타내면

$$X = \begin{bmatrix} 1 & 1 \\ 1 & 2 \\ 1 & 3 \\ 1 & 5 \end{bmatrix} \qquad Y = \begin{bmatrix} 1 \\ 4 \\ 5 \\ 6 \end{bmatrix}$$

이다. 여기서 $X'X$, $(X'X)^{-1}$를 계산하여보자.

$$X'X = \begin{bmatrix} 1 & 1 & 1 & 1 \\ 1 & 2 & 3 & 5 \end{bmatrix} \begin{bmatrix} 1 & 1 \\ 1 & 2 \\ 1 & 3 \\ 1 & 5 \end{bmatrix} = \begin{bmatrix} 4 & 11 \\ 11 & 39 \end{bmatrix}$$

이므로 역행렬은 $(X'X)^{-1} = \begin{bmatrix} 1.1143 & -0.3143 \\ -0.3143 & 0.1143 \end{bmatrix}$ 가 된다. 계속하여 $X'Y$를 계산하면

$$X'Y = \begin{bmatrix} 16 \\ 54 \end{bmatrix}$$

이다. 따라서 $\hat{b}$ 은 다음과 같다.

$$\hat{b} = (X'X)^{-1}X'Y = \begin{bmatrix} 1.1143 & -0.3143 \\ -0.3143 & 0.1143 \end{bmatrix} \begin{bmatrix} 16 \\ 54 \end{bmatrix} = \begin{bmatrix} 0.8571 \\ 1.1429 \end{bmatrix}$$

앞의 **[예제-4]**를 SAS IML을 사용하여 계산하는 프로그램은 다음과 같다.

```
proc iml ;
  x = { 1 1, 1 2, 1 3, 1 5 } ;
  y = { 1, 4, 5, 6 } ;
  beta = inv(x`*x)*x`*y ;
print beta ;
```

이제 $\vec{\beta}$ 의 추정량 $\hat{b}$ 에 대하여 알아보자. 기대값과 분산은

$$E(\hat{b}) = E[(X'X)^{-1}X'Y] = (X'X)^{-1}X'E(Y)$$
$$= (X'X)^{-1}X'X\vec{\beta} = \vec{\beta}$$

$$V(\hat{b}) = V[(X'X)^{-1}X'Y] = (X'X)^{-1}X'V(Y)\{(X'X)^{-1}X'\}'$$
$$= (X'X)^{-1}X'I\sigma^2X(X'X)^{-1} = (X'X)^{-1}\sigma^2$$

그런데

$$V(\hat{b}) = V\begin{bmatrix} b_0 \\ b_1 \\ b_2 \\ \cdot \\ \cdot \\ b_k \end{bmatrix} = \begin{bmatrix} cov(b_0,b_0) & cov(b_0,b_1) & \cdots\cdots & cov(b_0,b_k) \\ cov(b_1,b_0) & cov(b_1,b_1) & \cdots\cdots & cov(b_1,b_k) \\ cov(b_2,b_0) & cov(b_2,b_1) & \cdots\cdots & cov(b_2,b_k) \\ \cdots & \cdots & \cdots & \cdots \\ cov(b_k,b_0) & cov(b_k,b_1) & \cdots\cdots & cov(b_k,b_k) \end{bmatrix} = (X'X)^{-1}\sigma^2$$

이므로, 만일 $(X'X)^{-1}$ 의 요소를 C_{ij} $(i,j = 0,1,...,k)$ 라고 하면 $cov(b_i\,,\,b_j) = C_{ij}\,\sigma^2$ 인 관계식을 얻을 수 있다.

앞 장에서 단순회귀모형의 적합성을 알아본 것처럼, 중회귀모형에서도 추정된 회귀선이 적합한 가를 검토하여야 한다.

중회귀모형의 적합성에 대한 가설검정

H_0: 회귀모형은 부적합하다. (β_i 는 모두 영이다.)

H_1: 회귀모형은 적합하다. (β_i 중 적어도 하나는 영이 아니다.)

$E(b_i) = \beta_i$, $V(b_i) = C_{ii}\sigma^2$ 이므로 귀무가설 하에서의 검정통계량은 다음과 같다. 2)

$$t = \frac{b_i - E(b_i)}{\sqrt{V(b_i)}} = \frac{b_i}{\sigma\sqrt{C_{ii}}}$$

[예제-5] 광고비, 총판매액 그리고 상점의 크기에 대한 자료가 다음과 같이 주어져 있다. 자료를 회귀분석하라.

표-2 상점의 크기가 포함된 자료

광고비	상점의 크기	총판매액
4	4	9
8	10	20
9	8	22
8	5	15
8	10	17
12	15	30
6	8	18
10	13	25
6	5	10
9	12	20

[해] <<프로그램 10-1>>의 실행결과를 요약하면 다음과 같다. 먼저 분산분석표로부터 '모형이 부적합하다'라는 귀무가설 하에서의 검정통계량은 32.0 이고 유의확률은 0.0003 이므로 귀무가설은 기각된다. 따라서 모형은 적합하다고 할 수 있다.

표-3 분산분석표

Analysis of Variance

Source	DF	Sum of Squares	Mean Square	F Value	Pr > F
Model	2	332.07388	166.03694	32.00	0.0003
Error	7	36.32612	5.18945		
Corrected Total	9	368.40000			

다음 표-4의 모수추정치로부터 적합시킨 회귀모형의 관계식이 얻어진다.

2) $V(b_i) = cov(b_i, b_i) = c_{ii}\sigma^2$

표-4 모수추정치

Parameter Estimates					
Variable	DF	Parameter Estimate	Standard Error	t Value	Pr > |t|
Intercept	1	-0.65066	2.90753	-0.22	0.8293
ad	1	1.55145	0.64624	2.40	0.0474
size	1	0.75989	0.39682	1.91	0.0970

총판매액 = -0.6507 + 1.5515*광고비 + 0.7599*상점의 크기

표-4에서 상점의 크기(size)에 대한 유의확률이 0.05보다 크므로, 회귀식에 포함되는 가의 여부는 변수선택에서 다루도록 한다.

[예제-6] 다음의 자료는 온도와 일조량에 따른 박하나무의 성장속도 데이터이다. 중회귀분석 모형을 구하고 잔차분석을 하라.

표-5 박하나무 성장 데이터

온도	일조량	성장속도	온도	일조량	성장속도
3.5	5.0	5.0	4.0	5.5	4.5
3.0	4.0	5.0	4.5	3.5	4.6
2.5	3.5	5.5	4.5	3.5	6.0
5.5	3.0	5.0	5.0	4.0	5.0
3.0	4.5	5.5	3.0	4.0	4.5
2.5	4.0	6.5	3.0	5.0	5.5
8.5	6.0	7.0	6.0	5.5	9.0
8.5	7.0	8.5	6.5	6.0	8.5
7.0	8.5	6.0	8.0	4.5	7.0
6.5	7.5	7.0	9.0	3.5	7.0
7.0	6.5	7.0	7.0	6.5	7.0
7.0	7.5	9.0	7.0	8.5	8.0

[해] <<프로그램 10-2>>의 실행결과를 하나씩 살펴보자. 회귀모형의 적합성에 대한 귀무가설은 'H_0 : 모형은 부적합하다.' 이다. 표-6의 분산분석 결과를 살펴보면 검정통계량은 11.86이고, 이에 따른 유의확률은 0.0004 [3] 이므로 귀무가설은 기각된다. 따라서 모형은 적합하다고 볼 수 있다.

3) $\int_{11.855}^{\infty} F(2,21)\, dx = 0.000358$

표-6 분산분석표

Analysis of Variance

Source	DF	Sum of Squares	Mean Square	F Value	Pr > F
Model	2	25.51845	12.75922	11.86	0.0004
Error	21	22.60155	1.07626		
Corrected Total	23	48.12000			

다음의 표-7을 보면 결정계수 R^2 의 값은 작기 때문에 회귀선으로 총변동을 설명하는 비율이 낮음을 알 수 있다. 따라서 중회귀분석이 타당한 지는 좀 더 검토해야 할 필요가 있다.

표-7 결정계수

Root MSE	1.03743	R-Square	0.5303
Dependent Mean	6.40000	Adj R-Sq	0.4856
Coeff Var	16.20987		

표-8에는 회귀계수 추정치가 나타나 있다. 추정된 회귀계수는 온도가 0.34445 , 일조량이 0.28768 이므로 회귀모형은

표-8 회귀계수 추정치

Parameter Estimates

Variable	DF	Parameter Estimate	Standard Error	t Value	Pr > |t|
Intercept	1	2.98325	0.76155	3.92	0.0008
deg	1	0.34445	0.12031	2.86	0.0093
sun	1	0.28768	0.15215	1.89	0.0725

따라서 박하나무의 성장속도 모형은

성장속도 = 2.983 + 0.34445*온도 + 0.28768*일조량

이 된다. 이 식을 사용하면 독립변수 구간속의 값을 입력하여 성장속도를 예측할 수 있다.

두 개의 독립변수인 온도(deg)와 일조량(sun)은 신뢰할 수 있는가를 확인하기 위하여, 온도와 일조량에 대한 가설검정을 하여보자. 귀무가설과 대립가설은

H_0 : 모수 = 0 vs H_1 : 모수 $\neq$ 0

인 양측검정이다. 자료의 개수가 24개 이므로 자유도 23인 t 분포를 따른다. 그림-1 은 95% 신뢰구간을 표시한 것이며 임계값은 ± 2.086 이다. 4)

온도는 검정통계량이 2.86이므로 기각역에 속한다. 따라서 회귀계수가 영은 아님을 알 수 있다. 하지만 일조량에 대한 검정통계량 1.89는 채택역에 속하므로 "회귀계수가 0"이라는 가설이 채택된다. 따라서 박하나무 성장속도의 회귀모형에서는 일조량이 역할을 제대로 한다고는 볼 수 없다.

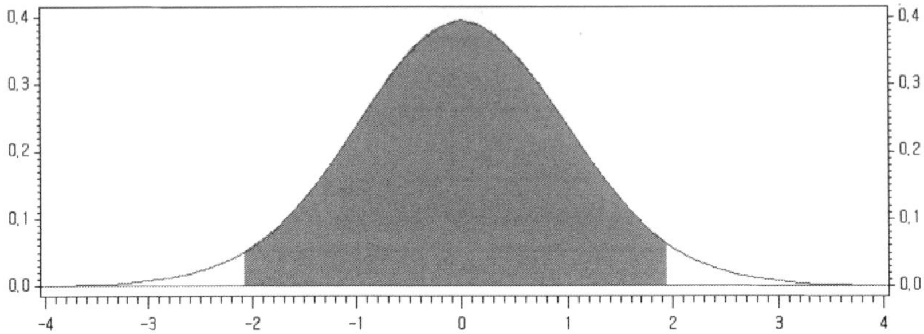

그림-1 $t(23)$ 분포의 95% 신뢰구간

이제부터 잔차분석을 실시하여 보기로 한다. 박하나무 성장에 영향을 주는 데이터 분석에서 잔차분석을 위한 SAS 프로그램은 다음과 같다.

```
proc reg data = mint ;
  model gr = deg sun / dw spec ;
run ;
```

(i) 정규성 검정의 귀무가설은 'H_0: 정규성을 갖는다.' 이다. 샤피로-윌크의 검정통계량에 대한 유의확률은 0.4600 이므로 귀무가설이 채택되어 잔차는 정규성을 갖는다고 볼 수 있다.

표-9 정규성검정

검정	----통계량----		-------p값--------	
Shapiro-Wilk	W	0.961055	Pr < W	0.4600
Kolmogorov-Smirnov	D	0.132784	Pr > D	>0.1500
Cramer-von Mises	W-Sq	0.071834	Pr > W-Sq	>0.2500
Anderson-Darling	A-Sq	0.435408	Pr > A-Sq	>0.2500

4)
```
data a ;
  p = tinv(0.975, 23) ;
run ;
```

(ⅱ) 독립성 검정 결과는 다음과 같다. 더빈-왓슨 통계량이 2.161 이고 부록의 표에서 $d_U = 1.55$ 이므로 독립성을 갖는다고 볼 수 있다.

표-10 독립성검정

Durbin-Watson D	2.161
Number of Observations	24
1st Order Autocorrelation	-0.090

(ⅲ) 등분산성의 검정을 위해 SPEC 옵션을 사용하였으며, 유의확률이 0.6184 이므로 귀무가설이 채택된다. 즉, 회귀모형은 등분산성을 갖는다고 볼 수 있다.

표-11 등분산성 검정

Test of First and Second
Moment Specification

DF	Chi-Square	Pr > ChiSq
5	3.53	0.6184

이상의 분석 결과, 회귀계수의 신뢰도에는 약간의 문제점이 발생하였지만 오차에 대한 세 가지의 기본가정은 모두 만족하고 있음을 알 수 있다.

3. 변수선택의 배경

여러 개의 설명변수로 모형을 예측한다면 많은 계산을 해야 하며 자료관리 측면에서도 바람직하지 못하다. 또한 다공선성(또는 다중공선성 : multicolinearity)의 문제가 발생할 가능성도 있으므로 여러 변수 중에서 모형에 영향을 준다고 여겨지는 변수를 선택하여 회귀분석을 행하면 이러한 문제점을 해소시킬 수 있다. 다공선성은 변수끼리 상관계수를 구하였을 때, ±1 근처의 값을 가지면 다공선성이 발생한다.

직장인들의 혈압, 나이, 급여를 조사하였더니 혈압이 높을수록 급여가 높고 나이가 많을수록 급여가 많은 것으로 보고되었다고 한다. 급여를 종속변수로 하고 혈압과 나이를 독립변수로 하여 회귀분석을 실시한다고 하면 심각한 문제가 발생할 수 있다. 왜냐하면 혈압과 나이는 밀접한 관련이 있어 상관계수가 높기 때문이다.

[예제-7] 다음은 겨울방학 중에 해외여행을 한 학생들의 1일 평균 여행경비를 조사한 표이다. 여행경비는 달러로 작성하였으며, 환전 당일의 환율을 고려하여 원화로 환산한 값도 함께 넣었다. 총 여행경비를 종속변수로 설정하여 이들 자료에 대한 회귀분석을 하여라.

표-12 방학 중의 해외여행 정보

학생	1일 여행경비		여행기간	방문국가수
	달러	원화		
A	47	56588	15	6
B	65	76245	7	3
C	80	94320	5	1
D	72	86040	12	4
E	58	69368	20	8
F	75	90675	4	2

[해] 여행경비는 두 개의 변수(달러, 원화)로 표시되어 있지만 실제로는 거의 유사한 자료이다. 환율은 매일 변경되고 있지만 값의 변화가 크지 않기 때문이다. <<프로그램 10-3>>은 달러와 원화에 대한 상관계수와 회귀분석을 하는 프로그램이며 결과는 다음과 같다.

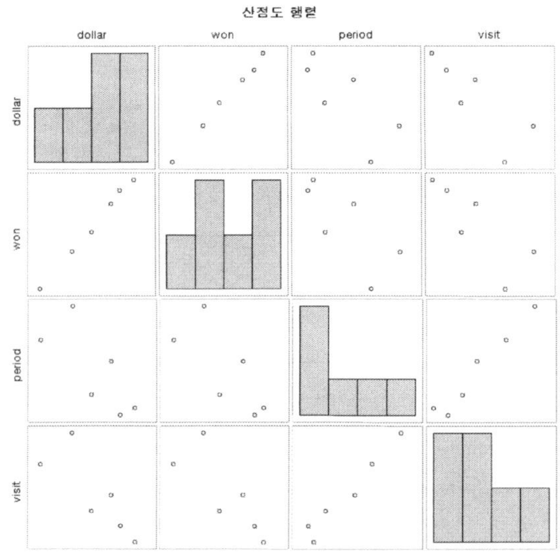

그림-2 산점도 행렬

표-13 요약된 상관계수표

	dollar	won	period	visit
dollar	1.00000	0.99784	-0.74478	-0.81391
won	0.99784	1.00000	-0.73924	-0.80374
period	-0.74478	-0.73924	1.00000	0.97626
visit	-0.81391	-0.80374	0.97626	1.00000

달러와 원화 간의 상관계수는 0.99784, 여행기간과 방문국가수 간의 상관계수는 0.97626이므로 다공선성의 문제가 발생한다. 따라서 회귀분석을 실시한다고 하더라도 신뢰할 수는 없다. 실제로 모수추정치를 보면 모든 독립변수가 유의확률이 0.05보다 크므로 회귀계수를 신뢰할 수 없다.

표-14 모수 추정치

Variable	DF	Parameter Estimate	Standard Error	t Value	Pr > |t|
Intercept	1	-995252	579794	-1.72	0.3358
dollar	1	27887	67145	0.42	0.7494
won	1	-11.58064	54.67449	-0.21	0.8671
period	1	72790	40103	1.82	0.3206
visit	1	17981	113355	0.16	0.8998

상관계수의 값으로 다중공선성을 진단하는 것에는 약간의 부담이 존재한다. 상관계수의 값이 얼마가 되어야만 다중공선성을 갖는다고 얘기할 수 있을까?

SAS에서는 분산팽창계수(Variance Inflation Factor : VIF)를 측정하여 값이 10을 초과하는 경우에 다중공선성이 존재한다고 판단하며 $VIF = 1/(1-R^2)$ 로 측정한다.

독립변수가 X_1, X_2, X_3, X_4 라고 할 때 X_3에 대한 R^2를 계산하려면 회귀모형의 종속변수를 X_3으로 놓고 독립변수를 X_1, X_2, X_4 로 적합시켜 회귀분석을 한다. 이 때의 VIF는 $VIF_3 = 1/(1-R_3^2)$으로 계산한다.

[예제-8] 여행경비 데이터에서 다중공선성이 존재하는 가를 진단하여라.

[해] <<프로그램 10-4>>를 실행시킨 결과 중에서 VIF 를 살펴보면 다음과 같다.

표-15 다중공선성이 포함된 모수추정치

Variable	DF	Parameter Estimate	Standard Error	t Value	Pr > |t|	Variance Inflation
Intercept	1	-995252	579794	-1.72	0.3358	0
dollar	1	27887	67145	0.42	0.7494	320.35484
won	1	-11.58064	54.67449	-0.21	0.8671	294.14057
period	1	72790	40103	1.82	0.3206	30.54748
visit	1	17981	113355	0.16	0.8998	42.01586

VIF의 값은 모두 10 보다는 크므로 다중공선성이 있음을 알 수 있다. 이 중에서 달러와 원에 대한 VIF 값이 특별히 큰 것을 확인할 수 있다.

4. 변수선택의 이론적 근거

이제부터는 변수선택의 이론적인 근거에 대해 설명하기로 한다. 회귀모형에 영향을 미칠 수 있는 설명변수가 $X_1, X_2, \ldots, X_k$ 라고 하면 n 개의 관찰치에 대한 중회귀모형은

$$Y_j = \beta_0 + \beta_1 X_{1j} + \beta_2 X_{2j} + \cdots + \beta_k X_{kj} + \epsilon_j \ , \quad j = 1, 2, \ldots, n$$

이다. 여기서 ϵ_j 는 평균이 영(zero), 분산이 σ^2 인 정규분포를 따른다고 가정한다. 윗 식을 행렬을 사용하여 표현하면

$$\overrightarrow{Y} = \overrightarrow{X\beta} + \overrightarrow{\epsilon} \ , \quad \overrightarrow{\epsilon} \sim N(0, \sigma^2 I_n)$$

이 될 것이다. 여기서 I_n 은 n 계 단위행렬(n-th order identity matrix)이다.

일반적으로 두 개의 의사결정과 관련된 회귀계수 선택문제는 $\overrightarrow{X}$ 행렬을 $\overrightarrow{X_1}$, $\overrightarrow{X_2}$ 로 나누고 $\overrightarrow{\beta}$ 행렬은 $\overrightarrow{\beta_1}$, $\overrightarrow{\beta_2}$ 로 나누어서 고려할 수 있다. 이러한 회귀분석의 문제는 제한회귀분석으로 처리할 수 있으므로 다음과 같은 가설검정을 하여 보자.

$$H_0 : \ \overrightarrow{C\beta} = m \quad vs \quad H_1 : \ \overrightarrow{C\beta} \neq m$$

여기서 $\overrightarrow{C}$ 는 $p \times (k+1)$ 행렬이고 rank($\overrightarrow{C}$) = p 라고 하자. 위의 제약조건에서 $\overrightarrow{\beta}$ 의 제한된 최소자승추정량(restricted least square estimator)은

$$\overrightarrow{b^*} = \overrightarrow{b} - (X'X)^{-1} C' [C(X'X)^{-1} C']^{-1} (C\overrightarrow{b} - m)$$

이다. 만일 귀무가설이 참이면 $\overrightarrow{b^*}$ 는 $\overrightarrow{\beta}$ 의 불편추정량이 된다. 그리고 $\overrightarrow{b^*}$ 의 분산이

$$V(\overrightarrow{b^*}) = \sigma^2 \{ (X'X)^{-1} - (X'X)^{-1} C' [C(X'X)^{-1} C']^{-1} C(X'X)^{-1} \}$$

이고 $V(\overrightarrow{b}) = \sigma^2 (X'X)^{-1}$ 이므로

$$V(\overrightarrow{b}) - V(\overrightarrow{b^*}) = \sigma^2 \{ (X'X)^{-1} C' [C(X'X)^{-1} C']^{-1} C(X'X)^{-1} \}$$

은 양반정치(positive semi-definite)가 된다. 따라서 적용된 제약조건이 옳다면 완전모형(full model)의 분산이 축소모형(reduced model)의 분산보다 일반적으로 큼을 알 수 있다.

결론적으로, 완전모형보다는 축소된 모형의 분산이 작기 때문에 더 바람직스런 $\overrightarrow{\beta}$ 의 추정량을 제공하게 되며 이것은 변수선택(variable selection)의 이론적 근거를 제공하는 것이다.

5. 변수선택의 방법

종속변수를 설명하는 데 필요한 독립변수 중에서 일부만을 선택하는 변수선택의 방법에는 다음과 같은 것들이 있다.

모든 가능한 회귀	결정계수를 가장 크게하는 모형을 선택하는 방법이다. 선택될 변수의 개수는 결정계수의 값의 증가가 갑자기 둔화되는 시점으로 하는 것이 좋다.
뒤로부터 제거	모든 변수를 회귀식으로 표시하고 영향력이 낮은 변수를 하나씩 제거시킨다.
앞으로부터 선택	여러 변수 중에서 영향력이 큰 변수를 하나씩 추가시키는 방법을 사용한다.
단계별 회귀	중요한 변수를 하나씩 추가하면서 미리 들어간 변수가 새로운 변수로 인해 중요성을 상실하여 밖으로 나오게 되는 가를 매 단계별로 검토하는 방법이다.

[예제-9] 앞의 여행경비에 대해 전진선택법으로 변수선택한 회귀모형을 구하여라. [5)]
[해] 변수선택한 요약표는 다음과 같으며, 2단계까지 진행되면서 period, dollar가 선택된 것을 알 수 있다.

표-16 전진선택법의 요약표

Summary of Forward Selection							
Step	Variable Entered	Number Vars In	Partial R-Square	Model R-Square	C(p)	F Value	Pr > F
1	period	1	0.9082	0.9082	4.7716	39.57	0.0033
2	dollar	2	0.0776	0.9858	1.0498	16.35	0.0272

따라서 2단계를 살펴볼 필요가 있으며, period와 dollar의 추정된 회귀계수가 나타나 있음을 보게된다.

5) <<프로그램 10-4>>의 reg 프로시저에 다음과 같은 옵션을 넣어야 한다.

```
proc reg ;
  model total = dollar won period visit / selection = forward ;
run ;
```

표-17 2단계에서의 모수추정치

Forward Selection: Step 2					
Variable	Parameter Estimate	Standard Error	Type II SS	F Value	Pr > F
Intercept	-943946	275172	42816319067	11.77	0.0415
dollar	13447	3325.50157	59494859604	16.35	0.0272
period	78758	6432.01203	5.455318E11	149.93	0.0012

[예제-10] 다음은 에어로빅 적합성에 관한 자료이며, work 라이브러리에 fitness 라는 dataset에 저장되어 있다고 하자. 6) 에어로빅 적합성은 산소 섭취능력으로 측정된다. 종속변수로는 OXY(산소 섭취율), 독립변수로는 운동 테스트와 관련된 RUNTIME(1.5마일 주행), 생리적 요인에 관련된 것으로 AGE(나이), WEIGHT(체중), RUNPULSE(주행 중의 맥박수), MAXPULSE(주행 중의 최대 맥박수), RSTPULSE(휴식 중의 맥박수)가 포함되었다. 에어로빅 자료에 대해 회귀분석을 하라.

표-18 에어로빅 적합성 데이터

Age	Weight	Oxygen	Run Time	Rest Puls	Run Puls	Max Puls	Age	Weight	Oxygen	Run Time	Rest Puls	Run Puls	Max Puls
44	89.47	44.609	11.37	62	178	182	40	75.07	45.313	10.07	62	185	185
44	85.84	54.297	8.65	45	156	168	42	68.15	59.571	8.17	40	166	172
38	89.02	49.874	9.22	55	178	180	47	77.45	44.811	11.63	58	176	176
40	75.98	45.681	11.95	70	176	180	43	81.19	49.091	10.85	64	162	170
44	81.42	39.442	13.08	63	174	176	38	81.87	60.055	8.63	48	170	186
44	73.03	50.541	10.13	45	168	168	45	87.66	37.388	14.03	56	186	192
45	66.45	44.754	11.12	51	176	176	47	79.15	47.273	10.60	47	162	164
54	83.12	51.855	10.33	50	166	170	49	81.42	49.156	8.95	44	180	185
51	69.63	40.836	10.95	57	168	172	51	77.91	46.672	10.00	48	162	168
48	91.63	46.774	10.25	48	162	164	49	73.37	50.388	10.08	67	168	168
57	73.37	39.407	12.63	58	174	176	54	79.38	46.080	11.17	62	156	165
52	76.32	45.441	9.63	48	164	166	50	70.87	54.625	8.92	48	146	155
51	67.25	45.118	11.08	48	172	172	54	91.63	39.203	12.88	44	168	172
51	73.71	45.790	10.47	59	186	188	57	59.08	50.545	9.93	49	148	155
49	76.32	48.673	9.40	56	186	188	48	61.24	47.920	11.50	52	170	176
52	82.78	47.467	10.50	53	170	172							

6) 실제는 C:₩Program Files₩SASHome₩SASFoundation₩9.4₩stat₩sample₩regdt.sas 에 실려있음.

[해] 에어로빅 자료에 대해 산점도를 그리고 회귀분석을 하기 위해 <<프로그램 10-4>>를 실행시키면 다음과 같은 결과를 얻을 수 있다.

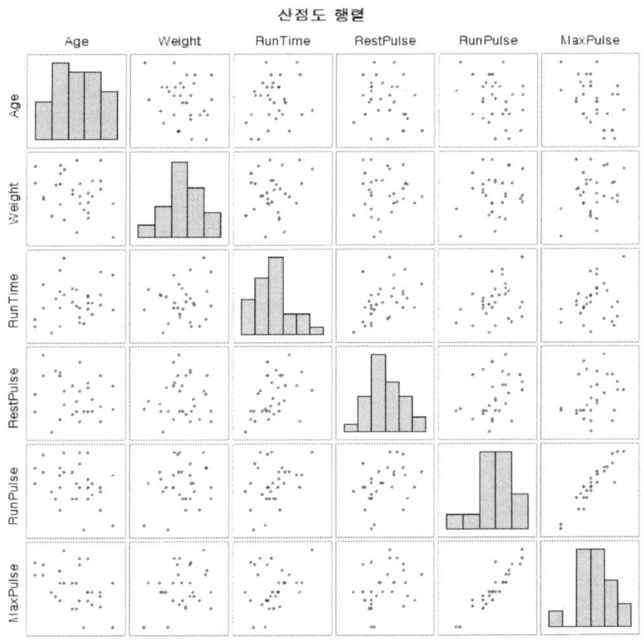

그림-3 산점도 행렬

다음은 REG 프로시저를 실행시킨 결과를 요약한 것이다. 분산분석표를 보면 검정통계량은 22.43 이고, 그때의 유의확률은 0.0001보다 작은 값이므로 귀무가설(H_0 : 모형은 부적합하다)은 기각된다. 따라서 모형은 적합함을 알 수 있다.

표-19 분산분석표

Source	DF	Sum of Squares	Mean Square	F Value	Pr > F
Model	6	722.54361	120.42393	22.43	<.0001
Error	24	128.83794	5.36825		
Corrected Total	30	851.38154			

다음 표는 회귀계수 추정치이다. 이러한 모수추정치 결과표로부터 다음의 회귀모형을 얻게 된다.

Oxygen = 102.93 - 0.227*Age - 0.074*Weight - 2.629*Runtime
- 0.021*Restpulse - 0.369*Runpulse + 0.303*Maxpulse

표-20 모수추정치

Variable	DF	Parameter Estimate	Standard Error	t Value	Pr > |t|
Intercept	1	102.93448	12.40326	8.30	<.0001
Age	1	-0.22697	0.09984	-2.27	0.0322
Weight	1	-0.07418	0.05459	-1.36	0.1869
RunTime	1	-2.62865	0.38456	-6.84	<.0001
RestPulse	1	-0.02153	0.06605	-0.33	0.7473
RunPulse	1	-0.36963	0.11985	-3.08	0.0051
MaxPulse	1	0.30322	0.13650	2.22	0.0360

이제 각각의 독립변수가 모형에서 기여하고 있는지에 대한 가설검정을 하여보자. 귀무가설과 대립가설은

$$H_0 : \beta_i = 0 \quad \text{vs} \quad H_1 : \beta_i \neq 0 \quad , \text{ 모든 } i \text{ 에 대해}$$

이다. 그런데 모수추정치 결과표에서 체중(Weight), 휴식중 맥박수(Restpulse)의 유의확률은 유의수준(5%) 보다는 크므로 귀무가설이 채택된다. 즉, 체중과 휴식중 맥박수는 통계적으로는 모형에 대한 기여를 하지 않는 것으로 나타났다.

통계적으로 의미가 없는 변수가 발견되었다고 하더라도 무조건 제거할 수는 없다. 여기서는 에어로빅 자료에 단계별 선택법(Stepwise Selection)에 의해 변수선택을 하기로 한다. 7)

표-21 단계별선택법의 요약표

Summary of Stepwise Selection

Step	Variable Entered	Variable Removed	Number Vars In	Partial R-Square	Model R-Square	C(p)	F Value	Pr > F
1	RunTime		1	0.7434	0.7434	13.6988	84.01	<.0001
2	Age		2	0.0209	0.7642	12.3894	2.48	0.1267
3	RunPulse		3	0.0468	0.8111	6.9596	6.70	0.0154
4	MaxPulse		4	0.0257	0.8368	4.8800	4.10	0.0533

7)
```
proc reg data = work.fitness ;
   model Oxygen = Age  Weight  RunTime  RestPulse  RunPulse  MaxPulse
                  / selection = stepwise ;
run ;
```

4단계에 걸쳐 변수를 선택하였으므로 4단계의 결과표를 살펴보아야 한다.

표-22 4단계에서의 모수추정치

Step 4 Variable MaxPulse Entered: R-Square = 0.8368 and C(p) = 4.8800

Variable	Parameter Estimate	Standard Error	Type II SS	F Value	Pr > F
Intercept	98.14789	11.78569	370.57373	69.35	<.0001
Age	-0.19773	0.09564	22.84231	4.27	0.0488
RunTime	-2.76758	0.34054	352.93570	66.05	<.0001
RunPulse	-0.34811	0.11750	46.90089	8.78	0.0064
MaxPulse	0.27051	0.13362	21.90067	4.10	0.0533

표-22를 살펴보면 회귀모형은 적합하고 회귀계수 추정치도 신뢰할 수 있음을 알 수 있다. 이 때의 회귀모형은 다음과 같다.

Oxygen = 98.148 - 0.198*Age - 2.768*Runtime - 0.348*Runpulse + 0.271*Maxpulse

변수선택의 판정기준에는 여러 가지의 기준들이 사용되고 있다. 어떤 기준을 사용하는 가는 사용자에게 달려있다. 여기서 유의할 점은 추정된 모수는 절편(intercept)까지 $(p+1)$개를 추정하므로 독립변수의 개수는 p개가 된다.

결정계수를 사용하는 경우는 R^2의 값이 급격히 증가하다가 정체되는 곳에서 변수선택을 한다. Mallow의 C_p 통계량[8]을 이용하는 경우는 C_p의 값을 최소로 할 때 변수선택을 중지한다. 그 밖에도 수정결정계수, Akaike가 제시한 방법[9] 등으로 변수선택을 하기도 한다.

6. 이상치와 영향력 관찰치

추정하려는 회귀선에 영향을 미칠 수 있는 자료를 찾아 발생원인을 추적하는 것이 중요하며 사전에 필요한 조치를 취할 수 있다.

Anscombe(1973)는 다음과 같은 가상의 자료를 통하여 이상치와 영향력 관찰치에 대한 설명을 하고 있다. 이를 그래프로 그려보면 다음과 같다.

8) $C_p = \frac{SSE}{\sigma^2} + 2(p+1) - n$

9) $AIC = n\log\frac{SSE}{n} + 2(p+1)$

표-21 Anscombe의 가상 자료

x1	x2	y1	y2
10	8	7.46	6.58
8	8	6.77	5.76
13	8	12.74	7.71
9	8	7.11	8.84
11	8	7.81	8.47
14	8	8.84	7.04
6	8	6.08	5.25
4	19	5.39	12.50
12	8	8.15	5.56
7	8	6.42	7.91
5	8	5.73	6.89

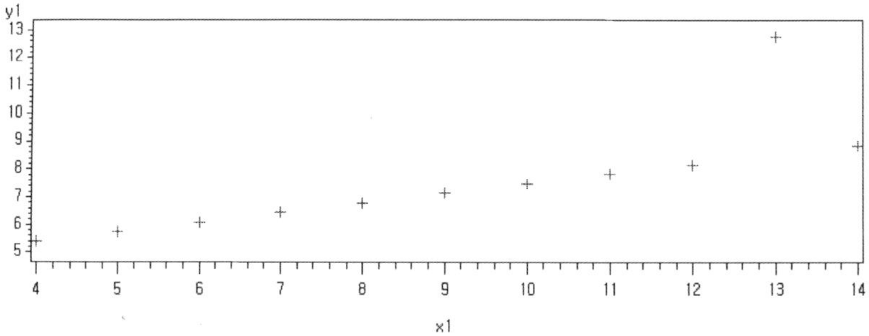

그림-4 이상치가 존재하는 자료의 산점도

그림-4는 변수 x_1, y_1의 산점도이며 (13, 12.74)는 회귀계수의 기울기 값을 변화시킬 수 있는 자료이다. 왜냐하면, 이 자료가 없으면 회귀직선은 자료를 따라 그려지 것이기 때문이다.

다음의 그림-5는 변수 x_2, y_2의 산점도이다. 여기서는 (19, 12.5)가 회귀모형의 값을 변화시킬 수 있는 값임을 알 수 있다.

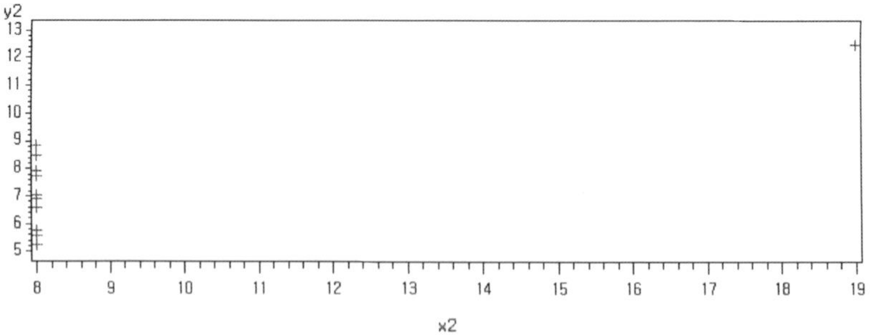

그림-5 영양력관찰치가 존재하는 자료의 산점도

이상의 두 개의 그림으로부터 이상치와 영향력관찰치를 확인할 수 있으며, 보다 자세히 이상치와 영향력 관찰치에 대한 설명을 하여본다.

1) 이상치(Outlier)

이상치는 대개의 경우는 회귀선으로부터 멀리 떨어져있으므로, 큰 잔차를 갖게 되므로 식별이 용이하다. 여기서 잔차는 관찰치 y_i 와 예측값 $\hat{y_i}$ 와의 차이므로 $r_i = y_i - \hat{y_i}$ 로 정의된다. 이상치가 검출되면 그 원인이 어디 있는가를 규명하여야 한다.

(1) Rstudent

이상치를 찾는 방법으로 표준화된 잔차(Standardized residual) [10] 인

$$t_i = \frac{r_i}{\hat{\sigma}\sqrt{1-h_{ii}}} \text{ , 여기서 } h_{ii} = \frac{1}{n} + \frac{(x_i - \overline{x})^2}{\sum_{i=1}^{n}(x_i - \overline{x})^2}$$

를 계산하고 이보다 큰 값을 이상치로 간주한다.

(2) Hat Diagonal

중회귀모형에서는 잔차의 분포가 $\vec{r} \sim N(0, \sigma^2(I - \vec{H}))$ [11] 을 따른다. 왜냐하면 모수 $\vec{\beta}$ 의 추정량은 $\vec{\beta} = (\vec{X}'\vec{X})^{-1}\vec{X}'\vec{Y}$ 이므로 $\vec{H} = \vec{X}(\vec{X}'\vec{X})^{-1}\vec{X}'$ 라고 하면

$$\hat{Y} = \vec{X}\hat{\beta} = \vec{H}Y$$

가 되고, $\vec{r} = Y - \hat{Y} = (1 - \vec{H})Y$ 이므로 $V(\vec{r}) = \sigma^2(I - \hat{H})$ 가 된다. Hat matrix의 대각선요소는 중요한 정보를 제공하는데 $\vec{H}$ 의 (i, j) 요소를 h_{ij} 라 하면 잔차 $r_i = y_i - \hat{y_i}$ 에 대하여

$$V(r_{i)} = \sigma^2(1 - h_{ii})$$

가 성립한다. 이러한 잔차의 분포를 이용하여 Outlier를 파악할 수 있다.

2) 영향력관찰치(influential observation)

회귀분석의 결과가 몇 개의 관찰치에 의하여 크게 영향을 받는 경우가 있다. 이러한 관찰치를 영향력 관찰치라 한다. 영향력 관찰치를 찾는 방법으로는 다음과 같은 것이 있다.

---

10) 잔차 r_i를 표준화시킨 것을 말한다.

11) $\vec{H}$를 Hat matrix라고 부른다.

(1) COVRATIO(Covariance Ratio)

i 번째 관찰치를 제외하고 계산한 분산의 행렬식을 모든 관찰치를 이용하여 계산한 분산의 행렬식으로 나눈 값으로서, 비율이 크면 클수록 제외된 관찰치의 영향력이 있는 것으로 볼 수 있다.

$$COVRATIO = \det\left\{\widehat{\sigma}^2_{(i)}(X_{(i)}{}'X_{(i)})^{-1}\right.$$

진단법에 따르면 12)

$$|\, COVRATIO - 1\,| \geq \frac{3(p+1)}{n}$$

인 관찰치는 영향력관찰치의 가능성이 있다고 판단한다.

(2) DFFITS(Differences in Fits)

i 번째 관찰치를 제외하고 계산한 예측값과 모든 관찰치를 이용하여 계산한 예측값과의 차를 표준화시킨 값으로서, 그 값이 크면 클수록 제외된 관찰치의 영향력이 있는 것으로 볼 수 있다. 다음 식에서 첨자 (i) 가 포함된 통계량은 i 번째 관찰치를 제외한 값이다.

$$DFFITS = \frac{\widehat{y_i} - \widehat{y_{(i)}}}{\widehat{\sigma}_{(i)}\sqrt{h_{ii}}}$$

진단법으로는 다음 조건을 만족하면 영향력관찰치일 가능성이 있다.

$$|\, DFFITS\,| \geq 2\sqrt{\frac{p+1}{n}}$$

(3) DFBETAS(Differences in β)

i 번째 관찰치를 제외하고 계산한 추정값 $\widehat{\beta}_{k(i)}$ 와 모든 관찰치를 이용하여 계산한 추정값 $\widehat{\beta_k}$ 과의 차를 표준화시킨 값으로서, 그 값이 크면 클수록 제외된 관찰치의 영향력이 있는 것으로 볼 수 있다.

$$DFBETAS = \frac{\widehat{\beta_k} - \widehat{\beta}_{k(i)}}{\widehat{\sigma}_{(i)}\sqrt{c_{kk}}}, \quad k = 1,2,\ldots,p \quad c_{ij} = (X'X)$$

진단법에 따르면 다음 조건을 만족하면 영향력관찰치일 가능성이 있다.

$$|\, DFBETAS\,| \geq \frac{2}{\sqrt{n}}$$

12) Belsley, Kuh and Welsch(1980), Regression Diagnostics, New York, John Wiley & Sons, Inc.

(4) Cook 통계량

COOKD는 i 번째 관찰치를 제외하고 계산한 추정값 $\widehat{\beta}_{(i)}$ 와 모든 관찰치를 이용하여 계산한 추정값 $\widehat{\beta}$ 와의 차를 표준화시킨 값으로서, 그 값이 크면 클수록 제외된 관찰치의 영향력이 있는 것으로 볼 수 있다. 보통 COOKD의 값이 1 보다 크면 영향력관찰치일 가능성이 있다.

$$COOKD = \frac{(\widehat{\beta} - \widehat{\beta}_{(i)})X'X(\widehat{\beta} - \widehat{\beta}_{(i)})}{(p+1)\widehat{\sigma}^2}$$

[예제-11] 두 변수 x, y 에 대한 21 개의 자료가 주어져 있다. 회귀분석을 하고, 이들 자료에서 이상치와 영향력관찰치를 찾아라.

표-24

번호	x	y	번호	x	y	번호	x	y
1	15	95	8	11	100	15	11	102
2	26	71	9	8	104	16	10	100
3	10	83	10	20	94	17	12	105
4	9	91	11	7	113	18	42	57
5	15	102	12	9	96	19	17	121
6	20	87	13	10	83	20	11	86
7	18	93	14	11	84	21	10	100

[해] 이상치와 영향력관찰치가 존재하는 가를 알아보기 위해서는 먼저 x, y의 산포도를 그려 보는 것이 중요하다.

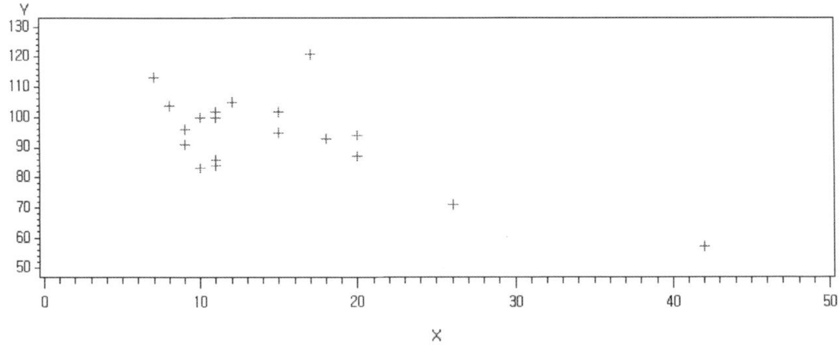

그림-6 x, y의 산포도

그림상으로는 18번은 회귀선에 영향을 주고, 19번은 회귀선에서 멀리 떨어져 있는 것으로 파악된다. 하지만 좀더 정확성을 기하기 위해 SAS 프로그램으로 진단을 하여보자.

<<프로그램 10-5>>를 실행시킨 결과가 다음에 나와 있다. 먼저 분산분석 결과를 보면 검정통계량은 13.20 이고, 이때의 유의확률은 0.0018 이므로 귀무가설(H_0 :모형은 부적합하다)은 기각된다. 즉, 모형은 적합한 것으로 판단된다.

표-25 분산분석표

Source	DF	Sum of Squares	Mean Square	F Value	Pr > F
Model	1	1604.08089	1604.08089	13.20	0.0018
Error	19	2308.58578	121.50451		
Corrected Total	20	3912.66667			

표-26 모수추정치

Variable	DF	Parameter Estimate	Standard Error	t Value	Pr > |t|
Intercept	1	109.87384	5.06780	21.68	<.0001
X	1	-1.12699	0.31017	-3.63	0.0018

표-26의 모수추정 결과로부터 회귀모형은 다음과 같이 된다.

$$y = 109.874 - 1.127 \times x$$

회귀계수의 기울기가 영(zero)라는 귀무가설은 유의확률이 0.0018 이므로 기각되어 기울기는 영(zero)이 아님을 알 수 있다.

이제 이상치와 영향력관찰치를 찾는 절차에 대해 알아보기로 한다. 출력결과는 여러 종류의 통계량이 있으나 여기서는 필요한 것만을 추려놓았다.

$n=21$, $k=1$ 이므로 다음과 같은 해석할 수 있다.

(1) $t(n-k-2;0.025) = t(18;0.025) = 2.101$ 이므로 스튜던트화 잔차(Rstudent)가 이 값보다 큰 관찰치는 19번째 data이며, 이것이 이상치이다.

(2) $h_{ii} \geq 2(k+1)/n = 2(1+1)/21 = 0.1905$ 인 관찰치는 18번째 값이며 다른 관찰치로부터 멀리 떨어져 있다고 판단된다. 따라서 hat matrix(해트 행렬) 기준으로 볼 때 가장 모형에 영향을 많이 주는 관찰치는 18번째 자료이다.

표-8 이상치와 영향력관찰치 계산결과표

Obs	Residual	RStudent	Cook's D	Hat Diag H	Cov Ratio	DFFITS	DFBETAS Intercept	DFBETAS X
1	2.0310	0.1840	0.001	0.0479	1.1659	0.0413	0.0166	0.0033
2	-9.5721	-0.9416	0.081	0.1545	1.1970	-0.4025	0.1886	-0.3348
3	-15.6040	-1.5108	0.072	0.0628	0.9363	-0.3911	-0.3310	0.1924
4	-8.7309	-0.8143	0.026	0.0705	1.1151	-0.2243	-0.2000	0.1279
5	9.0310	0.8329	0.018	0.0479	1.0850	0.1869	0.0753	0.0149
6	-0.3341	-0.0306	0.000	0.0726	1.2013	-0.0086	0.0011	-0.0050
7	3.4120	0.3112	0.003	0.0580	1.1702	0.0772	0.0045	0.0327
8	2.5230	0.2297	0.002	0.0567	1.1742	0.0563	0.0443	-0.0225
9	3.1421	0.2899	0.004	0.0799	1.1997	0.0854	0.0791	-0.0543
10	6.6659	0.6177	0.015	0.0726	1.1521	0.1728	-0.0228	0.1014
11	11.0151	1.0508	0.055	0.0908	1.0878	0.3320	0.3156	-0.2289
12	-3.7309	-0.3428	0.005	0.0705	1.1833	-0.0944	-0.0842	0.0538
13	-15.6040	-1.5108	0.072	0.0628	0.9363	-0.3911	-0.3310	0.1924
14	-13.4770	-1.2798	0.048	0.0567	0.9923	-0.3137	-0.2468	0.1254
15	4.5230	0.4132	0.005	0.0567	1.1590	0.1013	0.0797	-0.0405
16	1.3960	0.1274	0.001	0.0628	1.1867	0.0330	0.0279	-0.0162
17	8.6500	0.7983	0.018	0.0521	1.0964	0.1872	0.1333	-0.0549
18	-5.5403	-0.8451	0.678	0.6516	2.9587	-1.1558	0.8311	-1.1127
19	30.2850	3.6070	0.223	0.0531	0.3964	0.8537	0.1435	0.2732
20	-11.4770	-1.0765	0.035	0.0567	1.0426	-0.2638	-0.2076	0.1054
21	1.3960	0.1274	0.001	0.0628	1.1867	0.0330	0.0279	-0.0162

(3) $|DFFITS| \geq 2\sqrt{(k+1)/n} = 2\sqrt{(1+1)/21} = 0.6172$ 이므로 DFFITS 기준으로 볼 때 18,19 번째 관찰치가 영향력 관찰치가 된다.(18번째가 더 크다.)

(4) $D \geq F(k+1, n-k-1; \alpha) = F(2,19;0.50) = 0.719$ 이므로 18번째 관찰치가 Cook 통계량에 제일 가까우므로 영향력 관찰치로 볼 수 있다.

(5) $|COVRATIO-1| \geq 3(k+1)/n = 3(1+1)/21 = 0.2857$ 을 만족하는 관찰치는 18, 19번째 자료이므로 COVRATIO 기준으로 볼 때 영향력 관찰치이다.

따라서 18번째 관찰치는 영향력 관찰치, 19번째 관찰치가 이상치로 판단된다.

7. SAS 프로그램

<<프로그램 10-1>> 상점의 크기가 포함된 자료의 분석

```
data ad_sale ;
  input ad money size @@ ;
cards ;
 4  9  4    8 20 10    9 22  8    8 15  5
 8 17 10   12 30 15    6 18  8   10 25 13
 6 10  5    9 20 12
;

proc reg ;
  model money = ad size ;
run ;
```

<<프로그램 10-2>> 박하나무 성장속도의 프로그램

```
data mint ;
  input deg sun gr @@ ;
cards ;
  3.5  5.0  5.0    4.0  5.5  4.5    3.0  4.0  5.0
  4.5  3.5  4.6    2.5  3.5  5.5    4.5  3.5  6.0
  5.5  3.0  5.0    5.0  4.0  5.0    3.0  4.5  5.5
  3.0  4.0  4.5    2.5  4.0  6.5    3.0  5.0  5.5
  8.5  6.0  7.0    6.0  5.5  9.0    8.5  7.0  8.5
  6.5  6.0  8.5    7.0  8.5  6.0    8.0  4.5  7.0
  6.5  7.5  7.0    9.0  3.5  7.0    7.0  6.5  7.0
  7.0  6.5  7.0    7.0  7.5  9.0    7.0  8.5  8.0
run ;

proc reg data=mint ;
  model gr = deg sun / dw spec ;
run ;
```

<<프로그램 10-3>> 여행경비분석

```
data tr ;
  input dollar won period visit @@ ;
```

```
  total = won * period ;
cards ;
47  56588  15  6   65  76245   7  3   80  94320  5  1
72  86040  12  4   58  69368  20  8   75  90675  4  2
run ;

proc corr nosimple plots = matrix(nvar=all histogram) ;
  var dollar won period visit ;
run ;

proc reg ;
  model total = dollar won period visit ;
run ;
```

<<프로그램 10-4>> 에어로빅 데이터분석

```
proc corr data = work.fitness nosimple
  plots = matrix(nvar=all histogram) ;
  var Age  Weight  RunTime  RestPulse  RunPulse  MaxPulse ;
run ;

proc reg data = work.fitness ;
   model Oxygen = Age  Weight  RunTime  RestPulse  RunPulse  MaxPulse ;
run ;
```

<<프로그램 10-5>> 분산팽창계수 구하기

```
proc reg data=tr ;
  model total = dollar won period visit / vif ;
run ;
```

<<프로그램 10-6>> 이상치와 영향력관찰치 검출

```
data outlier_influence ;
  input id  x  y @@ ;
cards ;
 1  15  95    2  26  71    3  10   83    4  9   91    5  15  102
 6  20  87    7  18  93    8  11  100    9  8  104   10  20   94
```

```
11   7 113   12  9  96   13 10  83   14 11  84   15 11 102
16  10 100   17 12 105   18 42  57   19 17 121   20 11  86
21  10 100
;

proc reg ;
  model y = x / p r influence ;
run ;
```

▸ ▸ ▶ 연습문제 ◀ ◂ ◂

1. 자동차의 주행거리에 영향을 주는 변수를 10개 선택하여 조사한 GAS-MILE 데이터를 회귀분석 하려고 한다.
(1) 회귀모형에 관한 가설을 세우고 분석하라.
(2) 변수선택법 중의 단계별선택(stepwise)을 사용하여 회귀분석을 하고 회귀모형을 써라.
X1 엔진형태(일자형 1, V형 0) X2 실린더 수
X3 변속기의 형태(수동 1, 자동 0) X4 변속기 단수
X5 엔진크기 X6 마력수
X7 무게(파운드) X8 0.25마일 주파시간(초)
Y 주행거리

X1	X2	X3	X4	X5	X6	X7	X8	Y
0	6	1	4	160.0	110.0	2620	16.46	21.00
0	6	1	4	160.0	110.0	2875	17.02	21.00
1	4	1	4	108.0	93.0	2320	18.61	22.80
1	6	0	3	258.0	110.0	3215	19.44	21.40
0	8	0	3	360.0	175.0	3440	17.02	18.70
1	6	0	3	225.0	105.0	3460	20.22	18.10
0	8	0	3	360.0	245.0	3570	15.84	14.30
1	4	0	4	146.7	62.0	3190	20.00	24.40
1	4	0	4	140.8	95.0	3150	22.90	22.80
1	6	0	4	167.6	123.0	3440	18.30	19.20
1	6	0	4	167.6	123.0	3440	18.90	17.80
0	8	0	3	275.8	180.0	4070	17.40	16.40

2. 다음의 자료는 2000년 6월 1일부터 2000년 6월 29일 까지의 코스닥지수, 거래량 및 거래대금에 관한 자료이다.

날짜	지수	거래량	거래대금	날짜	지수	거래량	거래대금
0601	146.84	28702	36757	0602	148.99	31480	39169
0605	158.59	27466	29357	0607	166.85	33014	40957
0608	169.87	31815	44314	0609	166.18	23462	37558
0612	166.61	22929	30950	0613	156.01	24968	32974
0614	154.76	21072	27461	0615	143.42	19419	22273
0616	146.87	22756	30026	0619	142.38	22314	28162
0620	146.12	22457	27027	0621	152.01	26116	30977
0622	150.69	24394	30936	0623	149.20	19742	26201
0626	155.70	22301	29500	0627	155.78	24346	34395
0628	155.99	23445	31329	0629	153.57	20064	31349

(1) 회귀모형에 대한 가설을 세우고 모형의 적합성을 유의수준 5%로 가설검정하라.
(2) 추정된 회귀직선의 식을 구하여라.
(3) 분산분석표를 작성하여라
(4) 결정계수를 구하여라.

3. 보건복지부에서 국민영양실태조사를 하였다. 20세 남성을 무작위로 19명 추출하여 조사한 자료는 다음과 같다.

키	몸무게	1일섭취열량	단백질섭취량	지방섭취량	동물성단백질양
164	57.2	2150	64.6	17.2	14.7
162	56.5	2072	67.0	13.1	11.6
166	57.2	1904	64.7	19.2	24.0
166	55.9	2059	64.4	19.2	17.7
168	57.6	2054	68.0	15.5	17.9
167	58.3	1992	63.6	19.0	20.6
168	61.0	1926	60.4	20.0	20.2
169	61.8	2143	71.0	18.0	24.4
169	60.9	1833	59.5	22.6	28.7
169	58.8	2098	69.6	26.2	31.9
168	59.1	2052	67.2	21.8	28.7
169	60.4	2052	67.2	21.9	32.2
169	59.6	1991	67.4	21.2	32.6
170	60.7	2012	69.6	23.5	33.5
171	61.0	1901	69.3	24.0	38.1
170	59.1	1936	74.5	29.5	41.7
170	62.1	1930	74.2	28.1	41.2
173	61.4	1819	79.2	29.7	45.4
172	59.7	1935	91.6	30.6	49.0

(1) 1일섭취열량을 종속변수로, 단백질과 지방섭취량을 독립변수로 하는 회귀분석을 하려고 한다. 회귀모형에 대한 가설을 세우고 모형의 적합성을 유의수준 5%로 가설검정하라.
(2) 추정된 회귀직선의 식을 구하여라.
(3) 추정된 회귀계수가 적합한 가를 5% 유의수준으로 가설검정하여라.

4. 앞의 보건복지부 자료를 사용하여 다음 분석을 실시하라.
(1) 1일섭취열량을 종속변수로, 단백질섭취량과 지방섭취량과 동물성단백질양을 독립변수로 하는 회귀분석을 하려고 한다. 회귀모형에 대한 가설을 세우고 모형의 적합성을 유의수준 5%로 가설검정하라.
(2) 추정된 회귀직선의 식을 구하여라.

5. 다음 실험은 시멘트의 성분과 시멘트가 응고될 때 발생하는 열량과의 관계를 나타내고 있다. x_1, x_2, x_3, x_4 는 각 성분 (Al_2O_3, SiO_2,...)의 함유량의 비율이고 y는 시멘트 1g에 포함된 열량이다.

Hald 자료

x_1	x_2	x_3	x_4	y
7	26	6	60	78.5
1	29	15	52	74.3
11	56	8	20	104.3
11	31	8	47	87.6
7	52	6	33	95.9
11	55	9	22	109.2
3	71	17	6	102.7
1	31	22	44	72.5
2	54	18	22	93.1
21	47	4	26	115.9
1	40	23	34	83.8
11	66	9	12	113.3
10	68	8	12	109.4

(1) 앞으로부터 선택 방법을 이용하여 회귀분석하라.
(2) 단계별 회귀에 의해 회귀모형을 예측하라.
(3) x_1, x_2, x_3, x_4 의 상관계수를 구하여라.

6. y를 종속변수로 하여 다음 데이터를 회귀분석하라.

u	v	y	u	v	y	u	v	y	u	v	y
3	3.55	6	4	6.91	9	4	5.19	10	5	5.77	10
7	9.76	11	7	9.90	15	8	9.62	16	10	11.59	19
11	11.14	18	12	12.19	21	14	16.45	26	18	19.57	39

(1) SAS 프로그램을 작성하라.

(2) 모형의 적합성에 대한 가설검정을 하여라.

(3) 회귀계수의 적합성에 대해 가설검정 하여라.

(4) 상관계수행렬을 구하고, 다공선성의 문제가 발생하였는 가를 조사하여라.

제11장 로지스틱 회귀분석

단순회귀분석이나 중회귀분석은 독립변수가 연속형 자료를 처리하는 분석방법이라고 할 수 있다. 하지만 실생활에서 취득한 자료 중에는 만족도 조사, 성적순위, 인종, 혈액형 등과 같이 숫자로 표시되어 있다고 하더라도 의미를 찾을 수 없는 자료가 흔하다.

로지스틱 회귀분석은 종속변수가 이항형 또는 순서형인 경우에 적용하는 회귀분석이다. 이러한 변량들은 계량화할 수 없으므로 기존의 회귀분석으로는 다룰 수 없다. [1)]

분석방법으로는 로짓모형, 로지스틱모형으로 구분할 수 있으나 구분하지 않고 사용하기도 한다. 로짓모형은 독립변수가 범주형일 때 사용하고 로지스틱모형은 독립변수가 연속형인 경우에 사용된다.

1. 로짓모형

거주지(서울=1, 광역시=2, 도시=3, 농어촌=4)를 독립변수 x라고 하고, 상품 구입(구매=0, 구매하지 않음=1)을 종속변수 y로 하는 회귀모형의 예측식이 $y = 0.3 + 0.4x$ 라고 하자. 만일 도시거주자인 경우의 예측값은 $y = 1.5$ 가 되므로 y의 범위를 벗어나게 된다. 이처럼 종속변수가 범주형인 자료를 단순히 회귀분석으로 예측한다면 심각한 오류가 발생할 수 있다.

2개의 범주로 나타나는 종속변수 Y와 범주형으로 만들어진 독립변수 X에 대해 사용되는 모형이 로짓(logit 또는 log unit) 모형이다. 로짓 모형은 다음과 같이 표시된다.

$$\log\frac{P(Y=1|x)}{1-P(Y=1|x)} = \beta_0 + \beta_1 x$$

로그함수의 성질에 의해 $\beta_0 + \beta_1 = \log e^{(\beta_0 + \beta_1)}$ 으로 변형가능하므로 다음과 같은 관계식을 얻을 수 있다.

$$P(Y=1|x) = \frac{e^{(\beta_0 + \beta_1 x)}}{1+e^{(\beta_0 + \beta_1 x)}}$$

예를 들어 $\beta_0 = 3$, $\beta_1 = 2$ 인 경우의 그래프는 다음과 같다. (<<프로그램 11-1>> 참조)

1) 혈액형(A, B, AB, O)을 수치화하여 1, 2, 3, 4로 나타낼 수는 있으나 의미를 찾기 어렵다.

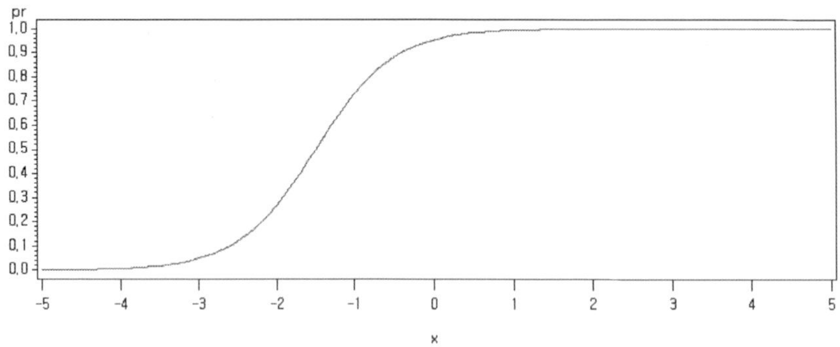

그림-1 로지스틱 곡선

[예제-1] 18명의 남녀 고객이 장소가 서로 다른 3곳의 음식점 체인에 대한 서비스를 평가한 자료가 다음과 같다. 장소(1, 2, 3) , 성별(남자=0, 여자=1)은 범주형 자료이다. 이 경우 지역과 성별에 따라 서비스만족도는 얼마나 되는가를 로짓분석하여라. (Johnson and Wichern, 1992)

1 0 15.2	1 0 21.2	1 0 27.3	1 0 21.2	1 0 21.2	1 1 36.4
1 1 92.4	2 0 27.3	2 0 15.2	2 0 9.1	2 0 18.2	2 0 50.0
2 1 44.0	2 1 63.3	3 0 15.2	3 0 30.3	3 1 36.4	3 1 40.9

[해] 서비스만족도를 변수 S라고 하자. S가 50점 미만이면 불만족을 나타내는 것으로 판단되므로 서비스만족도가 불만족인 경우는 S=0, 만족인 경우는 S=1인 범주형 자료로 만들 수 있다. <<프로그램 11-2>>를 실행시키면

표-1 최우추정법으로 추정된 회귀계수

Analysis of Maximum Likelihood Estimates

Parameter	DF	Estimate	Standard Error	Wald Chi-Square	Pr > ChiSq
Intercept	1	1.4528	1.7444	0.6937	0.4049
region	1	0.5796	0.9171	0.3994	0.5274
gender	1	-1.8817	1.4125	1.7746	0.1828

를 얻는다. 따라서

$$P(S=1) = \frac{e^{(1.4528 + 0.5796*region - 1.8817*gender)}}{1 + e^{(1.4528 + 0.5796*region - 1.8817*gender)}}$$

예를 들어, 지역 2에 거주하는 남성인 경우는 우변 괄호 속의 값이 2.612가 된다. 따라서 $P(S=1)=0.932$ 가 되어 만족도가 93.2%로 나타났다.

[예제-2] 소나무 묘목의 종류(긴 잎, 짧은 잎)와 심는 깊이(깊게, 얕게)에 따라 생존율이 다른가를 알아보기 위해 범주별로 100그루씩 심은 결과가 다음과 같다. 로짓모형으로 추정하라. 2)

표-2 긴 잎의 생사여부

깊이 \ 생사여부	죽다	살다	합계
깊게	41	59	100
얕게	11	89	100
합계	52	148	200

표-3 짧은 잎의 생사여부

깊이 \ 생사여부	죽다	살다	합계
깊게	12	88	100
얕게	5	95	100
합계	17	183	200

[해] <<프로그램 11-3>>을 실행시키면 다음과 같은 결과를 얻게 된다.

표-4 최우추정법으로 추정된 회귀계수

```
                 Analysis of Maximum Likelihood Estimates

                                    Standard        Chi-
Parameter           Estimate        Error          Square      Pr > ChiSq
-------------------------------------------------------------------------
Intercept            -1.8914        0.1708         122.61          <.0001
depth       1         0.7521        0.1573          22.85          <.0001
type        1         0.7082        0.1550          20.87          <.0001
```

따라서 추정된 로짓모형은

$$\log\frac{\Pr(\text{생존}=1)}{\Pr(\text{생존}=2)}=-1.8914+0.7521Depth+0.7082Type$$

이다. 여기서 Depth, Type의 값은 범주형이므로 크기순으로 +1과 -1을 부여한다. 따라서 D와 T의 값의 1과 2에는 각각 +1과 -1이 부여된다.

1) 긴 잎(T=1)을 깊게(D=1) 심은 경우

$$\log\frac{\Pr(survive=\text{죽다})}{\Pr(survive=\text{살다})}=-1.8914+0.7521*1+0.7082*1=-0.4311$$

2) 송문섭, 조신섭, 통계자료분석, 자유아카데미

따라서 생존확률은

$$\Pr(survive = \text{죽다}) = \frac{e^{-0.4311}}{1+e^{-0.4311}} = 0.3939$$

2) 짧은 잎(T=2)을 얕게(D=2) 심은 경우

$$\log\frac{\Pr(survive = \text{죽다})}{\Pr(survive = \text{살다})} = -1.8914 + 0.7521*(-1) + 0.7082*(-1) = -3.3517$$

따라서 생존확률은

$$\Pr(survive = 1) = \frac{e^{-3.3517}}{1+e^{-3.3517}} = 0.0338$$

[예제-3] 독일신용데이터는 1,000명의 고객에게 조사한 자료로서 변수는 모두 21개가 있다.[3] 이 중에서 신용도(good_bad)를 종속변수로 하고, 당좌예금(x1), 대출기간(x2), 대출이력(x3), 거주기간(x4), 나이(x5), 부양가족수(x6)를 이용하여 로지스틱회귀분석을 하여라.
[해] <<프로그램 11-4>>를 실행시키면 다음과 같은 결과를 얻게된다.

표-5 최우추정법으로 추정된 회귀계수

Parameter	DF	Estimate	Standard Error	Wald Chi-Square	Pr > ChiSq
Intercept	1	-0.6392	0.5484	1.3586	0.2438
x12	1	0.5291	0.1865	8.0470	0.0046
x13	1	1.0687	0.3389	9.9449	0.0016
x14	1	1.8965	0.2066	84.2433	<.0001
x2	1	-0.0343	0.0063	29.2793	<.0001
x32	1	0.0991	0.4754	0.0434	0.8349
x33	1	0.9464	0.3707	6.5174	0.0107
x34	1	0.9329	0.4334	4.6333	0.0314
x35	1	1.5293	0.3940	15.0640	0.0001
x4	1	-0.0169	0.0721	0.0547	0.8151
x5	1	0.0131	0.0073	3.1975	0.0737
x6	1	0.0084	0.2189	0.0015	0.9695

3) "german credit data" 라는 검색어로 인터넷검색을 하면 자료를 쉽게 찾을 수 있다. 여기서는 UC Irvine 대학교의 자료를 사용하였으며 변수에 대한 설명은 이 장의 뒷부분에 실어놓았다.

추정된 로짓모형은

$$\log\frac{p}{1-p} = -0.6392+0.5291*x_{12}+1.0687*x_{13}+1.8965*x_{14}-0.0343*x_2+0.0991*x_{32}$$

$$+0.9464*x_{33}+0.9329*x_{34}+1.5293*x_{35}-0.0169*x_4+0.0131*x_5+0.00836*x_6$$

이다.

최우추정법으로 추정된 회귀계수를 보면 현재 연체중인 고객(x32), 거주기간(x4), 부양가족수(x6)는 고객의 신용도(y)를 설명하는 데 별다른 기여를 하지 않음을 알 수 있다.

[예제-4] 독일신용데이터에서 데이터를 일부 추출하였다. 독립변수(x1~x6) 만을 사용하여 고객의 신용도를 예측하여라. 단 종속변수에서 good은 1로, bad는 2로 바꿔서 분석하여라.

표-5 10개의 독일신용데이터

번호	checking	duration	history	resident	age	depend	good_bad
1	1	6	4	4	67	1	good
2	2	48	2	2	22	1	bad
3	4	12	4	3	49	2	good
4	1	42	2	4	45	2	good
5	1	24	3	4	53	2	bad
6	4	36	2	4	35	2	good
7	4	24	2	4	53	1	good
8	2	36	2	2	35	1	good
9	4	12	2	4	61	1	good
10	2	30	4	2	28	1	bad

[해] <<프로그램 11-5>>를 실행시키면 예측값을 얻을 수 있다. 편의상 추정된 로짓모형을 넣어 직접 계산한 값은 p1, 로지스틱 프로시저로 예측한 값은 p2라고 하여 계산한 값이다.

표-6 예측한 신용도

OBS	checking	duration	history	resident	age	depends	good_bad	p1	p2
1	1	6	5	4	67	1	good	0.81799	0.81829
2	2	48	3	2	22	1	bad	0.36648	0.36688
3	4	12	5	3	49	2	good	0.95180	0.95187
4	1	42	3	4	45	2	good	0.35554	0.35606
5	1	24	4	4	53	2	bad	0.52845	0.52897
6	4	36	3	4	35	2	good	0.79843	0.79873
7	4	24	3	4	53	1	good	0.88242	0.88263
8	2	36	3	2	35	1	good	0.50864	0.50909
9	4	12	3	4	61	1	good	0.92635	0.92649
10	2	30	5	2	28	1	bad	0.67515	0.67547

2. 로지스틱 회귀분석

앞서 언급한 바대로 로지스틱 회귀분석은 독립변수가 연속형자료(범주형자료 포함)인 경우에 적용된다. 이제 종속변수 Y는 범주형이고, 독립변수는 p개인 경우를 생각해보자. 이 때의 로짓 모형은

$$\log\frac{P(Y=1 \mid x_1,x_2,\ldots,x_p)}{1-P(Y=1 \mid x_1,x_2,\ldots,x_p)}=\beta_0+\beta_1x_1+\beta_2x_2+\cdots+\beta_px_p$$

로 쓸 수 있다. 이것을 $P(Y=1)$에 대하여 정리하면

$$P(Y=1 \mid x_1,x_2,\ldots,x_p)=\frac{\exp(\beta_0+\beta_1x_1+\beta_2x_2+\cdots+\beta_px_p)}{1+\exp(\beta_0+\beta_1x_1+\beta_2x_2+\cdots+\beta_px_p)}$$

이다. 이렇게 얻어진 각 개체에 대한 사후확률은 개체를 분류하기 위해 사용될 수 있다.

[예제-5] 1986년 발생한 챌린저호의 사고원인은 추진로켓의 연결부가 저온에서 연소가스를 누출하는 바람에 일어난 사고로 발표되었다. 이를 확인하기 위하여 챌린저호 이전에 발사된 23회 우주선 비행에서 사고경력 조사결과가 다음과 같다. 4)

로지스틱 회귀모형으로 열 문제가 발생할 확률을 구해보라. 발사당시의 기온인 화씨 31도에서 열 문제가 발생할 확률을 구하여라.

표-7 온도에 따른 챌린저호 사고 유무

화씨온도	TD	화씨온도	TD	화씨온도	TD
66	0	70	1	69	0
68	0	67	0	72	0
73	0	70	0	57	1
63	1	70	1	78	0
67	0	53	1	67	0
75	0	70	0	81	0
76	0	79	0	75	1
76	0	58	1		

[해] <<프로그램 11-6>>을 실행시키면 다음의 결과가 얻어지므로 회귀모형은 다음과 같다.

$$\log\frac{\Pr(td=1)}{\Pr(td=0)}=15.0429-0.2322*Temp$$

4) td는 열에 의한 문제발생(1=예, 0=아니오)이다.

표-8 최우추정법으로 추정된 회귀계수

Analysis of Maximum Likelihood Estimates

Parameter	DF	Estimate	Standard Error	Wald Chi-Square	Pr > ChiSq
Intercept	1	-15.0429	7.3786	4.1563	0.0415
temp	1	0.2322	0.1082	4.6008	0.0320

따라서 화씨 31도인 경우의 열 문제 발생확률은

$$\Pr(td=1)=\frac{e^{15.0429-0.2322\times 31}}{1+e^{15.0429-0.2322\times 31}}=0.9996$$

[예제-6] 동물의 사망수(dead)에 영향을 주는 화학물질의 용량(dose)에 대한 자료가 다음과 같다. 사망률을 계산하고 산포도를 그려라.

표-9 화학물질의 용량에 따른 동물의 사망자료

화학물질 용량(dose)	0	1	2	3	4
동물의 수	30	30	30	30	30
사망수(dead)	2	8	15	23	27

[해] <<프로그램 11-7>>은 회귀분석을 사용하여 분석하는 방법이다. dead, dose 사이의 산포도를 그려보면 다음과 같다. 5)

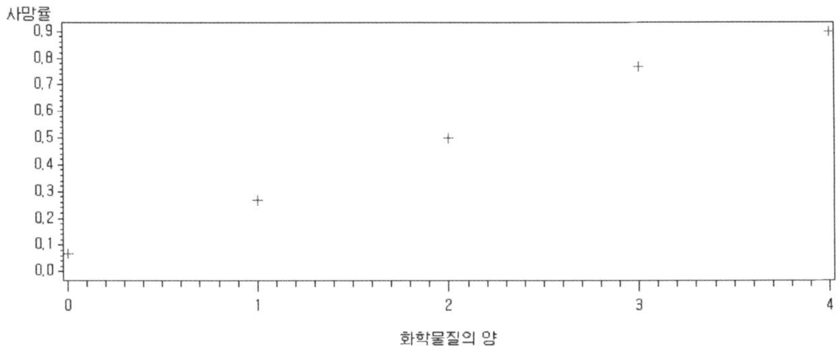

그림-2 화학물질의 양과 사망률과의 산포도

5) d_rate = dead/30 으로 사망률을 계산하였음.

표-10 회귀계수 추정치

Variable	DF	Parameter Estimate	Standard Error	t Value	Pr > |t|
Intercept	1	0.06667	0.02789	2.39	0.0967
dose	1	0.21667	0.01139	19.03	0.0003

표-10 으로부터

d_rate = 0.0667 + 0.2167 * dose

인 회귀식이 얻어지며 화학물질 투여량에 따른 사망률이 얻어진다. 만일 dose=3 이면 사망률은 0.7168 이다.

이 예제는 로지스틱 회귀분석을 이용하여 해결할 수도 있다. <<프로그램 11-8>>을 실행시키면 다음과 같은 결과를 얻는다.

표-11 최우추정법으로 추정된 회귀계수

Analysis of Maximum Likelihood Estimates

Parameter	Estimate	Standard Error	Chi-Square	Pr > ChiSq
Intercept	-2.3238	0.4179	30.92	<.0001
dose	1.1619	0.1814	41.02	<.0001

여기서 $p = p(\text{사망} \mid \text{화학물질의 양이 } dose)$ 이라고 할 때, 추정된 로지스틱 회귀모형은

$$\log\frac{p}{1-p} = -2.3238 + 1.1619 \times dose$$

따라서 확률 p는

$$p = \frac{e^{-2.3238 + 1.1619 \times dose}}{1 + e^{-2.3238 + 1.1619 \times dose}}$$

예를들면, $dose = 3$일 때의 동물이 사망할 확률은 0.7617 이다.

3. SAS 프로그램 모음

<<프로그램 11-1>> 로짓곡선 그리기

```
data logit_curve ;
  a = 3 ;  b = 2 ;
  do x = -5 to 5 by 0.1 ;
     pr = exp(a + b*x) / (1 + exp(a + b*x)) ;
     output ;
  end ;
run ;

proc gplot ;
  plot pr*x ;
run ;
```

<<프로그램 11-2>>

```
data logistic_2 ;
  input region gender service @@ ;
  if service >= 50.0 then s = 1 ; else s = 0 ;
cards ;
1 0 15.2   1 0 21.2   1 0 27.3   1 0 21.2
1 0 21.2   1 1 36.4   1 1 92.4   2 0 27.3
2 0 15.2   2 0  9.1   2 0 18.2   2 0 50.0
2 1 44.0   2 1 63.3   3 0 15.2   3 0 30.3
3 1 36.4   3 1 40.9
run ;

proc logistic ;
  model s = region gender ;
run ;
```

<<프로그램 11-3>> 소나무 종류 및 깊이 별 사망여부

```
data mort;
  input survive depth type count@@ ;
cards ;
  1 1 1 41  1 1 2 12  1 2 1 11  1 2 2  5
  2 1 1 59  2 1 2 88  2 2 1 89  2 2 2 95
```

```
run ;

proc catmod ;
  weight count ;
  model survive = depth type ;
run ;
```

<<프로그램 11-4>> 독일신용데이터분석 (v9 라이브러리 안에 german_credit 라는 이름으로 저장되어 있다고 가정하였음)

```
data dmagecr ;
set v9.german_credit ;
if good_bad="good" then y = 1 ;
else y = 2 ;
x11 = (checking='1') ;
x12 = (checking='2') ;
x13 = (checking='3') ;
x14 = (checking='4') ;

history=history+1 ; /* (이력 + 1) 의 값은 1부터 시작됨 */

x31 = (history='1') ;
x32 = (history='2') ;
x33 = (history='3') ;
x34 = (history='4') ;
x35 = (history='5') ;

x2 = duration ;
x4 = resident ;
x5 = age ;
x6 = depends ;
run ;

proc logistic ;
model y = x12 x13 x14 x2 x32 x33 x34 x35 x4 x5 x6 ;
run ;
```

<<프로그램 11-5>> 10명의 신용도 예측하기

```
data dmagecr ;
set v9.german_credit ;
if good_bad="good" then y = 1 ;
else y = 2 ;
x11 = (checking='1') ;
x12 = (checking='2') ;
x13 = (checking='3') ;
x14 = (checking='4') ;

history=history+1 ; /* (이력 + 1) 의 값은 1부터 시작됨 */

x31 = (history='1') ;
x32 = (history='2') ;
x33 = (history='3') ;
x34 = (history='4') ;
x35 = (history='5') ;

x2 = duration ;
x4 = resident ;
x5 = age ;
x6 = depends ;

p1 = exp(-0.6392 + 0.5291*x12 + 1.0687*x13 + 1.8965*x14 - 0.0343*x2
          + 0.0991*x32 + 0.9464*x33 + 0.9329*x34 + 1.5293*x35 - 0.0169*x4
          + 0.0131*x5 + 0.00836*x6)
    / (1 + exp(-0.6392 + 0.5291*x12 + 1.0687*x13 + 1.8965*x14 - 0.0343*x2
          + 0.0991*x32 + 0.9464*x33 + 0.9329*x34 + 1.5293*x35 - 0.0169*x4
          + 0.0131*x5 + 0.00836*x6)) ;
run ;

proc logistic ;
model y = x12 x13 x14 x2 x32 x33 x34 x35 x4 x5 x6 ;
output out = aa  p = p2 ;  /* 예측값은 p2로 저장하였음 */
run ;

proc print data = aa (firstobs=1 obs=10) ;
  var checking duration history resident age depends good_bad p1 p2 ;
run ;
```

<<프로그램 11-6>> 챌린저호 사고

```
data chal ;
input temp td @@ ;
cards ;
   66  0     70  1     69  0
   68  0     67  0     72  0
   73  0     70  0     57  1
   63  1     70  1     78  0
   67  0     53  1     67  0
   75  0     70  0     81  0
   76  0     79  0     75  1
   76  0     58  1
run ;

proc logistic data=dm.chal ;
  model td = temp ;
run;
```

<<프로그램 11-7>> 화학물질에 따른 동물의 사망수

```
data logistic_1 ;
  input dose dead @@ ;
  d_rate = dead / 30 ;
cards ;
0  2     1  8     2  15     3  23     4  27
;

proc gplot ;
  plot d_rate * dose ;
  label d_rate = '사망률'  dose = '화학물질의 양' ;
run ;

proc reg ;
  model d_rate = dose ;
run ;
```

<<프로그램 11-8>> 화학물질에 따른 동물의 사망수

```
data ani ;
  input dose dead total ;
```

```
  y = 1 ; count = dead ; output ;
  y = 2 ; count = total-dead ; output ;
cards ;
 0   2   30
 1   8   30
 2  15   30
 3  23   30
 4  27   30
run ;

proc catmod ;
   direct dose ;
   weight count ;
   model y = dose / ml  nogls ;
run ;
```

독일 신용데이터의 변수 속성

변수	설명	속성
checking	당좌예금	1 잔고없음, 2 200마르크이하, 3 200마르크 이상 4 당좌예금없음
duration	대출기간	
history	신용대출 이력	0 없음, 1 지연없이 상환, 2 현재 연체중 3 과거 연체있음, 4 위험계정
purpose	대출목적	0 신차구입, 1 중고차구입, 2 가구비품, 3 TV구입 4 가정설비, 5 수선품, 6 교육비, 7 여행, 8 재교육비 9 사업, 10 기타
amount	대출액	
saving	저축예금	1 100마르크이하, 2 100~500마르크, 3 500~1000마르크 4 1000마르크이상, 5 모름 또는 저축예금없음
employed	재직기간	1 무직, 2 1년이하, 3 1~4년, 4 4~7년, 5 7년 이상
installp	월별 가처분소득 비율(백분율)	
marital	성별, 결혼 상태	1 남자이혼, 2 여성이혼, 3 남자독신 4 남자 결혼/외톨이, 5 여자독신
coapp	채무 및 보증	1 없음, 2 공동채무, 3 보증인
resident	거주기간	
property	자산(담보)	1 부동산, 2 생명보험, 3 자동차 등, 4. 없음
age	나이	
other	다른 분납계획	1 은행저축, 2 비축, 3 무계획
housing	주거상태	1 임대, 2 자가, 3 무상임대
existcr	현재 대출건수	
job	직종	1 외국노무자, 2 내국노무자, 3 사무직 4 경영자, 자영업, 고숙련 사무직
depends	부양가족수	
telephon	전화보유상태	1 없음, 2 있음
foreign	해외노동유무	1 예, 2 아니오
good_bad	신용도	good, bad

연습문제

1. class 데이터에 대하여 로지스틱 회귀분석을 하여라. 단, 종속변수는 weight이고 독립변수는 gender, age, height로 하라.

2. 앞의 문제에서 남학생, 15세, 키가 60인치인 학생의 체중은 얼마로 예상되는가?

3. 주괴(ingot)를 가열하는 가열시간(heat)과 물에 담가두는 물담금 시간(soak)을 변화 시킴에 따라 다음 단계의 가공준비 여부(ready)가 달라지는 가를 알아보기 위한 실험 결과가 다음과 같다. 담금질 처리에 따라 주괴의 가공준비 여부가 달라지는가? 로지스틱 획귀분석을 하여라. (Cox, 1970)

heat	soak	ready	not ready	heat	soak	ready	not ready
7	1.0	0	10	27	1.0	1	56
7	1.7	0	17	27	1.7	4	44
7	2.2	0	7	27	2.2	0	21
7	2.8	0	12	27	2.8	1	22
7	4.0	0	9	27	4.0	1	16
14	1.0	0	31	51	1.0	3	13
14	1.7	0	43	51	1.7	0	1
14	2.2	2	33	51	2.2	0	1
14	2.8	0	31	51	2.8	0	0
14	4.0	0	19	51	4.0	0	1

제12장 분산분석법

앞에서 두 모집단의 모평균이나 처리에 대한 추론을 다룬 바 있다. 여기서는 이러한 개념을 확장하여 셋 이상의 모평균이나 처리효과를 비교하는 문제를 생각해보자. 예를 들면, 온도라는 조건을 달리하였을 때 화학공정에서 생산되는 제품의 수율, 벼 품종에 따른 수확량, 여러 종류의 벼에 여러 종류의 비료를 투입했을 때의 수확량 등이 관심사항 일 경우가 있다.

두 가지의 처리효과를 비교할 때는 t 검정을 사용하지만 세 가지 이상의 처리효과를 비교할 때는 t 검정을 사용할 수 없다. 예를 들어 5명의 작업자의 작업능률을 알아보기 위해서는 총 비교회수는 ${}_5C_2 = 10$ 회가 된다. 각각의 자료로부터 통계량을 계산하여 10회의 t 검정을 해야 하며 각 검정 또한 독립인 가를 알 수 없으므로 전체의 유의수준을 제어하기 어렵다.

우리는 문제를 해결하기 위하여 실험을 계획하고 획득한 자료를 분석하게 된다. 실험계획법(experimental design)이란 해결하고자 하는 문제에 대하여 어떠한 통계적 방법으로 자료를 분석하면 최소의 실험으로 최대의 효과를 얻을 수 있는 가를 계획하는 것을 말한다.

실험계획법에서 가장 많이 사용하는 분석방법은 분산분석으로, 이는 특성치의 산포를 제곱합으로 나타내고 이 제곱합을 실험과 관련된 요인의 제곱합으로 분해하여 오차에 비하여 특히 큰 영향을 주는 요인이 무엇인 가를 찾아내는 분석방법이다.

다음은 분산분석에서 자주 나타나는 용어를 설명한 것이다.

인자(因子) : 실험에서 관측값에 영향을 주는 요인
수준(水準) : 실험할 때의 인자의 효과
처리(處理) : 각 수준의 조합

[예제-1] 다음은 세 집단(1, 2, 3)의 남녀(M, F)별 성적(score)의 자료이다. 이 중에서 두 집단 1, 2에 대하여 t 검정과 분산분석법으로 남녀의 성적이 동일한 가를 가설검정하여라. [1)]

---

1) 두 집단에 대하여 분산분석법을 적용하는 것이다.

표-1 성별과 성적 데이터

M	1	70	M	2	76	M	3	69
M	1	76	M	2	77	M	3	67
M	1	78	M	2	78	M	3	66
F	1	80	F	2	79	F	3	63
F	1	82	F	2	78	F	3	62
F	1	85	F	2	77	F	3	57

[해] 다음의 표-2는 <<프로그램 12-1>>을 실행시켜 얻은 집단 1, 2에 대한 t 검정의 결과 중의 일부를 나타낸 것이다.

표-2 성별과 성적의 t 검정 결과

Method	Variances	DF	t Value	Pr > |t|
Pooled	Equal	10	0.46	0.6545
Satterthwaite	Unequal	5.4052	0.46	0.6626

Equality of Variances

Method	Num DF	Den DF	F Value	Pr > F
Folded F	5	5	24.64	0.0031

가설검정에서 다룬바 있듯이 t 검정에서는 먼저 분산의 동일성을 검정하고, 뒤이어 평균의 동일성을 검정한다. 위의 표에서 유의확률은 0.6545(또는 0.6626)이다.

다음의 분산분석표를 보면, 모형의 적합성에 대한 유의확률은 0.6545임을 보게 되는데 앞의 t 검정 결과에 동일한 값 0.6545가 있다. 따라서 ANOVA는 두 집단의 분산이 동일하다는 가정하에서 분석하는 것을 간접적으로 알 수 있다.

표-3 성별과 성적의 분산분석표

Source	DF	Sum of Squares	Mean Square	F Value	Pr > F
Model	1	3.0000000	3.0000000	0.21	0.6545
Error	10	141.0000000	14.1000000		
Corrected Total	11	144.0000000			

1. 일원배치법(completely randomized design)

인자가 하나뿐인 경우의 실험계획법을 일원배치법이라 한다. 일원배치법은 각 처리에서의 반복수가 같은 경우와 다른 경우로 나뉘어진다. 일원배치법은 실험이 임의로 선택된 순서에 의하여 시행되므로 완전임의배열법(completely randomized experiment)이라고도 부른다.

1) 반복수가 같은 경우

k 개의 처리효과를 비교하기 위한 모집단 모형은 다음과 같다.

$$x_{ij} = \mu + a_i + e_{ij} \quad , \; i = 1,2,...,k \quad j = 1,2,...,n$$

여기서 μ_i 는 총평균(overall mean)이고 a_i 는 인자의 i 번째 수준이 주는 효과이다. 오차항 e_{ij} 는 $N(0, \sigma^2)$ 인 분포를 따른다.

반복수가 같은 일원배치법의 구조는 다음의 표와 같다.

표-4 일원배치법의 구조

처리	처리 1	처리2	……	처리 k	전체평균
실험 1	x_{11}	x_{12}	……	x_{1k}	
실험 2	x_{21}	x_{22}	……	x_{2k}	
……	……	……	……	……	
실험 n	x_{n1}	x_{n2}	……	x_{nk}	
처리평균	$\overline{x}_{.1}$	$\overline{x}_{.2}$	……	$\overline{x}_{.k}$	$\overline{x}$

일원배치법의 분산분석표를 만드는 절차는 다음과 같다. 우선

$$(x_{ij} - \overline{x}) = (x_{ij} - \overline{x}_{.i}) + (\overline{x}_{.i} - \overline{x})$$

이므로 양변의 제곱합을 계산하고 정리하면

$$\sum_{j=1}^{n}\sum_{i=1}^{k}(x_{ij} - \overline{x})^2 = \sum_{j=1}^{n}\sum_{i=1}^{k}(x_{ij} - \overline{x}_{\cdot i})^2 + \sum_{j=1}^{n}\sum_{i=1}^{k}(\overline{x}_{\cdot i} - \overline{x})^2$$

이다. 2) 따라서

2) 제곱합 계산 중에 누락된 부분인 $\sum_{j=1}^{n}\sum_{i=1}^{k}(x_{ij} - \overline{x}_{.i})(\overline{x}_{.i} - \overline{x}) = \sum_{i=1}^{k}(x_{ij} - \overline{x})\sum_{j=1}^{n}(\overline{x}_{.i} - \overline{x}) = 0$ 이 된다.

총제곱합(TSS) = 잔차제곱합(SSE) + 처리제곱합(SST)

인 관계식을 만들 수 있으므로 분산분석표는 다음과 같이 된다.

표-5 분산분석표

요 인	제곱합	자유도	제곱평균	F value
모 형	SST	$k-1$	MST	MST / MSE
오 차	SSE	$k(n-1)$	MSE	
전 체	TSS	$kn-1$		

반복수가 같은 일원배치법의 가설은 다음과 같다.

H_0 : $a_1 = a_2 = a_3 = \cdots = a_t = 0$

H_1 : a_i 가 모두 영은 아니다.

[예제-2] 어떤 화학반응에서 촉매의 양이 합성물의 생성에 영향을 주는 가를 알아보기 위해 촉매의 양을 1g, 2g, 3g의 3수준으로 하고 실험을 4회 하여 다음과 같은 값을 얻었다. 촉매의 양이 합성물의 생성에 영향을 미친다고 할 수 있는가?

표-6 촉매의 양에 따른 실험

처리	촉매의 양		
	1g	2g	3g
실험 1	71	76	81
실험 2	68	81	83
실험 3	69	72	78
실험 4	70	75	76

[해] (ⅰ) 먼저 가설을 세우면 다음과 같다.

H_0 : 촉매의 양에 따른 합성물생성은 차이가 없다.

H_1 : 촉매의 양에 따라 합성물생성에 차이가 있다.

(ⅱ) 주어진 12개의 자료의 총평균은 $\bar{x} = 75$ 이며, 촉매의 양(1g, 2g, 3g)에 따른 평균은 각각 $\bar{x}_{.1}$ = 69.5, $\bar{x}_{.2}$ = 76, $\bar{x}_{.3}$ = 79.5 가 된다. 이제 x_{ij} 를 다음과 같이 분해하여 보자. [3)]

3) x_{ij}는 다음과 같이 분해할 수 있다. $x_{ij} = \bar{x} + (\bar{x}_{.i} - \bar{x}) + (x_{ij} - \bar{x}_{.i})$

$$x_{ij} \quad = \quad \bar{x} \quad + \quad (\bar{x}_{.i} - \bar{x}) \quad + \quad (x_{ij} - \bar{x}_{.i})$$

$$\begin{bmatrix} 71 & 76 & 81 \\ 68 & 81 & 83 \\ 69 & 72 & 78 \\ 70 & 75 & 76 \end{bmatrix} = \begin{bmatrix} 75 & 75 & 75 \\ 75 & 75 & 75 \\ 75 & 75 & 75 \\ 75 & 75 & 75 \end{bmatrix} + \begin{bmatrix} -5.5 & 1 & 4.5 \\ -5.5 & 1 & 4.5 \\ -5.5 & 1 & 4.5 \\ -5.5 & 1 & 4.5 \end{bmatrix} + \begin{bmatrix} 1.5 & 0 & 1.5 \\ -1.5 & 5 & 3.5 \\ -0.5 & -4 & -1.5 \\ 0.5 & -1 & -3.5 \end{bmatrix}$$

(iii) 처리제곱합(SST)과 잔차제곱합(SSE)은

$$\text{SST} = \sum_{j=1}^{4}\sum_{i=1}^{3}(\bar{x}_{\cdot i} - \bar{x})^2 = [(-5.5)^2 \times 4] + [1^2 \times 4] + [4.5^2 \times 4] = 206$$

$$\text{SSE} = \sum_{j=1}^{4}\sum_{i=1}^{3}(x_{ij} - \bar{x}_{.i}) = 1.5^2 + 0^2 + 1.5^2 + (-1.5)^2 + \cdots + (-3.5)^2 = 76$$

이므로 분산분석표를 작성하면 다음과 같다.

표-7 분산분석표

요 인	제곱합	자유도	제곱평균	F value
모 형	206	2	103	12.20
오 차	76	9	8.4444	
전 체	282	11		

(iv) $F(2, 9; 0.05) = 4.2565$ 이므로 검정통계량 12.2는 기각역에 속한다. 따라서 대립가설을 채택하게 되며, 촉매의 양은 합성물 생성에 영향을 미친다고 볼 수 있다.

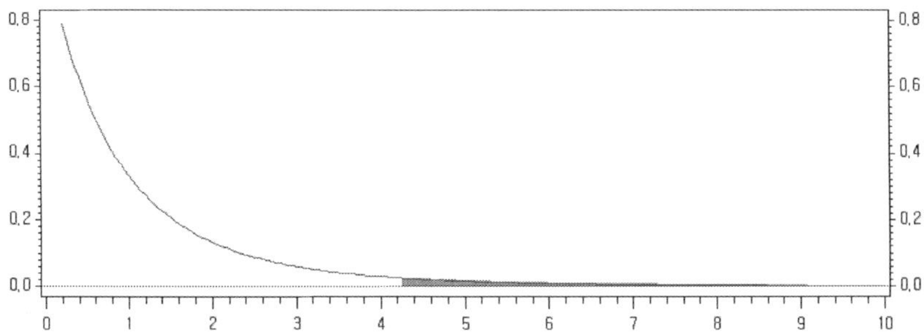

그림-1 $n_1 = 2$, $n_2 = 9$ 인 F 분포의 5% 유의수준 4)

직접 계산하여 분산분석표를 만드는 것은 어려운 과정이다. 하지만 <<프로그램 12-2>>를 실행시키면 표-7의 분산분석표를 수월하게 얻는다.

4) <<프로그램 6-12>>를 실행시키면 그래프를 그릴 수 있다.

[예제-3] A, B, C 세 종류의 식이요법의 효과를 비교하기 위해, 12명의 건강상태가 비슷한 회복기 환자를 3그룹으로 나누고 일정기간동안 식이요법 A, B, C를 시행하여 다음과 같은 체중증가 자료를 얻었다. 식이요법에 따른 효과가 있는가?

표-8 식이요법에 따른 체중변화

A	B	C
5.6	4.8	5.2
6.0	6.1	5.0
5.7	4.9	4.4
6.4	5.3	4.6

[해] (i) 귀무가설과 대립가설은 다음과 같다.

H_0 :식이요법의 효과는 동일하다. vs H_1 :식이요법의 효과는 차이가 있다.

(ii) <<프로그램 12-3>>으로부터 아래의 분산분석표를 얻을 수 있다. 검정통계량은 6.26 이고, 유의확률은 0.0198이므로 5% 유의수준에서 귀무가설이 기각된다. 즉, 식이요법은 체중변화에 영향을 미치고 있음을 알 수 있다.

표-9 분산분석표

Source	DF	Sum of Squares	Mean Square	F Value	Pr > F
Model	2	2.55166667	1.27583333	6.26	0.0198
Error	9	1.83500000	0.20388889		
Corrected Total	11	4.38666667			

[예제-4] 새로 개발된 음료수를 동일 지역에서 가격, 영양, 유용성으로하여 선전을 하고 8일간의 판매량을 측정하여 다음과 같은 결과를 얻었다. 판매전략이 음료수의 판매에 영향을 준다고 볼 수 있는가? 유의수준 5%로 가설검정하여라.

표-10 음료수 선전에 따른 판매량

날짜	가격	영양	유용성	날짜	가격	영양	유용성
1	15	13	10	2	18	17	12
3	17	18	12	4	16	16	13
5	22	19	15	6	14	15	15
7	20	16	17	8	19	18	16

[해] (i) 귀무가설과 대립가설은 다음과 같다.

H_0 : 판매전략은 효과가 없다. vs H_1 : 판매전략은 효과가 있다.

(ii) <<프로그램 12-4>>를 실행시키면 아래의 분산분석표를 얻을 수 있다. 결과를 보면 검정통계량은 5.79 이고 이때의 유의확률은 0.0100이므로 5% 유의수준에서 귀무가설이 기각된다. 즉, 판매전략은 음료수 판매에 영향을 미치고 있음을 알 수 있다.

표-11 분산분석표

Source	DF	Sum of Squares	Mean Square	F Value	Pr > F
Model	2	63.5833333	31.7916667	5.79	0.0100
Error	21	115.3750000	5.4940476		
Corrected Total	23	178.9583333			

2) 반복수가 다른 경우

모집단 모형은 반복수가 같은 경우와 마찬가지로 다음과 같다.

$$x_{ij} = \mu + a_i + e_{ij} \quad , \ i = 1,2,...,k \quad j = 1,2,...,n$$

여기서 μ_i는 총평균, a_i는 인자의 i 번째 수준의 효과이며 오차항 e_{ij}는 $N(0, \sigma^2)$ 인 분포를 따른다. 인자(factor)별로 반복수가 각각 $n_1, n_2, n_3, \dots, n_k$ 라고 하면 분산분석표는 다음과 같이 된다.

표-12 분산분석표

요 인	제곱합	자유도	제곱평균	F value
모 형	SST	$k-1$	MST	MST / MSE
오 차	SSE	$\sum_{i=1}^{k} n_j - k$	MSE	
전 체	TSS	$\sum_{i=1}^{k} n_j - 1$		

반복수가 다른 일원배치법의 가설은 다음과 같다.

H_0 : $a_1 = a_2 = a_3 = \cdots = a_t = 0$

H_1 : a_i가 모두 영은 아니다.

[예제-5] 다음 자료에서 3개의 처리평균 간에 차이가 존재하는 가를 가설검정하라.

표-13 처리간 평균

처리 1	처리 2	처리 3
15	12	16
18	21	18
17	14	18
20	30	17
	28	15
		16

[해] (i) 귀무가설과 대립가설은 다음과 같다.

H_0: 처리평균의 차이가 없다. vs H_1: 처리평균의 차이가 있다.

(ii) <<프로그램 12-5>>를 실행하면 다음과 같은 분산분석표를 얻는다.

표-14 분산분석표

요 인	제곱합	자유도	제곱평균	F value
모 형	55.00	2	27.50	1.18
오 차	280.33	12	23.36	
전 체	335.33	14		

$n_1 = 2$, $n_2 = 12$ 인 F분포에서 5% 유의수준에서의 임계값은 3.885이다. 검정통계량 1.18 은 채택역에 속하므로 귀무가설을 채택한다. 즉, 처리평균 간에는 차이가 없다고 할 수 있다.

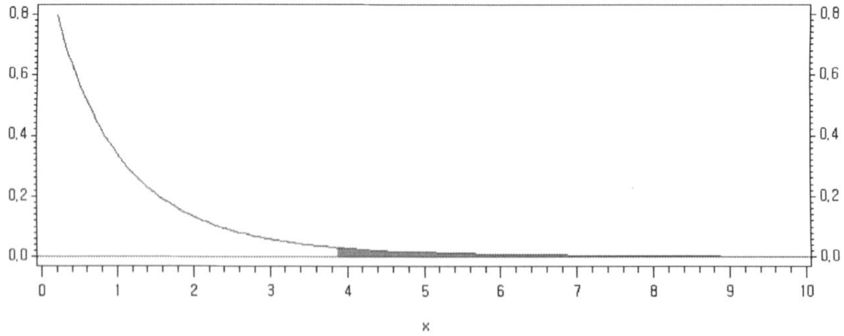

그림-2 $n_1 = 2$, $n_2 = 12$ 인 F분포의 5% 유의수준

2. 이원배치법

실험에 영향을 미치는 인자가 한 개인 일원배치법은 인자가 두 개인 이원배치법으로 확장이 가능하다.

1) 반복이 없는 이원배치법 (난괴법)

반복이 없는 경우에 대하여 논의하여 보자. 모형은

$$X_{ij} = \mu + a_i + b_j + \epsilon_{ij} \ , \quad i = 1,2,...,k \quad j = 1,2,...,n$$

여기서 μ_i 는 총평균, a_i 는 제 1 인자의 i 번째 수준의 효과, b_j 는 제 2 인자의 j 번째 수준의 효과이다. 오차항 ϵ_{ij} 은 $N(0, \sigma^2)$ 인 분포를 따른다.

반복이 없는 이원배치법의 자료구조는 다음과 같은 형태를 이룬다.

표-15 이원배치법의 구조

인자 A / 인자 B	인자 a_1	인자 a_2	……	인자 a_k	평균
인자 b_1	x_{11}	x_{12}	……	x_{1k}	$\bar{x}_{1.}$
인자 b_2	x_{21}	x_{22}	……	x_{2k}	$\bar{x}_{2.}$
……	……	……	……	……	……
인자 b_n	x_{n1}	x_{n2}	……	x_{nk}	$\bar{x}_{n.}$
평균	$\bar{x}_{.1}$	$\bar{x}_{.2}$	……	$\bar{x}_{.k}$	$\bar{x}_{..}$

앞에서와 마찬가지로 총변동을 다음과 같이 분해하여보자.

$$TSS = \sum_{i=1}^{n}\sum_{j=1}^{k}(x_{ij} - \bar{x}_{..})^2$$

$$= \sum_{i=1}^{n}\sum_{j=1}^{k}[(\bar{x}_{i.} - \bar{x}_{..}) + (\bar{x}_{.j} - \bar{x}_{..}) + (x_{ij} - \bar{x}_{i.} - \bar{x}_{.j} + \bar{x}_{..})]^2$$

$$= SS_A + SS_B + SSE$$

여기서

$$SS_A = n\sum_{i=1}^{k}(\bar{x}_{.j} - \bar{x}_{..})^2$$

$$SS_B = k\sum_{j=1}^{n}(\overline{x}_{i.} - \overline{x}_{..})^2$$

$$SSE = \sum_{i=1}^{k}\sum_{j=1}^{n}(x_{ij} - \overline{x}_{i.} - \overline{x}_{.j} + \overline{x}_{..})^2$$

이다. 이로부터 분산분석표를 작성하면 다음과 같다.

표-16 분산분석표

요 인	제곱합	자유도	자승평균	F value
인자 A	SS_A	$k-1$	MS_A	$MS_A\ /\ MSE$
인자 B	SS_B	$n-1$	MS_B	$MS_B\ /\ MSE$
잔 차	SSE	$(k-1)(n-1)$	MSE	
전 체	TSS	$kn-1$		

이원배치법의 가설은 다음과 같다.

(1) $H_0:\ a_1 = a_2 = a_3 = \cdots = a_t = 0$ vs $H_1:\ a_i$ 가 모두 영은 아니다.

(2) $H_0:\ b_1 = b_2 = b_3 = \cdots = b_n = 0$ vs $H_1:\ b_j$ 가 모두 영은 아니다.

[예제-6] A, B, C 세 종류의 비료(manure)의 효과를 비교하기 위해 토양이 다른 4개의 밭(field)을 3등분하여 토마토 20그루씩 심어 다음 자료를 얻었다. 분산분석하라.

표-17 토마토 수확자료

비료 / 토양	A	B	C	평균
밭1	32.7	36.4	29.9	33.0
밭2	42.7	47.1	32.9	40.9
밭3	35.5	40.2	33.8	36.5
밭4	38.2	42.7	36.1	39.0
평균	37.275	41.6	33.175	37.35

[해] (i) 2원배치법이므로 귀무가설은 다음과 같이 2개가 된다.

H_0 : 비료의 종류는 차이가 없다.

H_0 : 토양의 효과는 차이가 없다.

(ii) <<프로그램 12-6>>을 실행시켜 분산분석표를 만들어보면 다음과 같다.

표-18 분산분석표

요 인	제곱합	자유도	제곱평균	F value
인자 A	141.995	2	70.9975	14.36
인자 B	104.910	3	34.9700	7.07
잔 차	29.665	6	4.9441	
전 체	276.570	11		

Source	DF	Anova SS	Mean Square	F Value	Pr > F
manure	2	141.9950000	70.9975000	14.36	0.0052
field	3	104.9100000	34.9700000	7.07	0.0214

(iii) 비료 종류에 대한 가설검정 결과는 유의확률이 0.0052 이므로 5% 유의수준에서 기각된다. 즉, 비료에 따른 생산량의 차이가 없다는 가설은 기각되므로 비료에 따라 생산량 차이가 있음을 알 수 있다. 5)
(iv) 밭의 위치에 따른 생산량의 차이가 있는 가의 가설검정은 유의확률이 0.0214 이므로 5% 유의수준에서 기각된다. 따라서 토마토의 생산이 세 군데의 밭에서 차이가 발생한 것을 알 수 있다.

[예제-7] 합성반응에 있어서 반응온도와 촉매가 합성물의 생성에 영향을 미치는 가를 조사하기 위해 4개의 반응온도(A_1: 100℃, A_2: 150℃, A_3: 200℃, A_4: 250℃)와 3개의 촉매 (B_1, B_2, B_3)로 실험을 하여 다음 결과를 얻었다. 분산분석하라.

표-19 촉매에 따른 합성물 생성량

반응온도 \ 촉 매	A_1	A_2	A_3	A_4
B_1	69	75	78	76
B_2	72	80	84	80
B_3	69	81	80	70

5) 비료의 경우, 분산분석표를 보면 자유도가 $n_1=3, n_2=6$ 임을 알 수 있다. 이 때의 F 분포의 pdf는 $f(x)=\frac{8505\sqrt{3}}{2}f^{0.5}(6+3x)^{-9/2}$ 이다. 부록의 Simpson의 방법을 사용하여 7.07부터 ∞ 까지 적분하면 $\int_{7.07}^{\infty} f(x)dx=0.0214$ 가 된다.

[해] <<프로그램 12-7>>을 실행시킨 결과를 정리하여 분산분석표를 만들면 다음과 같다.

표-20 분산분석표

요 인	제곱합	자유도	제곱평균	F value	Pr > F
인자 A	195.667	3	65.2222	8.27	0.0149
인자 B	48.667	2	24.3333	3.08	0.1199
잔 차	47.333	6	7.8889		
전 체	291.667	11			

(i) 반복이 없는 이원배치법이므로 가설은 두 가지가 된다.

H_0 : 반응온도는 제품수율에 영향을 미치지 않는다.
H_0 : 촉매는 제품수율에 영향을 미치지 않는다.

(ii) 표-20의 분산분석표로부터, 반응온도에 따른 유의확률은 0.0149 이므로 귀무가설은 기각된다. 따라서 반응온도는 제품수율에 영향을 줌을 알 수 있다. 촉매에 따른 유의확률은 0.1199 이므로 귀무가설이 채택된다. 따라서 촉매는 아무런 영향을 미치지 않는다고 볼 수 있다.

2) 반복이 있는 이원배치법

반복이 없는 이원배치법은 두 인자의 어떠한 조합에 대하여 상호작용을 미치지 않는 것을 전제로 한다. 반면에 관찰치가 두 요인의 독자적인 작용을 함과 동시에 두 인자의 상호작용의 유무도 동시에 찾아내는 실험계획이 필요하다. 예를 들면 A, B 두 가지 약품을 동일 환자에게 투여한 경우, 두 약품 각각의 주효과 외에도 양자의 상승작용에 의한 약효의 증감이 있을 수 있다. 이러한 경우에 두 인자의 독자적인 효과 외에도 양자의 상호작용 유무도 동시에 검정해야 하는 실험계획이 필요하고, 이때 사용되는 것이 반복이 있는 이원배치법이다.

k 번의 반복이 있는 이원배치법의 모형은

$$X_{ij} = \mu + a_i + b_j + ab_{ij} + \epsilon_{ijk} \quad , \quad i = 1,2,\ldots,I \quad j = 1,2,\ldots,J \quad k = 1,2,\ldots,K$$

이다. 여기서 μ_i 는 총평균, a_i 는 제 1 인자의 i 번째 수준이 주는 효과, b_i 는 제 2 인자의 j 번째 수준이 주는 효과, ab_{ij} 는 두 인자의 교호작용 그리고 오차항 ϵ_{ijk} 는 $N(0, \sigma^2)$ 인 분포를 따른다.

반복이 있는 이원배치법의 귀무가설은 세 가지가 있다.

(1) $H_0: \ a_1 = a_2 = a_3 = \cdots = a_I = 0$ vs $H_1: \ a_i$ 가 모두 영은 아니다.

(2) $H_0: \ b_1 = b_2 = b_3 = \cdots = b_J = 0$ vs $H_1: \ b_j$ 가 모두 영은 아니다.

(3) $H_0: \ ab_1 = ab_2 = ab_3 = \cdots = ab_{IJ} = 0$ vs $H_1: \ ab_{ij}$ 가 모두 영은 아니다.

반복이 있는 이원배치법의 분산분석표는 다음과 같다.

표-21 이원배치법의 분산분석표

요 인	제곱합	자유도	자승평균	F value
인자 A	SS_A	$I-1$	MS_A	MS_A / MSE
인자 B	SS_B	$J-1$	MS_B	MS_B / MSE
A × B	$SS_{A\times B}$	$(I-1)(J-1)$	$MS_{A\times B}$	$MS_{A\times B}$ / MSE
잔 차	SSE	$IJ(K-1)$	MSE	
전 체	TSS	$IJK-1$		

[예제-8] 합성수지의 신장도에 온도와 촉매의 양이 영향을 미치는 가를 알아보기 위하여 각각에 대하여 두 번씩의 실험을 실시하였다. 분산분석을 하라.

온 도 : A_1 : 180℃, A_2 : 190℃, A_3 : 200℃

촉 매 : B_1 : 60g, B_2 : 70g, B_3 : 80g

표-22 온도-촉매의 양에 따른 합성수지 신장도

온도	촉매 / 반복	B_1	B_2	B_3
A_1	1	15.3	15.1	14.7
	2	16.1	15.5	15.0
A_2	1	17.2	16.8	16.4
	2	16.6	17.0	16.5
A_3	1	17.0	16.9	16.3
	2	16.2	16.8	16.7

[해] (ⅰ) 가설은 다음과 같이 세 가지가 된다.

H_0 : 온도는 신장도와 무관하다.

H_0 : 촉매는 신장도와 무관하다.

H_0 : 온도와 촉매의 상호작용은 없다.

(ⅱ) <<프로그램 12-8>>의 실행결과를 요약하면 다음과 같다.

Source	DF	Anova SS	Mean Square	F Value	Pr > F
a	2	8.05777778	4.02888889	26.56	0.0002
b	2	0.33777778	0.16888889	1.11	0.3697
a*b	4	0.47555556	0.11888889	0.78	0.5634

1) 온도(a)는 유의확률이 0.0002이므로 귀무가설은 기각된다. 온도는 신장도에 밀접한 영향을 미친다고 볼 수 있다.
2) 촉매의 경우는 유의확률이 0.3697이므로 귀무가설이 채택된다. 촉매(b)는 신장도에 아무런 영향도 미치지 못한다고 볼 수 있다.
3) 마지막으로 온도와 촉매의 상호작용(a*b)에 따른 유의확률은 0.5634이므로 가설이 채택되어 아무런 상호작용이 없다는 것이다.

3. 다중비교 (multiple comparison)

귀무가설이 기각되어 각 요인의 모평균이 모두 같지는 않다는 결론이 나왔다면, 모평균의 구조에 대하여 알아볼 필요가 있다. 이러한 비교방법을 다중비교라 한다.

만일 요인의 수준이 5개라고 할 때, 두 개의 모평균의 차에 대한 검정을 실시한다고 하면 다음과 같이 모두 ${}_5C_2 = 10$ 가지의 검정을 해야 한다.

$$H_0:\ \mu_1 = \mu_2$$
$$H_0:\ \mu_1 = \mu_3$$
$$H_0:\ \mu_1 = \mu_4$$
$$\cdots \qquad \cdots$$
$$H_0:\ \mu_4 = \mu_5$$

다섯 가지의 수준에 대해 유의수준 5%로 가설검정 하는 경우에 적어도 하나의 가설도 기각되지 않을(채택될) 확률은

$$1 - 0.95^{10} = 0.4013$$

이므로 하나라도 잘못된 결론을 내릴 확률이 40%정도가 된다는 의미이다. 이러한 점을 고려하여 역으로 다섯 가지의 수준을 5% 유의수준에서 채택하기 위해서는 각각의 유의수준은 다음 식을 만족하는 값이 될 것이다.

$$1-(1-x)^{10}=0.05 \quad \rightarrow \quad x=0.005$$

유의수준은 너무 작은 값이므로 두 개의 모평균 차의 검정을 하는 경우에는 대부분이 채택된다는 것이며, 가설검정의 의미가 없어진다.

이러한 문제점을 해소하기 위해 대부분의 실험자는 가급적이면 모평균이 차이가 있다는 결론을 내릴 수 있는 다중비교법을 선택하게 된다. 이 때에 애용되는 검정방법이 Duncan의 다중범위 검정이다. 그런데 Duncan의 다중범위 검정방법은 모평균의 차이가 없다는 귀무가설을 잘 기각시키기는 하지만 판정에 대한 오류의 확률 또한 크다는 사실을 유념해야 한다.

1) 쌍별비교 (pair-wise comparison)

이 방법은 한번에 두 개의 모평균이 같은 지를 검정하는 방법으로 두 개의 표본에 대한 t 검정이라 할 수 있다. 쌍별비교에서는 Tukey의 방법과 Scheffe의 방법이 추천할만한 방법이다. 표본의 크기가 다를 때에도 사용 가능하다.

쌍별비교를 위한 예를 들어본다. 이제 다음과 같은 다섯 개의 모평균을 비교한다고 하자.

표-23 5개의 표본평균

$\overline{X}_1$	$\overline{X}_2$	$\overline{X}_3$	$\overline{X}_4$	$\overline{X}_5$
20	30	11	18	22

대부분의 경우, 표본평균을 비교함으로써 모평균에 대한 비교(검정)를 할 수 있다. 이상의 데이터를 검정하기 위해 우선 자료를 크기순으로 재배치한다.

표-24 크기 순으로 정리한 표본평균

$\overline{X}_3$	$\overline{X}_4$	$\overline{X}_1$	$\overline{X}_5$	$\overline{X}_2$
11	18	20	22	30

이 표로부터 처음과 끝의 자료를 먼저 가설검정한다. 즉,

$$H_0: \ \mu_3=\mu_2$$

에 대한 가설검정을 실시하여 귀무가설이 채택되면 다섯 개의 모평균 차에 대한 검정은 모두 실시한 것이 되며, 모든 모평균은 동일하다고 결론을 내릴 수 있다. 하지만 귀무가설이 기각된 경우라면 논리적으로 다음과 같은 두 개의 가설을 검정해야 할 것이다.

$$H_0: \ \mu_3=\mu_5$$

$$H_0: \ \mu_4=\mu_2$$

여기서 첫 번째 가설은 채택되고 두 번째 가설은 기각되었다고 하자. 이것은 첫 번째부터 네 번째까지의 모평균은 동일하다는 결론은 내릴 수 있다. 이러한 검정을 계속 실시하여 다음과 같은 가설을 채택하였다고 하자.

H_0: $\mu_3 = \mu_1$

H_0: $\mu_1 = \mu_5$

다중비교에서 두 집단의 비교 결과를 보일 때는 통계적으로 유의한 차이가 없는 경우에 밑줄을 그어 표시한다. 이러한 규칙을 적용하여 다섯 개의 모집단에 대한 검정결과를 표시하면 다음과 같다.

```
3     4     1     5     2
-----------------
            -----------
```

2) 다단계비교

이 방법은 쌍별비교와 유사한 방법으로 모평균의 차이를 검정한다. 쌍별비교에서는 두 모집단의 차에 대한 가설검정에서 각 단계별로 유의수준을 같게 놓고 검정을 실시한 것이다. 다단계비교에서는 유의수준을 다르게 놓는 방법을 사용한다.

다단계비교는 표본의 크기가 같을 때에만 사용할 수 있으며 Duncan의 방법이 많이 사용된다. 이와 더불어 Ryan-Einot-Gabriel-Welsch 의 방법을 사용하는 것도 바람직하다. SAS에서는 GLM 프로시저에서 REGWF를 옵션으로 지정하면 된다.

[예제-9] 다음은 K 대학교 전산과 3학년 학생들을 세 그룹(주간2, 야간1)으로 나누어 데이터베이스 강의를 한 다음, 질의어(query)를 주고 이것을 푼 것을 점수와 시간으로 측정한 것이다. 여기서 변수는 grade(평점), entrance(예비고사성적), units(해결한 문제수), score (DB 성적), time(푼 시간)이다. 다중비교를 하라.

[해] <<프로그램 12-9>>를 실행시키고, 결과 중의 일부분만을 뽑아서 정리한 것이 다음과 같다.

표-25 분산분석표

변수	F Value	Pr > F
grade	1.05	0.3558
entrance	4.17	0.0200
units	0.62	0.5391
score	37.63	<.0001
time	220.60	<.0001

세 개의 그룹에 대해 통계적으로 유의한 변수는 entrance, score, time으로 나타났다. 이제부터 다중비교 결과를 살펴보자. 먼저 grade에 대해 다중비교를 한 결과는 다음과 같다.

```
Duncan Grouping          Mean      N    group

              A        3.2664     22    B
              A
              A        3.0291     22    A
              A
              A        3.0010     21    C

 Tukey Grouping          Mean      N    group

              A        3.2664     22    B
              A
              A        3.0291     22    A
              A
              A        3.0010     21    C

Scheffe Grouping         Mean      N    group

              A        3.2664     22    B
              A
              A        3.0291     22    A
              A
              A        3.0010     21    C
```

이를 다음과 같이 요약하였다.

표-26 변수 grade의 다중비교

Duncan	B A C ------------
Tukey	B A C ------------
Scheffe	B A C ------------

세 개의 그룹에 대한 다중비교 결과, grade는 차이를 나타내지 않고 있음을 보게 된다. 나머지 변수에 대해서도 분석결과를 요약하여 다음과 같이 표로 나타내었다. 세 개의 방법(Duncan, Tukey, Scheffe)에 따른 다중비교 결과는 모두 동일하게 나타난 것을 볼 수 있다.

표-27 다중비교표

변 수 / 분석방법	grade	entrance	units	score	time
Duncan	B A C ------------	A C B ------ (A C) ------ (C B)	B C A ------------	A C B ------ (C B)	B C A ------ (B C)
Tukey	B A C ------------	A C B ------ (A C) ------ (C B)	B C A ------------	A C B ------ (C B)	B C A ------ (B C)
Scheffe	B A C ------------	A C B ------ (A C) ------ (C B)	B C A ------------	A C B ------ (C B)	B C A ------ (B C)

grade와 units은 그룹 간의 차이가 발생하지 않는다. entrance는 A와 C 그룹 간의 차이가 없고 C와 B 그룹 간의 차이는 없지만 A와 B 그룹 간에는 차이가 발생하였다. score는 B와 C 그룹 간의 차이는 없지만 A 그룹은 나머지 그룹과는 차이가 발생하였음을 알 수 있다.

4. 여러 평균치간의 비교

[정의-1] k개의 평균치에 관한 선형결합식 $C = c_1\overline{X}_1 + c_2\overline{X}_2 + c_3\overline{X}_3 + \cdots + c_k\overline{X}_k$ 에서 $\sum_{i=1}^{k} c_i = 0$ 이면 C를 처리평균치 간의 대비(contrast)라고 한다.

대비에 관한 가설검정은 다음과 같다.

$$H_0:\ C = 0 \quad vs \quad H_1:\ C \neq 0$$

[예제-10] 다음은 Snedecor와 Cochran(1980)에서 인용한 자료이다. 빵을 튀길 때 기름의 종류에 따라 빵에 흡수된 기름의 양을 측정한 자료이다. 흡수된 기름의 양은 동일한 가를 일원배치법으로 검정하라.

표-28 기름의 흡수량

기름의 종류	A	B	C	D
흡수량	64	78	75	55
	72	91	93	66
	68	97	78	49
	77	82	71	64
	56	85	63	70
	95	77	76	68

[해] (ⅰ) 귀무가설은 H_0 : 빵에 흡수되는 기름의 양은 동일하다.

(ⅱ) <<프로그램 12-10>>을 실행시켜 얻은 분산분석표를 보면 유의확률이 0.0069 이므로 귀무가설은 기각된다. 따라서 빵에 흡수되는 기름의 양은 동일하다는 귀무가설은 기각된다.

표-29 분산분석표

Source	DF	Sum of Squares	Mean Square	F Value	Pr > F
Model	3	1636.50000	545.50000	5.41	0.0069
Error	20	2018.00000	100.90000		
Corrected Total	23	3654.50000			

그림을 통해서도 확인할 수 있다. 다음의 그림을 보면 검정통계량 5.41은 기각역에 놓이는 것을 보게 된다.

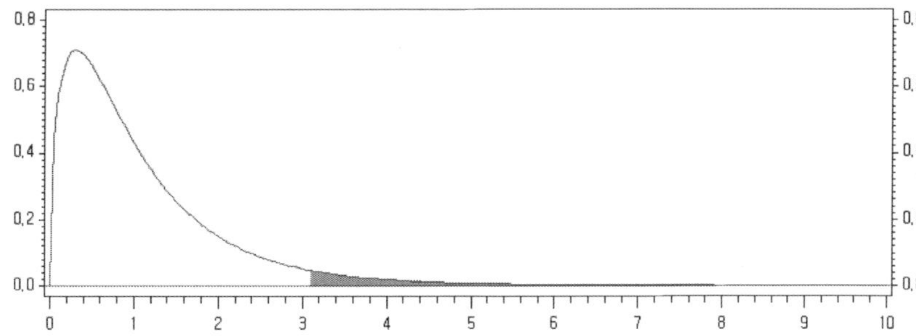

그림-3 $F(3,20)$ 분포의 5% 유의수준

[예제-11] 앞의 Snedecor와 Cochran 예제에서 기름의 종류 A, B는 H회사 제품이고 C, D는 K회사 제품이라고 할 때, H회사와 K회사의 제품 간의 차이가 있는 가를 알아보라.
[해] 이러한 경우에는 대비

$$C = \frac{1}{2}(\mu_1 + \mu_2) - \frac{1}{2}(\mu_3 + \mu_4)$$

를 이용하여 분석하여야 하며, C값이 0보다 크면 H회사 제품이 K회사 제품보다 흡수되는 양이 많다는 사실을 제공한다. <<프로그램 12-11>>의 실행결과를 정리하여 분산분석표와 대비결과표를 나타내면 다음과 같다.[6)]

표-30 분산분석표

Source	DF	Sum of Squares	Mean Square	F Value	Pr > F
Model	3	1636.500000	545.500000	5.41	0.0069
Error	20	2018.000000	100.900000		
Corrected Total	23	3654.500000			

표-31 대비결과표

Contrast	DF	Contrast SS	Mean Square	F Value	Pr > F
A B vs. C D	1	541.5000000	541.5000000	5.37	0.0313

6) 대비(contrast)는 ANOVA에서 처리할 수 없으므로 GLM을 사용하였다. 참고로 GLM에는 회귀분석뿐 아니라 분산분석까지도 처리해준다.

대비에 있는 F값은 $F=\dfrac{100.9}{541.5}=5.37$ 이며, 이 때의 유의확률은 0.0313 이므로 귀무가설 (H_0 : $C=0$) 은 기각된다. 즉, 대비는 0(zero)이 아니다. 따라서

$$\frac{1}{2}(\mu_1+\mu_2)-\frac{1}{2}(\mu_3+\mu_4)\neq 0$$

이므로 흡수되는 기름의 양은 회사별로 차이가 있다.

[예제-12] 앞의 Snedecor와 Cochran 자료에서, 기름의 종류 A, B, C는 기존 공법으로 생산된 기름이고 D는 신공법으로 생산된 기름이라고 할 때 공법에 따른 기름의 흡수량에는 차이가 있는 가를 분석하라.

[해] 이 경우의 대비는 다음과 같이 설정하면 된다.

$$C=\frac{1}{3}(\mu_1+\mu_2+\mu_3)-\mu_4$$

이러한 대비를 넣은 <<프로그램 12-12>>를 실행시켜보면 다음과 같다.

표-32 대비결과표

Contrast	DF	Contrast SS	Mean Square	F Value	Pr > F
A B C vs. D	1	1104.5000000	1104.5000000	10.95	0.0035

다음은 자유도가 각각 $n_1=1, n_2=20$인 F분포에서 유의수준 5%를 나타낸 그림이다.[7)]

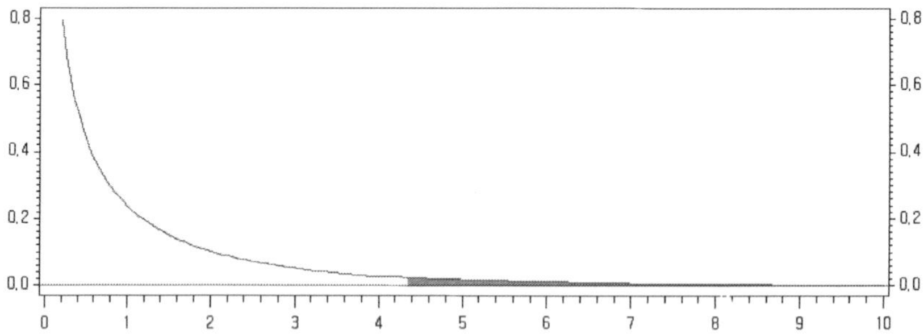

그림-4 $F(1,20)$ 분포의 5% 유의수준

그림-4에서 보듯이 대비(contrast)에서의 검정통계량 10.95 은 기각역에 놓인다. 따라서 귀무가설은 기각되므로 신공법과 구공법에 따라 기름의 흡수량에는 차이가 발생함을 알 수 있다.

7) $F(1,20;0.05)=4.351$ 이다.

5. 요인계획법

2개 이상의 요인이 있는 실험에서 각 요인의 수준에 따라 여러번 반복실험을 하여 수준에 따른 영향이 존재하는 가를 알아보는 실험계획법을 요인계획법이라 한다.

[예제-13] 다음은 Chatfield & Collins(1980)에서 인용한 자료이다. 레탈린(retalin)이 정상아동과 번잡스런 아동에 미치는 효과를 분석하기 위해 정상아동 8명과 번잡스런 아동 8명에게 레탈린과 위약을 각각 4명에게 투약하고 활동지수를 측정한 결과, 다음과 같은 자료를 얻었다. 분산분석을 실시하여라.

표-33 약의 종류에 따른 두 집단 아동의 활동지수

약(drug) / 아동(child)	위 약	레탈린
정상 아동	50 45 55 52	67 60 58 65
번잡스런 아동	70 68 72 75	51 57 48 55

[해] <<프로그램 12-13>>을 실행시키면 다음의 분산분석표를 얻는다.

표-34 분산분석표

Source	DF	Anova SS	Mean Square	F Value	Pr > F
drug	1	42.25000	42.25000	2.79	0.1205
child	1	121.00000	121.00000	8.00	0.0152
drug*child	1	930.25000	930.25000	61.50	<.0001

요인계획법에 의한 분석결과는 다음과 같다.

(ⅰ) 약의 종류에 관한 귀무가설(H_0 :약에 따른 효과는 없다.)은 5% 유의수준에서 채택된다.
(ⅱ) 아동에 관한 귀무가설(H_0 : 아동의 활동지수는 동일하다.)은 5% 유의수준에서 기각된다.
(ⅲ) 약의 종류와 아동의 활동지수의 상호작용이 없다는 귀무가설은 기각된다.

따라서, 위약이나 레탈린을 먹더라도 활동지수에 차이가 없으므로 레탈린이 활동지수에는 영향을 미치지 않는다고 판단된다. 하지만 아동들의 활동지수는 그룹에 따라 차이가 있음을 알 수 있다. 마지막으로 약의 종류와 아동그룹은 서로 영향을 미친다고 볼 수 있다.

6. 분할구 실험법

분할법은 실험지구로 선정된 여러 지구에서 각각의 지구를 몇 개의 작은 지구로 분할하여 다른 인자를 배치하기 위하여 고안된 것이다. 다음은 4수준의 인자 A(재배방법)에 대하여 각 지구를 다시 3등분하여 3수준의 인자 B(비료의 종류)를 임의로 배치한 경우이다.

A1	A2	A3	A4
B1	B2	B1	B2
B3	B3	B2	B1
B2	B1	B3	B3

만일 이원배치법으로 문제를 해결한다고 하면 A, B 인자의 조합에 의한 12개의 처리를 임의로 배치하여 실험을 실시해야 한다. 그런데 분할법은 1차단위로 A의 수준을 임의배치하고(主區), A의 수준에 대하여 B의 수준이 1차단위를 분할하여 만든 작은 지구(細區)에 모두 나타나도록 배치되어 실험하는 것임을 알 수 있다.

분할법은 주구와 세구의 배치를 각각 독립적으로 실시하며, 특히 세구는 주구 내에서 임의배치하므로 오차항은 두 개가 존재한다. 따라서 모형은 다음과 같다.

$$X_{ijk} = \mu + a_i + b_j + e_{(1)ij} + c_k + (bc)_{jk} + e_{(2)ijk} \qquad i=1,2,...,a \quad j=1,2,...,b \quad k=1,2,...,c$$

μ : 모평균

a_i : i 번째 block의 효과

b_j : j 번째 주구의 효과 (여기서는 호밀의 종류)

$e_{(1)ij}$: 1차분할 오차

c_k : k 번째 세구의 효과 (여기서는 질소비료의 종류)

$(bc)_{jk}$: j 번째 주구와 k 번째 세구의 상호작용의 효과

$e_{(2)ijk}$: 2차분할 오차

표-35 분할법에 의한 실험설계

<table>
<tr><td></td><td colspan="4">block 1</td><td>block 2</td><td>… …</td><td>block a</td></tr>
<tr><td></td><td colspan="4">호 밀 1</td><td rowspan="4"></td><td rowspan="4">… …
… …
… …
… …
… …</td><td rowspan="4"></td></tr>
<tr><td></td><td colspan="4">호 밀 2</td></tr>
<tr><td></td><td colspan="4">⋮
⋮
⋮</td></tr>
<tr><td>호밀 b</td><td>질소비료 1</td><td>질소비료 2</td><td>…</td><td>질소비료 c</td></tr>
</table>

분할법의 가설검정은 다음과 같다.

(1) 주구의 효과

H_0 : 주구의 효과는 없다.
H_1 : 최소한 하나의 수준에서는 효과가 다르다.

(2) 세구의 효과

H_0 : 세구의 효과는 없다.
H_1 : 최소한 하나의 수준에서는 효과가 다르다.

(3) 교호작용의 효과

H_0 : 주구와 세구간의 교호작용은 없다.
H_1 : 주구와 세구간의 교호작용은 있다.

[예제-14] 다음은 고구마의 품종과 고구마 싹의 이식시기를 달리하여 얻은 자료로서, 품종이 주구, 싹의 이식시기는 세구로 되어있다. 분산분석하라.

표-36 고구마수확 자료(방송통신대학교 교재 중에서)

주구(품종)	세구(이식시기)	블럭				합 계
		1	2	3	4	
농림 1 호	5/4	74	56	64	59	253
	5/24	66	66	70	64	266
	6/14	50	49	57	56	212
	7/4	36	39	33	46	154
	합 계	226	210	224	225	885
총승 100 호	5/4	88	76	84	76	324
	5/24	73	72	77	64	286
	6/14	73	59	74	62	268
	7/4	48	50	55	46	199
	합 계	282	257	290	248	1077

[해] (i) <<프로그램 12-14>>를 실행시켜 얻은 분산분석표가 다음과 같다. 모형의 적합성에 대한 귀무가설(H_0 :모형은 부적합하다)은 5% 유의수준에서 기각되어 분석은 적합한 것으로 판단된다.

표-37 분산분석표

Source	DF	Sum of Squares	Mean Square	F Value	Pr > F
Model	13	5451.750000	419.3653	17.84	0.0001
Error	18	423.125000	23.5069		
Corrected Total	31	5874.875000			

(ⅱ) 분할구 실험에 대한 귀무가설은

H_0 : 주구(b)의 효과는 없다.
H_0 : 세구(c)의 효과는 없다.
H_0 : 주구와 세구간의 상호작용은 없다.

(ⅲ) 가설검정 결과는 주구, 세구의 효과는 없다는 가설은 기각되므로 주구, 세구의 효과는 있다고 판단된다. 하지만 주구와 세구의 상호작용에 대한 유의확률이 0.0962이므로 5% 유의 수준에서 귀무가설이 채택되어 아무런 관련이 없는 것으로 판단된다.

표-38 분할구 실험분석 결과

Source	DF	Anova SS	Mean Square	F Value	Pr > F
A	3	214.625000	71.541667	3.04	0.0556
B	1	1152.000000	1152.000000	49.01	0.0001
A*B	3	126.750000	42.250000	1.80	0.1838
C	3	3785.125000	1261.708333	53.67	0.0001
B*C	3	173.250000	57.750000	2.46	0.0962

7. SAS 프로그램

<<프로그램 12-1>> 세 집단의 남녀별 성적에 대한 t검정과 ANOVA와의 비교

```
data gen_score ;
input gender$ group score @@ ;
if group=1 or group=2 ;
cards ;

   M   1   70        M   2   76        M   3   69
   M   1   76        M   2   77        M   3   67
   M   1   78        M   2   78        M   3   66
   F   1   80        F   2   79        F   3   63
   F   1   82        F   2   78        F   3   62
   F   1   85        F   2   77        F   3   57

run ;

proc ttest ;
class group ;
run ;

proc anova ;
class group ;
model score = group ;
run ;
```

<<프로그램 12-2>> 촉매의 양을 다르게하여 실험

```
data one ;
do catalyst = 1 to 3 ;
  input x@@ ;
  output ;
end ;
cards ;
   71   76   81
   68   81   83
   69   72   78
   70   75   76
run ;
```

```
proc anova ;
  class catalyst ;
  model x = catalyst ;
run ;
```

<<프로그램 12-3>> 식이요법에 따른 체중변화

```
data one ;
do diet='A', 'B', 'C' ;
  input inc_wt @@ ;
  output ;
end ;
cards ;
      5.6       4.8       5.2
      6.0       6.1       5.0
      5.7       4.9       4.4
      6.4       5.3       4.6
run ;

proc anova ;
  class diet ;
  model inc_wt=diet ;
run ;
```

<<프로그램 12-4>> 음료수 선전 전략과 판매량변화

```
data drink ;
do stretage = 'price', 'cal', 'effi' ;
  input x @@ ;
  output ;
end ;
cards ;
15  13  10    17  18  12    22  19  15    20  16  17
18  17  12    16  16  13    14  15  15    19  18  16
;

proc anova ;
class stretage ;
model  x = stretage ;
run ;
```

<<프로그램 12-5>> 처리수준이 다른 경우

```
data oneway_3 ;
do treat = 1 to 3 ;
  input x@@ ;
  output ;
end ;
cards ;
  15   12   16       18   21   18
  17   14   18       20   30   17
   .   28   15        .    .   16
run ;
proc anova ;
  class treat ;
  model x = treat ;
run ;
```

<<프로그램 12-6>> 비료-토양에 따른 토마토 수확량

```
data tomato ;
do field = 1 to 4 ;
do manure = 'a', 'b', 'c' ;
   input produce @@;
   output ;
end ;
end ;
cards ;
  32.7  36.4  29.9
  42.7  47.1  32.9
  35.5  40.2  33.8
  38.2  42.7  36.1
run ;

proc anova ;
   class manure field ;
   model produce = manure field ;
run ;
```

<<프로그램 12-7>> 촉매-반응온도에 따른 합성물 생성량

```
data two_way ;
do b = 1 to 3 ;
   do a = 1 to 4 ;
      input x@@ ;
      output ;
   end ;
end ;
cards ;
   69      75      78      76
   72      80      84      80
   69      81      80      70
run ;

proc anova ;
class a b ;
model x = a b ;
run ;
```

<<프로그램 12-8>> 촉매-반응온도에 따른 합성물 생성량 실험을 2회 실시

```
data two ;
do a=1 to 3 ;
   do b=1 to 3 ;
      do repeat=1 to 2 ;
         input x@@ ;
         output ;
      end ;
   end ;
end ;
cards ;
  15.3     15.1     14.7     16.1     15.5     15.0
  17.2     16.8     16.4     16.6     17.0     16.5
  17.0     16.9     16.3     16.2     16.8     16.7
run ;
proc anova ;
class a b ;
model x=a b a*b ;
run ;
```

<<프로그램 12-9>> DB 성적비교

```
data a1 ;
 input group$ age gender grade entrance units score time@@;
 cards ;
A 20 2 2.81 246 31 84 32  A 21 2 2.97 250 38 90 24
A 21 1 2.44 254 32 92 26  A 19 1 1.26 266 31 80 31
A 21 1 2.81 249 30 90 29  A 20 1 1.57 248 36 89 32
A 20 1 1.92 251 32 88 34  A 21 1 1.95 254 38 82 35
A 25 1 3.37 262 45 91 27  A 22 2 3.36 266 49 88 30
A 25 1 2.75 248 46 95 26  A 25 1 3.31 249 46 94 25
A 25 2 4.25 249 45 99 28  A 26 1 2.94 256 48 85 32
A 25 1 3.50 269 46 86 33  A 22 1 3.78 265 50 89 28
A 25 1 3.78 242 51 93 27  A 24 1 3.52 255 52 92 30
A 25 1 3.35 243 51 90 34  A 24 1 4.00 265 45 95 27
A 25 1 3.78 266 55 78 27  A 25 1 3.22 269 47 94 26
run ;

data a2 ;
 input group$ age gender grade entrance units score time@@;
 cards ;
B 21 2 3.05 256 33 80 46  B 19 1 3.39 265 37 82 47
B 23 2 3.15 260 34 74 51  B 21 1 3.36 241 32 72 54
B 21 1 2.55 248 33 68 60  B 24 1 2.81 242 34 70 55
B 20 1 2.57 246 38 75 56  B 20 1 2.71 252 39 75 52
B 24 1 4.05 252 47 84 50  B 25 1 4.07 254 46 88 48
B 25 1 3.57 242 51 72 50  B 25 1 3.35 244 53 76 56
B 25 1 3.64 241 55 70 55  B 24 1 3.90 256 49 82 54
B 26 1 3.00 242 51 78 57  B 25 1 1.21 245 55 70 60
B 25 1 3.41 249 53 71 58  B 25 1 3.47 251 52 72 50
B 25 1 3.28 256 50 70 60  B 25 1 3.60 243 52 78 45
B 22 1 3.86 242 53 77 57  B 21 2 3.86 244 54 77 52
run ;

data a3 ;
 input group$ age gender grade entrance units score time@@;
 cards ;
C 20 1 2.05 258 40 70 60  C 19 2 2.68 249 31 72 51
C 19 1 2.36 266 30 82 44  C 20 1 2.28 262 32 86 45
C 19 2 2.18 251 31 76 52  C 20 2 2.94 242 30 74 56
C 21 1 2.65 249 34 72 58  C 24 1 2.97 248 38 72 55
```

```
C 20 2 2.92 266 39 70 59  C 22 1 3.31 256 44 82 48
C 24 1 3.30 258 41 84 50  C 24 1 3.47 252 51 76 54
C 24 1 3.59 255 53 72 52  C 25 1 3.57 242 55 70 56
C 24 1 2.90 249 54 76 54  C 25 1 2.91 259 49 88 45
C 26 1 3.66 262 52 89 47  C 27 1 2.92 242 50 70 57
C 26 1 3.00 244 55 70 58  C 22 2 3.36 243 51 74 54
C 22 1 4.00 250 45 88 47
run ;

data baek123 ;
set a1 a2 a3 ;
run ;

proc glm data=baek123 ;
class group ;
model grade entrance units score time=group ;
     means group / tukey scheffe duncan regwf ;
run ;
```

<<프로그램 12-10>> 4종류의 기름 흡수량

```
data oneway ;
do fat='A','B','C','D' ;
   input amt@@ ;
   output ;
end ;
cards ;
64  78  75  55
72  91  93  66
68  97  78  49
77  82  71  64
56  85  63  70
95  77  76  68
run ;
proc anova ;
  class fat ;
  model amt=fat ;
run ;
```

<<프로그램 12-11>> 두 회사 제품의 기름 흡수량

```
data oneway ;
do fat='A','B','C','D' ;
   input amt@@ ;
   output ;
end ;
cards ;
64  78  75  55    72  91  93  66
68  97  78  49    77  82  71  64
56  85  63  70    95  77  76  68
run ;

proc glm ;
class fat ;
  model amt=fat ;
  contrast 'A B vs. C D' fat 0.5 0.5 -0.5 -0.5 ;
run ;
```

<<프로그램 12-12>> 두 가지 공법에 따른 기름 흡수량

```
data contrast ;
do fat='A','B','C','D' ;
   input amt@@ ;
   output ;
end ;
cards ;
64  78  75  55
72  91  93  66
68  97  78  49
77  82  71  64
56  85  63  70
95  77  76  68
run ;

proc glm ;
class fat ;
  model amt=fat ;
  contrast 'A B C vs. D' fat 1  1  1  -3 ;
run ;
```

<<프로그램 12-13>> 위약(플라시보)-레탈린 효과비교

```
data two_way ;
do drug= 'placebo', 'retalin' ;
  do child='normal', 'abnormal' ;
     do iter=1 to 4 ;
         input index@@ ;
         output ;
     end ;
  end ;
end ;
cards ;
   50  45  55  52      70  68  72  75
   67  60  58  65      51  57  48  55
run ;
proc anova ;
   class drug child ;
   model index=drug child drug*child ;
run ;
```

<<프로그램 12-14>> 고구마 품종에 대한 분할구 실험

```
data spl ;
do b = 'n1' , 'c100' ;
   do c = '5/4' , '5/24' , '6/14' , '7/4' ;
      do a=1 to 4 ;
         input Y@@ ;
         output ;
      end ;
   end ;
end ;
cards ;
     74    56    64    59     66    66    70    64
     50    49    57    56     36    39    33    46
     88    76    84    76     73    72    77    64
     73    59    74    62     48    50    55    46
run ;
proc anova ;
  class a b c ;
  model y=a b a*b c b*c ;
run ;
```

▸ ▸ ▶ 연습문제 ◀ ◂ ◂

1. 어떤 합성반응에서 촉매의 양이 합성물의 수득량에 영향을 미치는 가를 알기 위하여 촉매의 양을 2g, 4g, 6g의 3수준으로 하고 실험순서를 임의로 하여 12회의 실험을 한 결과 다음 표를 얻었다. 촉매의 양은 합성물의 수득량에 영향을 미치는가?

처리	촉매의 양		
	2g	4g	6g
1	74	79	82
2	69	81	85
3	73	75	80
4	67	78	79

2. 신품종의 벼가 비료의 종류에 따라 수확량에 어떤 차이를 가져오는가를 검토하기 위해 4종류의 비료를 뿌린 후, 수확한 양을 조사한 것이 다음과 같았다. 분산분석하여라.

A	B	C	D
12	14	19	24
18	12	17	30
	13	21	

3. 어떤 합성반응에서 반응온도와 촉매가 합성물의 수득량에 영향을 미치는 가를 조사하기 위하여 반응온도를 140℃, 160℃, 180℃, 200℃의 4수준으로 하고 촉매를 3종류를 써서 실험한 결과 다음 표를 얻었다. 분산분석을 하여라.

촉매 / 반응온도	A	B	C
140℃	74	79	79
160℃	69	81	81
180℃	73	75	75
200℃	67	78	78

4. 어떤 합성수지를 성형하는 공정에서 성형온도와 가소제의 양이 합성수지의 세기에 미치는 영향을 조사할 목적으로 다음 실험을 하였다. 성형온도를 80℃, 100℃, 120℃ 로 하고 가소제의 양을 5%, 10%, 15%로 하여 동일 조건하에서 18회의 실험을 실시하여 제품의 세

기를 측정한 결과 다음 표와 같은 자료를 얻었다. 분산분석을 하여라.

합성수지의 세기

온도	가소제의 양		
	5%	10%	15%
80℃	15.3 16.1	15.1 15.5	14.7 15.0
100℃	17.2 16.6	16.8 17.0	16.4 16.5
120℃	17.0 16.2	16.9 16.8	16.3 16.7

5. 4종류의 플라스틱 제품에 대해 각각 7개, 6개, 6개, 2개의 표본을 취하여 강도(Kg/cm^2)를 측정하였다. 여기서 을과 병은 모기업이 같은 회사이다.

A1 : 갑(甲) 주식회사 제품
A2 : 을(乙) 주식회사 제품
A3 : 병(丙) 주식회사 제품
A4 : 외국회사 제품

A1	20	18	19	17	17	22	18
A2	25	23	28	26	19	26	
A3	24	25	18	22	27	24	
A4	14	12					

이 실험의 목적은 4종류의 제품 간에 다음과 같은 것을 비교하기 위한 것이다.

C1 : 외국제품과 한국제품의 차
C2 : 갑과 (을, 병) 제품의 차
C3 : 을과 병 제품의 차

(1) 대비 C1 에 대한 가설검정을 하라.
(2) 대비 C2 에 대한 가설검정을 하라.
(3) 대비 C3 에 대한 가설검정을 하라.

제13장 적합도검정

1. 관찰도수에 대한 적합도검정

크기 n 인 임의표본을 적당한 방법을 사용하여 k 개의 계급으로 나누려고 한다. 각각의 계급 $C_1, C_2, \cdots, C_k$ 에 속하는 관찰도수를 $n_1, n_2, \cdots, n_k$ 로 표시하면 다음 관계식이 성립한다.

$$n_1 + n_2 + \cdots + n_k = n$$

임의표본이 $(n_1, n_2, \cdots, n_k)$ 로 되는 확률분포는 다항분포를 따르므로

$$P(n_1, n_2, \cdots, n_k) = \frac{n!}{n_1! n_2! \cdots n_k!} p_1^{n_1} p_2^{n_2} \cdots p_k^{n_k}$$

로 계산된다. C_i 계급의 이론상의 도수를 기대도수(Expected Frequency) E_i 라고 하면

$$E_i = np_i$$

이다. 각 계급의 기대도수의 합계는

$$\sum_{i=1}^{k} E_i = n \sum_{i=1}^{k} p_i = n$$

이 된다. 이것을 표로 나타내면 다음과 같다.

표-1 기대도수와 관찰도수 분포표

계 급	C_1	C_2	$\cdots$	C_i	$\cdots$	C_k	합계
기대도수	n_1	n_2	$\cdots$	n_i	$\cdots$	n_k	n
관찰도수	np_1	np_2	$\cdots$	np_i	$\cdots$	np_k	n

관찰도수를 O, 기대도수를 E 라고 하면, 위의 표로부터 다음과 같은 값을 구할 수 있는데

이를 적합도(goodness of fit)라고 부른다.

$$\chi_0^2 = \sum_{i=1}^{k} \frac{(n_i - np_i)^2}{n_i} = \sum_{i=1}^{k} \frac{(O-E)^2}{E}$$

이 값은 분포가 근사적으로 자유도가 $(k-1)$ 인 χ^2 분포를 따르는 것이 K. Pearson에 의해 밝혀졌다. 따라서 χ^2 분포를 이용하여 관찰도수의 기대도수에 대한 적합도 검정을 할 수가 있다.

적합도검정 절차

1) 가설을 세운다. (H_0: 관찰도수와 기대도수는 같다.)
2) 기대도수를 계산한다.
3) 검정통계량 $\chi_0^2 = \sum_{i=1}^{k} \frac{(O-E)^2}{E}$ 을 계산한다.
4) 자유도 k, 유의수준 α에 따른 임계값 $\chi^2(k,\alpha)$ 를 구하고 판정을 한다.

[예제-1] 주사위를 120회 던져서 다음 결과를 얻었다면 주사위의 눈은 동일한지를 검정하라.

표-2 주사위 120회 던졌을 때의 출현 회수

눈	1	2	3	4	5	6
도수	18	23	16	21	18	24

[해] $p = 1/6$ 이므로 기대도수는 $np = 20$ 이다. 따라서

$$\chi_0^2 = \frac{(18-20)^2}{20} + \frac{(23-20)^2}{20} + \frac{(16-20)^2}{20} + \cdots + \frac{(24-20)^2}{20} = 2.5$$

다음은 <<프로그램 13-1>>을 수행하여 얻은 χ^2 값(2.5)과 유의확률(0.2235)이다.

Obs	expect	chi	cumulative_chi	pr_cumulative_chi
1	20	0.20	0.20	0.00089
2	20	0.45	0.65	0.01440
3	20	0.80	1.45	0.08123
4	20	0.05	1.50	0.08693
5	20	0.20	1.70	0.11110
6	20	0.80	2.50	0.22350

유의수준 5%에서의 임계값은 $\chi^2(5, 0.05) = 11.0709$ 이므로 검정통계량은 채택역에 놓인다. 따라서 주사위는 균질이라고 볼 수 있다. 실제로 자유도가 5인 χ^2 분포의 그림은 다음과 같으며 11.0709보다 큰 부분의 면적은 5%이다.

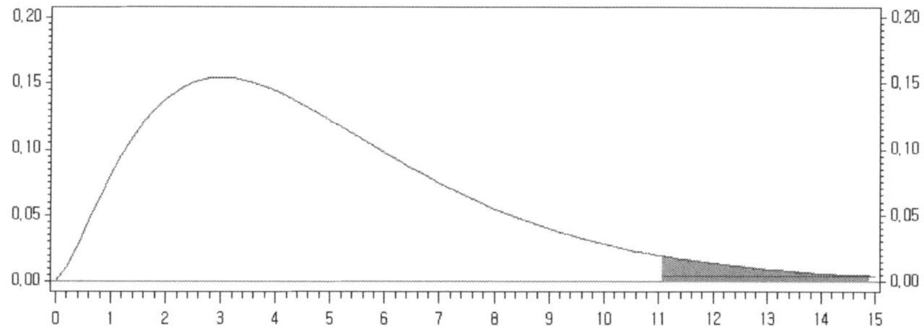

그림-1 $\chi^2(5)$분포의 5% 유의수준

[예제-2] 계절별로 감기에 걸릴 확률과 감기에 걸려 병원을 찾는 환자가 다음과 같다고 한다. 계절별로 차이가 있는가를 유의수준 5%로 검정하라.

표-3 계절별 감기 환자

계절	봄	여름	가을	겨울
감기 확률	0.25	0.1	0.15	0.5
환자수	90	20	30	160

[해] 가설은 $p_1 = 0.25$, $p_2 = 0.10$, $p_3 = 0.15$, $p_4 = 0.50$ 이다. 그리고 계절별 환자의 기대도수는 다음과 같다.

표-4 계절별 감기 환자의 기대도수

계절	봄	여름	가을	겨울
환자수	90	20	30	160
기대도수	75	30	45	150

따라서 검정통계량은

$$\chi^2 = \frac{(90-75)^2}{75} + \frac{(20-30)^2}{30} + \frac{(30-45)^2}{45} + \frac{(160-150)^2}{150} = 12$$

5% 유의수준에 대한 임계값은 $\chi^2(3,0.05)=7.815$ 이므로 검정통계량은 기각역에 속한다. 따라서 가설은 기각되므로 적어도 어느 한 계절은 감기에 걸릴 확률에 차이가 있다.

2. 독립성 검정

두 개의 변수 A, B 사이의 상관 유무를 검정하려면 자료를 2원 분류하여야 하는데, 이러한 속성통계표를 분할표(Contingency table)라 한다.

표-5 분할표

B / A	B_1	B_2	$\cdots$	B_i	$\cdots$	B_k	합계
A_1	n_{11}	n_{21}	$\cdots$	n_{i1}	$\cdots$	n_{k1}	$n_{.1}$
A_2	n_{12}	n_{22}	$\cdots$	n_{i2}	$\cdots$	n_{k2}	$n_{.2}$
$\cdots$	$\cdots$	$\cdots$	$\cdots$	$\cdots$	$\cdots$	$\cdots$	$\cdots$
A_j	n_{1j}	n_{2j}	$\cdots$	n_{ij}	$\cdots$	n_{kj}	$n_{.j}$
$\cdots$	$\cdots$	$\cdots$	$\cdots$	$\cdots$	$\cdots$	$\cdots$	$\cdots$
A_h	n_{1h}	n_{2h}	$\cdots$	n_{ih}	$\cdots$	n_{kh}	$n_{.h}$
합계	$n_{1.}$	$n_{2.}$	$\cdots$	$n_{i.}$	$\cdots$	$n_{k.}$	n

두 개의 변수 A, B가 독립이라고 하면 A_j가 일어나는 확률 $P(A_j)$와 B_i가 일어나는 확률 $P(B_i)$는 독립이므로 A_iB_j가 일어날 확률 $P(A_iB_j)$는 다음과 같다.

$$P(A_jB_i) = P(A_j)P(B_i)$$

그런데 $P(A_j)$, $P(B_i)$가 미지이므로 각각의 최우추정치 $\hat{P}(A_j)$, $\hat{P}(B_i)$로 대체할 수 있으며 다음과 같이 계산된다.

$$\hat{P}(A_j) = \frac{n_{.j}}{n} \qquad \hat{P}(B_i) = \frac{n_{i.}}{n}$$

따라서

$$\hat{P}(A_jB_i) = \hat{P}(A_j)\hat{P}(B_i) = \frac{n_{i.}n_{.j}}{n^2}$$

가 된다. 이제 계급 (A_j, B_i)에 속하는 관찰도수 n_{ij}의 기대도수를 E_{ij}라고 하면

$$E_{ij} = n\hat{P}(A_j B_i) = \frac{n_{i.} n_{.j}}{n}$$

이므로 검정통계량

$$\chi_0^2 = \sum_{i=1}^{k} \sum_{j=1}^{h} \frac{(n_{ij} - E_{ij})^2}{E_{ij}}$$

은 자유도가 $(k-1)(h-1)$ 인 χ^2 분포를 한다. 이로부터 두 변수 A, B 사이의 독립성 검정을 할 수 있다.

[예제-3] 성인 100명을 뽑아 흡연과 폐암여부를 조사하였더니 다음과 같았다. 흡연과 폐암은 관련이 있는가? 유의수준 5%로 가설검정하라.

표-6 흡연과 폐암 데이터

폐암 / 흡연	예	아니오	합계
예	52	8	60
아니오	28	12	40
합계	80	20	100

[해] 주어진 예제에 대한 가설은 다음과 같다.

H_0 : 흡연과 폐암은 독립이다. (흡연과 폐암은 아무런 관련이 없다.)
H_1 : 흡연과 폐암은 독립이 아니다. (흡연과 폐암은 관련이 있다.)

각 셀(Cell)에 대한 기대도수를 계산하면 다음과 같다.[1)]

표-7 흡연과 폐암에 대한 기대도수

폐암 / 흡연	예	아니오
예	48	12
아니오	32	8

1) 흡연과 폐암이 모두 "예"인 경우의 기대도수는 $\frac{\text{행의 합} \times \text{열의 합}}{\text{총합}} = \frac{80 \times 60}{100} = 48$

따라서 검정통계량은

$$\chi_0^2 = \frac{(52-48)^2}{48} + \frac{(8-12)^2}{12} + \frac{(28-32)^2}{32} + \frac{(12-8)^2}{8} = 4.617$$

이다. 검정통계량을 직접 계산하는 것은 귀찮은 일이므로 SAS 프로그램으로 값을 구할 수도 있다. 다음은 <<프로그램 13-2>>를 실행시켜 얻은 결과의 일부이며, 카이제곱의 값은 4.1667임을 확인할 수 있다.

표-8 cancer * smoke 테이블에 대한 통계량

통계량	자유도	값	Prob
카이제곱	1	4.1667	0.0412
우도비 카이제곱	1	4.0904	0.0431
연속성 수정 카이제곱	1	3.1901	0.0741

자유도는 1 이고, $\chi^2(1, 0.05) = 3.841$ 이므로 검정통계량은 그림-2 에서 보듯이 기각역에 속하게 된다. 따라서 귀무가설은 기각되므로 흡연과 폐암은 관련이 있다고 볼 수 있다.

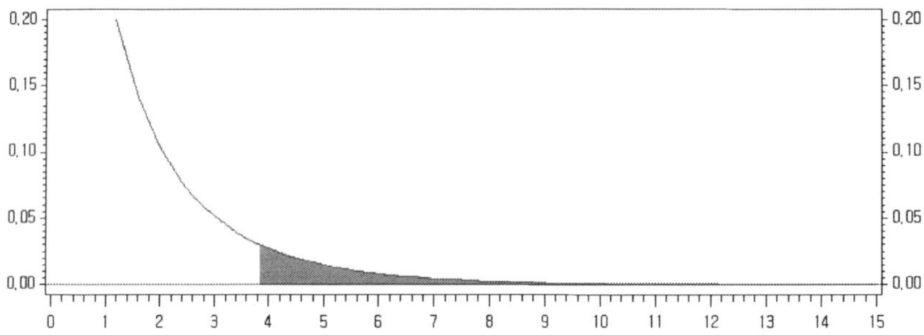

그림-2 자유도 1인 χ^2분포의 5% 유의수준 2)

[예제-4] 다음의 표-9는 취업자의 직업별 연령을 조사한 결과이다. 직업과 연령은 관련이 있는가? 가설검정을 하여라.

[해] 주어진 예제에 대한 귀무가설과 대립가설은 다음과 같다.

(i) H_o: 직업과 연령은 아무런 관련이 없다.
H_1: 직업과 연령은 관련이 있다.

2) <<프로그램 6-7>>에서 자유도 df를 1 로 놓고 실행시키면 그림-2 를 얻을 수 있다.

표-9 직업별 연령 데이터

직업 / 연령	공업	상업	농업	소계
20~29	42	15	0	57
30~39	25	106	2	133
40~49	18	34	23	75
50~59	4	55	47	106
소계	89	210	72	371

(ⅱ) 각 cell의 기대도수를 구해보면 다음과 같다. 3)

표-10 직업별 연령 데이터의 기대도수

직업 / 연령	공업	상업	농업	소계
20~29	13.674	32.264	11.062	57
30~39	31.906	75.283	25.811	133
40~49	17.992	42.453	14.555	75
50~59	25.429	25.429	20.571	106
소계	89	210	72	371

(ⅲ) 검정통계량 χ_0^2은

$$\chi_0^2 = \frac{(42-13.674)^2}{13.674} + \frac{(15-32.264)^2}{32.264} + \cdots + \frac{(47-20.571)^2}{20.5} = 173.9835$$

따라서 검정통계량은 그림-3에서 보듯이 기각역에 속하므로 귀무가설을 기각하게 된다. 즉, 직업과 연령은 관련이 있다고 결론을 내릴 수 있다.

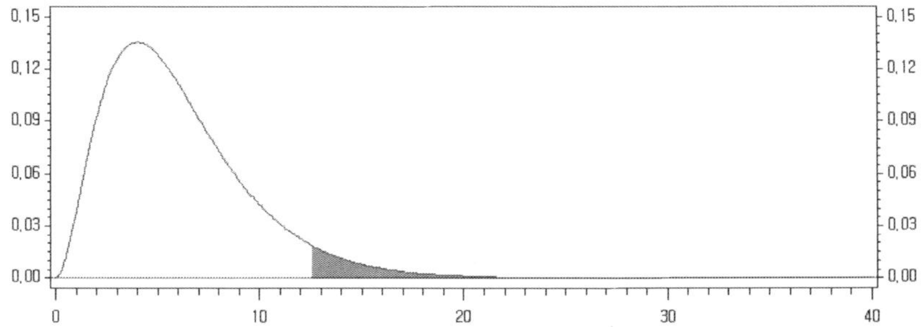

그림-3 자유도 6인 χ^2분포의 기각역

3) 기대도수를 계산하기는 어렵지만 <<프로그램 13-3>>을 통하여 얻을 수 있다.

[예제-5] 다음 자료는 200명에게 조사한 선호하는 후식의 종류와 후식의 색상이다. 후식의 종류와 선호하는 색상은 관련이 있는가를 5% 유의수준으로 가설검정하라.

```
ice  blue 16    ice  green 11    ice  red 50
pie  blue 21    pie  green 19    pie  red 22
cake blue 21    cake green 32    cake red  8
```

[해] 주어진 자료에 대해 검정통계량과 유의확률을 직접 계산하기는 번거로우므로 <<프로그램 13-4>>를 사용하였다.

(i) 귀무가설과 대립가설은 다음과 같다.

H_0 : 후식의 종류와 색상은 아무 관련이 없다. (후식의 색상과 종류는 독립이다.)
H_1 : 후식의 종류와 색상은 관련이 있다. (후식의 색상과 종류는 종속이다.)

(ii) 후식의 종류는 cake, 후식의 색상은 green인 셀에서의 "기대값"은 $\frac{61 \times 62}{200}$=18.91 , "셀 카이제곱"의 값은 $\frac{(32-18.91)^2}{18.91}$=9.0612 이다. 이처럼 검정통계량은 각 Cell 마다 기대도수를 구하고 $\chi_0^2 = \sum_{i=1}^{k}\sum_{j=1}^{h}\frac{(n_{ij}-E_{ij})^2}{E_{ij}}$ 을 계산하면 된다. 실행 결과의 셀 카이제곱은 각 Cell 마다 $\frac{(O-E)^2}{E}$를 계산한 값이다.

```
빈도        |
기대값      |
셀 카이제곱 |blue     |green    |red      |   합계
------------+---------+---------+---------+
cake        |      21 |      32 |       8 |     61
            |   17.69 |   18.91 |    24.4 |
            |  0.6193 |  9.0612 |  11.023 |
------------+---------+---------+---------+
ice         |      16 |      11 |      50 |     77
            |   22.33 |   23.87 |    30.8 |
            |  1.7944 |  6.9391 |  11.969 |
------------+---------+---------+---------+
pie         |      21 |      19 |      22 |     62
            |   17.98 |   19.22 |    24.8 |
            |  0.5073 |  0.0025 |  0.3161 |
------------+---------+---------+---------+
합계               58        62        80      200
```

(iii) 셀 카이제곱 값을 모두 더하여 얻은 검정통계량 χ_0^2 의 값은 42.232 이고,이 때의 유의확률은 0.000 이므로 귀무가설을 기각한다. 4)

4) 자유도가 4인 χ^2분포의 5% 임계값은 9.4877 이다.

dessert * color 테이블에 대한 통계량

통계량	자유도	값	Prob
카이제곱	4	42.2318	<.0001
우도비 카이제곱	4	44.5808	<.0001
Mantel-Haenszel 카이제곱	1	2.3024	0.1292
파이 계수		0.4595	

3. 동질성 검정

여기서는 분할표의 속성변수의 비율에 대한 동질성 검정을 다룰 것이다. 동질이란 같은 비율을 갖고 있다는 의미이다. 동질성의 검정은 어떠한 의미에서는 독립성의 검정과 같은 개념을 가질 때가 있다.

[예제-6] 네 종류의 직업에 종사하는 사람들을 대상으로 미국 알라바마 주에서 표본을 뽑아 알코올 중독 증세를 조사한 결과가 다음과 같았다. 직업에 따라 알코올 중독증세가 있는 사람의 비율이 다르다고 볼 수 있는가?

표-11 직업별 알코올 중독자 데이터

알코올 중독 증세 / 직업	있음	없음	표본의 크기
성직자	32	268	300
교육자	51	199	250
회사원	67	233	300
상 인	83	267	350
합 계	233	967	1200

[해] 알코올 중독 증세 유무에 따른 직업별 기대도수를 구하면 다음과 같다.

표-12 직업별 알코올 중독자의 기대도수

알코올 중독 증세 / 직업	있음	없음	표본의 크기
성직자	58.25	241.75	300
교육자	48.54	201.46	250
회사원	58.25	241.75	300
상 인	67.96	282.04	350
합 계	233	967	1200

(i) 가설은 다음과 같다.

H_0 : 직업별로 알코올 중독증세을 가진 사람의 비율은 같다.

H_1 : 직업별로 알코올 중독증세을 가진 사람의 비율은 차이가 있다.

(ii) 검정통계량은

$$\chi_0^2 = \frac{(32-58.25)^2}{58.25} + \frac{(268-241.75)^2}{241.75} + \cdots + \frac{(267-282.04)^2}{282.04} = 20.59$$

(iii) 자유도는 (4-1)(2-1) =3 이며, 5% 유의수준의 임계값은 $\chi^2(3,0.05) = 7.815$ 이다.

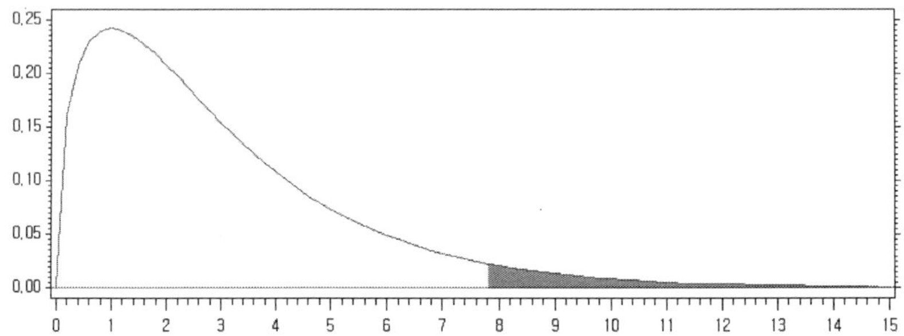

그림-3 자유도 3인 χ^2분포의 5% 임계값

(iv) 계산된 검정통계량 20.59는 기각역에 속하므로 귀무가설은 기각된다. 즉, 직업에 따라 알코올 중독증세를 가진 사람의 비율은 다르다고 볼 수 있다.

[예제-7] 다음은 1973년의 버클리 대학의 6개 분야의 대학원에 지원한 학생들의 합격여부 자료이다. 남녀별 합격률에 성차별이 존재하는가?

표-13 대학원 지원자 조사 데이터

	남		여	
	지원자	합격자	지원자	합격자
A	825	512	108	89
B	560	353	25	17
C	325	120	593	202
D	417	138	375	131
E	191	53	393	94
F	373	224	341	239
합 계	2691	1400	1835	772

[해] 남녀별 합격자 수와 각각에 대한 기대값을 계산하면 다음과 같다.

표-14 지원자의 기대도수

	합격(기대도수)	불합격(기대도수)
남	1400 (1291.4)	1291 (1399.6)
여	772 (880.61)	1063 (954.39)

(i) 가설은 다음과 같다.

H_0 : 남녀별 합격율은 같다. H_1 : 남녀별 합격율은 차이가 있다.

(ii) 자유도는 (2-1)(2-1)=1이며, 5% 유의수준에 대한 임계값은 $\chi^2(1, 0.05) = 3.841$ 이다.

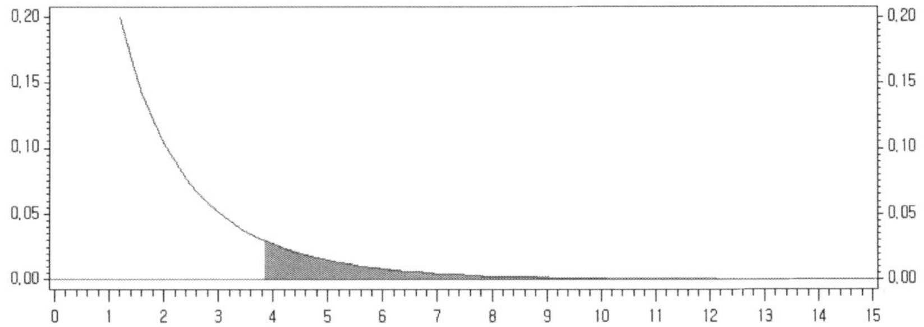

그림-4 자유도 1 인 χ^2 분포의 5% 유의수준

(iii) 검정통계량은

$$\chi_0^2 = \frac{(1400-1291.4)^2}{1291.4} + \frac{(1291-1399.6)^2}{1399.6} + \cdots + \frac{(1063-954.39)^2}{954.39} = 43.314$$

(iv) 따라서 검정통계량이 기각역에 놓이므로 귀무가설은 기각된다. 즉, 남녀별 합격률은 차이가 있다고 볼 수 있다. 실제로 남학생의 합격률이 여학생에 비해 높으므로 여학생 입학에 대한 성차별이 존재한다고 볼 수 있다.

[예제-8] 앞의 예제에서 B 분야에 지원한 학생들의 성차별은 존재하는가?
[해] (i) 가설은 다음과 같다.

H_0 : B 분야의 남녀 합격률은 동일하다. H_1 : B 분야의 남녀 합격률은 다르다.

(ii) 자유도는 (2-1)(2-1)=1 이며 5% 유의수준의 임계값은 $\chi^2(1,0.05) = 3.841$ 이다. (iii) 남

녀별 합격자 수와 각각에 대한 기대값을 계산하면 다음과 같다.

표-15 B분야의 기대도수

	합격(기대도수)	불합격(기대도수)
남	353 (354.19)	207 (205.81)
여	17 (15.81)	8 (9.19)

(iv) 검정통계량은

$$\chi_0^2 = \frac{(353-354.19)^2}{354.19} + \frac{(207-205.81)^2}{205.81} + \cdots + \frac{(8-9.19)^2}{9.19} = 0.254$$

이므로 채택역에 놓인다. 따라서 귀무가설은 채택된다. 즉, 남녀별 합격률의 차이는 없다고 볼 수 있다.

4. 심슨의 모순(Simpson's Paradox)

적합도 검정을 함에 있어 잠재변수들의 효과로 인해 분석 결과가 바뀔 수 있다. 다시 말하자면, 틀린 결과를 얻을 수도 있다는 것이다.

그릇된 해석을 하기 위한 가상적인 자료를 만들어보자. 5) 어느 대학교는 전자공학과와 영문학과만 있다. 다음은 응시자들을 성별과 입학여부에 따라 분류한 분할표이다.

표-16 합격자 구분

성 별 / 구 분	남학생	여학생
합 격	35	20
불합격	45	40
합 계	80	60

위의 자료에 대하여 전체학생에 대한 백분율을 계산하면 남학생의 합격률은 $\frac{35}{80} = 44\%$, 여학생의 합격률은 $\frac{20}{60} = 33\%$ 이므로 남학생의 합격률이 높은 것으로 나타난다. 따라서 대학에 입학할 때 성차별이 존재한다고 결론지을 수 있다.

하지만 입학할 때 성차별이 존재한다는 결론이 과연 타당할까? 입학에 있어 성차별이 존재하는 가를 알아보기 위해 학과별로 응시생을 분류하여 조사하였더니 다음과 같았다.

5) 통계학, 심규박・조태경・신미영 공역에서 발췌

표-17 전자공학과

성 별 / 구 분	남학생	여학생
합 격	30	10
불합격	30	10
합 계	60	20

표-18 영문학과

성 별 / 구 분	남학생	여학생
합 격	5	10
불합격	15	30
합 계	20	40

전자공학의 경우는 남녀의 합격률이 같으며, 영문학의 경우도 남녀의 합격률이 동일함을 알 수 있다. 학교 전체로 보면 입학에 성차별이 존재하는데, 학과별로 입학에 성차별은 존재하지 않는다. 이것은 학과라는 잠재변수가 있기 때문이다.

일반적으로 범주형 자료분석을 할 때는 단순히 편리하다는 생각 때문에 범주들을 묶어서 분석해서는 안되며, 특히 변수끼리 교호작용이 있는 경우는 더더욱 묶을 수 없다는 점을 조심해야 한다.

5. SAS 프로그램

<<프로그램 13-1>> 주사위의 균질성

```
data goodfit ;
array score(6) num1-num6 ;
input num1-num6 ;
   expect = sum(of num1-num6) / 6 ;
   cumulative_chi = 0 ;
       do i = 1 to 6 ;
          cell_chi2 = ( score(i) - expect )**2 / expect ;
          cumulative_chi = cumulative_chi + cell_chi2 ;
          output ;
       end ;
cards ;
18   23   16   21   18   24
run ;

data proc_chi ;
   set goodfit ;
   pr_cumulative_chi = probchi(cumulative_chi,5) ;
run ;

proc print ;
var expect  cell_chi2  cumulative_chi  pr_cumulative_chi ;
run ;
```

<<프로그램 13-2>> 흡연과 폐암의 관련성

```
data ca_sm ;
  input cancer$ smoke$ count ;
cards ;
  yes   yes   52
  yes    no   28
   no   yes    8
   no    no   12
run ;

proc freq ;
   weight count ;
   tables cancer * smoke / norow nocol nopercent expected cellchi2 chisq ;
run ;
```

<<프로그램 13-3>> 직업과 연령의 관련성

```
data a ;
input age job count @@ ;  /* 공업=1, 상업=2, 농업=3 */
cards ;
  20  1  42       20  2   15      20 3  0
  30  1  25       30  2  106      30 3  2
  40  1  18       40  2   34      40 3 23
  50  1   4       50  2   55      50 3 47
run ;

proc freq ;
weight count ;
table age*job / nopercent nocol norow expected chisq ;
run ;
```

<<프로그램 13-4>> 후식의 종류와 색상의 관련성

```
data dessert ;
input dessert$ color$ count@@ ;
cards ;
   ice  blue  16   ice  green  11  ice  red  50
   pie  blue  21   pie  green  19  pie  red  22
   cake blue  21   cake green  32  cake red   8
run ;

proc freq ;
   weight count ;
   tables dessert * color / norow nocol nopercent expected cellchi2 chisq ;
run ;
```

▸ ▸ ▶ 연습문제 ◀ ◂ ◂

1. 윷놀이를 할 때 도, 개, 걸, 윷, 모가 나올 확률은 각각 0.35, 0.35, 0.16, 0.13, 0.03 이라 한다. 이제 윷짝을 100회 던졌을 때 나타난 회수가 다음과 같다면 윷은 정품이라 할 수 있는가?

도	개	걸	윷	모
41	32	18	7	2

2. 다음은 1984년에 학위를 받은 1367명의 자료이다.(자료: The Stat. Abst. of U.S., 1987)

학위 / 성별	학사	석사	박사
남	534	144	22
여	515	141	11

(1) 귀무가설을 세워라.
(2) 여자학사의 기대값(Expected Value)을 구하여라.
(3) 남자박사의 셀 카이제곱(χ^2) 을 구하여라.
(4) 유의수준 5%로 가설검정을 하라.

3. 교육수준과 결혼생활의 만족도 사이에 관련이 있는가를 알아보기 위해 조사한 표가 다음과 같다고 한다.

(1) 가설을 세워라.
(2) 기대도수를 구하여라.
(3) 교육수준과 결혼생활의 만족도 사이에 관련이 있는가를 검정하라.

결혼생활 / 교육수준	빈약	만족	대단히 양호
대학	72	112	245
고등학교	65	90	120
중학교 이하	95	103	98

4. 다음과 같은 종자의 교배실험은 유전법칙 9:3:3:1에 적합한가?

종자의 종류	원형황색	각형황색	원형녹색	각형녹색	합계
관찰도수	315	101	108	32	556

5. 방충제를 살포한 과수원과 살포하지 않은 과수원으로부터 각각 345개. 784개의 과실을 임의추출하고 양, 불량을 조사한 결과가 다음과 같았다. 방충제가 과실의 상태에 영향을 주는가?

	살포함	살포하지 않음	합계
양	320	748	1068
불량	25	36	61
합계	345	784	1129

6. 다음 표는 취업자의 직업별 연령을 조사한 것이다. 이로부터 직업과 연령에 상관이 인정되는가?

직업 / 연령	공업	상업	농업	합계
20-29	42	15	0	57
30-39	25	106	2	133
40-49	18	34	23	75
50-59	4	55	47	106
합계	89	210	72	371

7. 다음에 답하여라.

1) '결석의 종류'에 따른 '수술 방법'의 성공률은 얼마인가? 각각의 수술 방법(A,B)에 대한 성공률을 계산하는 프로그램을 작성하고, 괄호 안에 계산된 값을 써넣어라.
2) 수술 방법(A,B)에 따른 각각의 성공률은 얼마인가?
3) 성공률을 기준으로 할 때, 결석 제거에는 어떠한 수술 방법이 추천할 만한 가를 설명하라.
4) 결석의 크기에 따른 기준에서 본다면 어떠한 수술 방법이 추천할 만한 가를 설명하라.
5) 이러한 결과를 바탕으로 Simpson의 역설(paradox)에 대하여 설명하리.

성공회수/수술건수

	수술 방법 A	수술 방법 B
작은 결석 성공률	81/87 (　　)	234/270 (　　)
큰 결석 성공률	192/263 (　　)	55/80 (　　)

참고문헌

1. 고영국, 박양규, (1998), 엑셀과 경영자료분석, 21세기사
2. 김종호, 엄정국, (1995), 통계학의 기초, 광림사
3. 김충련, (2003), SAS 통계분석, DR&C
4. 박성현, (1994), 회귀분석, 박영사
5. 손건태, (2001), 전산통계개론, 자유아카데미
6. 송문섭, 조신섭, (2002), 통계자료분석, 자유아카데미
7. 신준용, 송한식, 안성만, 안태호, (2006), 통계학, 학현사
8. 심규박, 조태경, 신미영 공역, (2002) 통계학-개념과 논쟁거리, 홍릉과학출판사
9. 엄정국, (2012), 통계학개론, 21세기사
10. 이영훈, (2003), 통계이론과 응용, 학현사
11. 정훈조, 남기성, 권오성, 안요찬, (1994), 기초통계학, 이한출판사
12. 조연호, (1996), SAS 연습과 활용, 성안당
13. SAS/STAT USER's GUIDE 외 Version 9.4 매뉴얼

부 록

1. 정규분포의 확률밀도함수 유도

직교좌표 (x,y)는 동경 r과 편각 θ으로 바꿀 수 있다. 이를 극좌표라고 부르며, 직교좌표 (x,y)와 극좌표 (r,θ) 사이에는 다음의 관계식이 성립한다.

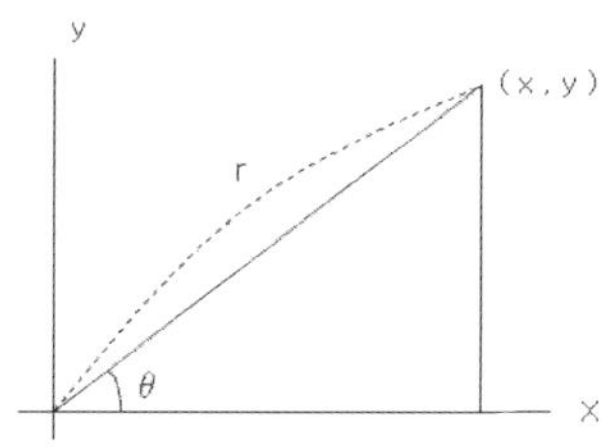

$$\begin{cases} x = r\cos\theta \\ y = r\sin\theta \end{cases}$$

오른쪽 관계식의 양변을 전미분하면

$$dx = dr\cos\theta - r\sin\theta d\theta$$
$$dy = dr\sin\theta + r\cos\theta d\theta$$

이다. 이를 행렬로 나타내면

$$\begin{pmatrix} dx \\ dy \end{pmatrix} = \begin{pmatrix} \cos\theta & -r\sin\theta \\ \sin\theta & r\cos\theta \end{pmatrix} \begin{pmatrix} dr \\ d\theta \end{pmatrix}$$

여기서

$$\begin{pmatrix} \cos\theta & -r\sin\theta \\ \sin\theta & r\cos\theta \end{pmatrix}$$

를 야코비행렬(jacobian) 이라고 부른다. 야코비행렬의 행렬식은 r 이며, 이 값의 기하학적 의미는 순간넓이 팽창율이다. 다시 말하자면 직교좌표계를 극좌표계로 변환하면

$$dxdy = rdrd\theta$$

가 된다는 의미이다.

직교좌표계의 영역 W 에서 정의된 $f(x,y)$를 적분할 때, 극좌표계의 영역 G 에서의 적분으로 바꿀 수 있으며 다음의 관계식이 성립한다.

$$\int\int_W f(x,y)dxdy = \int\int_{G^{-1}(W)} rdrd\theta$$

이제 다음과 같은 적분을 고려하여보자.

$$I = \int_{-\infty}^{\infty} e^{-\frac{x^2}{2}} dx$$

라고 하면 다음과 같은 관계식을 만들 수 있다.

$$I^2 = \int_{-\infty}^{\infty} e^{-\frac{x^2}{2}} dx \int_{-\infty}^{\infty} e^{-\frac{y^2}{2}} dy = \int_{-\infty}^{\infty}\int_{-\infty}^{\infty} e^{-\frac{x^2+y^2}{2}} dxdy = \int_0^{2\pi}\left[\int_0^{\infty} e^{-\frac{r^2}{2}} rdr\right] d\theta$$

여기서 $\frac{r^2}{2} = u$ 이라하면 $rdr = du$ 의 관계가 성립하므로

$$I^2 = \int_0^{2\pi}\left[\int_0^{\infty} e^{-\frac{r^2}{2}} rdr\right] d\theta = \int_0^{2\pi}\left[\int_0^{\infty} e^{-u} du\right] d\theta = \int_0^{2\pi} d\theta = 2\pi$$

따라서

$$I = \int_{-\infty}^{\infty} e^{-\frac{x^2}{2}} dx = \sqrt{2\pi}$$

가 됨을 알 수 있다. 이 식의 양변을 $\sqrt{2\pi}$ 로 나누면

$$\int_{-\infty}^{\infty} \frac{1}{\sqrt{2\pi}} e^{-\frac{x^2}{2}} dx = 1$$

이며, 전구간에 걸처 적분한 값이 1 이므로 피적분함수인 $\frac{1}{\sqrt{2\pi}} e^{-\frac{x^2}{2}}$ 는 확률밀도함수(pdf)가 됨을 알 수 있다. 특히 이러한 pdf를 표준정규분포함수라고 부른다.

2. Gamma 분포

$$\int_0^\infty C_k x^{\frac{k}{2}-1} e^{-\frac{x}{2}} dx = 1$$

의 관계식이 성립한다. 여기서 $\frac{x}{2} = u$라고 하면 $dx = 2du$라는 관계식이 얻어진다. 따라서 윗식의 좌변은

$$좌변 = \int_0^\infty C_k (2u)^{\frac{k}{2}-1} e^{-u} \cdot 2du = \int_0^\infty C_k 2^{\frac{k}{2}} u^{\frac{k}{2}-1} e^{-u} du = 1 = 우변$$

이 식을 정리하면

$$C_k 2^{\frac{k}{2}} \int_0^\infty u^{\frac{k}{2}-1} e^{-u} du = 1$$

그런데 감마함수의 정의에 따른 관계식을 적용하면 $C_k 2^{\frac{k}{2}} \Gamma(\frac{k}{2}) = 1$ 인 관계식을 얻게 된다. 따라서 C_k는

$$C_k = \frac{1}{2^{\frac{k}{2}} \Gamma(\frac{k}{2})}$$

가 된다. 이 값을 원 식에 대입하면

$$\int_0^\infty \frac{1}{2^{\frac{k}{2}} \Gamma(\frac{k}{2})} x^{\frac{k}{2}-1} e^{-\frac{x}{2}} dx = 1$$

따라서 피적분함수는 확률밀도함수가 된다. 이로부터 Gamma 분포의 확률밀도함수가 유도된다.

$$f(x) = \frac{1}{2^{\frac{n}{2}} \Gamma(\frac{n}{2})} x^{\frac{n}{2}-1} e^{-\frac{x}{2}}$$

3. 확률분포표 만드는 프로그램

<<프로그램-1>> 부록의 이항분포표 만들기

```
option linesize=120 pagesize=150 ;
data binomial ;
do p = 0.05 to 0.5 by 0.05 ;
  do n = 1 to 10 ;
    do x = n to 0 by -1 ;
      bnp = probbnml(1-p,n,n-x)-probbnml(1-p,n,n-x-1) ;
      if n-x-1 < 0 then bnp = probbnml(1-p,n,n-x) ;
      output ;
    end ;
  end ;
end ;
run ;

proc tabulate ;
  class n x p ;
  var bnp ;
  table n*x,p*bnp*f = 7.4 ;
run ;
```

<<프로그램-2>> 부록의 포아손분포표 만들기

```
data poisson ;
do lambda = 0.0 to 5 by 0.5 ;
  do x = 1 to 10 ;
    ps = poisson(lambda,x) - poisson(lambda,x-1) ;
    if x-1 < 0 then ps = poisson(lambda,0) ;
    output ;
  end ;
end ;
run ;

proc tabulate ;
  class x lambda ;
  var ps ;
  table x, lambda*ps*f = 7.3 ;
run ;
```

<<프로그램-3>> 0 부터 3.5 까지 간격이 0.01 인 표준화 정규분포표 만들기

```
data normal_table ;
do i = 0.0 to 3.5 by 0.1 ;
   do j = 0.00 to 0.09 by 0.01 ;
      z = i + j ;
      prob=probnorm(z) ;
      output ;
   end ;
end ;
run ;

proc tabulate ;
   class i j ;
   var prob ;
   table i,j*prob*f = 7.4 ;
run ;
```

<<프로그램-4>> 자유도가 1 부터 40까지일 때, 유의확률을 0.005, 0.01, 0.025, 0.05, 0.95, 0.975, 0.99, 0.995 인 t 분포표 만들기

```
data t_table ;
do df = 1 to 40 ;
   do tprob = 0.005, 0.01, 0.025, 0.05, 0.95, 0.975, 0.99, 0.995 ;
     t = tinv(tprob,df) ;
     output ;
   end ;
end ;
run ;

proc tabulate ;
   class df tprob ;
   var t ;
   table  df, tprob*t*mean*f=8.4 ;
run ;
```

<<프로그램-5>> 자유도가 1 부터 40까지일 때, 유의확률을 0.005, 0.01, 0.025, 0.05, 0.95, 0.975, 0.99, 0.995 인 χ^2 분포표 만들기

```
data chi_table ;
do df = 1 to 40 ;
   do chisq_pr = 0.005, 0.01, 0.025, 0.05, 0.95, 0.975, 0.99, 0.995 ;
      chisq = cinv(chisq_pr,df) ;
      output ;
   end ;
end ;
run ;

proc tabulate ;
   class df chisq_pr ;
   var chisq ;
   table  df, chisq_pr*chisq*mean*f=7.4 ;
run ;
```

<<프로그램-6>> 두 개의 자유도가 1 부터 21 까지 변할 때, 유의확률을 0.005, 0.01, 0.025, 0.05, 0.95, 0.975, 0.99, 0.995 인 F 분포표 만들기

```
data f_table ;
do df1 = 1 to 21 by 2 ;
  do df2 = 1 to 21 by 2 ;
    do f_pr = 0.005, 0.01, 0.025, 0.05, 0.95, 0.975, 0.99, 0.995 ;
      fd = finv(f_pr, df1, df2) ;
      output ;
    end ;
  end ;
end ;
run ;

proc tabulate ;
   class df1 df2 f_pr ;
   var fd ;
   table  df1*df2, f_pr*fd*mean*f=7.4 ;
run ;
```

4. R의 내장된 데이터세트 추출방법

1) Galton의 928쌍의 아버지-아들의 키 데이터 불러오기

1. packages - Load package를 선택한다.

2. HistData를 선택한다.

> Galton

3. Simpson의 공식

Simpson의 공식은 주어진 구간을 2등분하여 이웃하는 두 구간 상에서의 곡선을 2차함수로 대치하여 적분의 근사값을 구하는 방법이다. Simpson의 공식은 참값으로 수렴하는 속도가 다른 방법보다 빠르므로 수치적분에 많이 사용되고 있다.

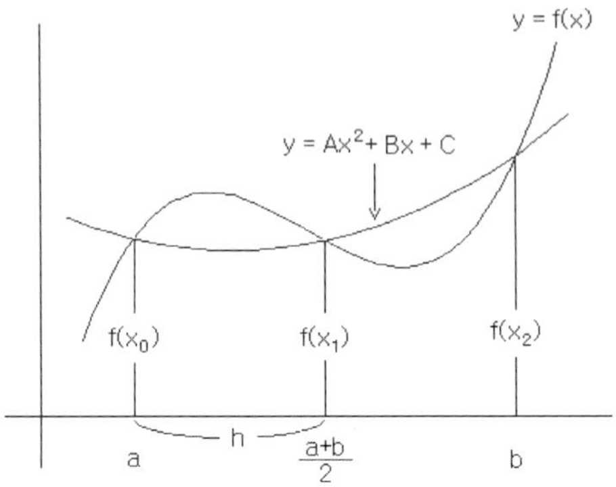

먼저 구간을 2등분하여 적분값을 구해보자. $f(x) = Ax^2 + Bx + C$ 위의 세 점을 $(a, f(x_0))$, $(\frac{a+b}{2}, f(x_1))$, $(b, f(x_2))$ 라고 하면

$$\begin{cases} f(x_0) = Aa^2 + Ba + C \\ f(x_1) = A(\frac{a+b}{2})^2 + B(\frac{a+b}{2}) + C \\ f(x_2) = Ab^2 + Bb + C \end{cases}$$

인 관계식이 성립한다. 한편 포물선 $y = Ax^2 + Bx + C$ 에 의한 적분값은

$$\begin{aligned} \int_a^b (Ax^2 + bx + C)dx &= \left[\frac{Ax^3}{3} + \frac{bx^2}{2} + Cx \right]_a^b \\ &= \frac{A}{3}(b^3 - a^3) + \frac{B}{2}(b^2 - a^2) + C(b-a) \\ &= \frac{b-a}{6}\left[2A(b^2 + ab + a^2) + 3B(b+a) + 6C \right] \\ &= \frac{b-a}{6}\left[f(x_0) + 4f(x_1) + f(x_2) \right] \\ &= \frac{h}{3}\{ f(x_0) + 4f(x_1) + f(x_2) \} \end{aligned}$$

단, $h=\dfrac{b-a}{2}$ 이다.

이제 구간 $[a,b]$를 4등분한 경우를 다루어보자. 여기서 $x_1=a$, $x_i=a+ih\,(i=1,2,3)$, $x_4=a+4h=b$, $h=\dfrac{b-a}{4}$ 라 하자. 각각의 $x_i\,(i=0,1,..,4)$에 대응하는 함수값을 $f(x_0)$, $f(x_1), f(x_2), f(x_3), f(x_4)$ 라고 하면, 구간 $[x_0,x_2], [x_2,x_4]$ 에서 Simpson의 공식을 적용하면

$$\frac{h}{3}\{f(x_0)+4f(x_1)+f(x_2)\} \qquad \frac{h}{3}\{f(x_2)+4f(x_3)+f(x_4)\}$$

이 된다. 따라서 구간 $[a,b]$ 에서의 근사적분값은

$$S=\frac{h}{3}\{f(x_0)+4f(x_1)+2f(x_2)+4f(x_3)+f(x_4)\}$$

이다. 일반적으로 구간 $[a,b]$를 $2n$등분하면

$$S=\frac{h}{3}[f(a)+4\sum_{i=1}^{n-1}f(x_{2i})+2\sum_{i=1}^{n}f(x_{2i-1})+f(b)]$$

여기서 $h=\dfrac{b-a}{2n}$, $x_i=a+ih\,(i=0,1,2,...,2n-1)$, $x_{2n}=b$ 이다.

<<프로그램>> Simpson 방법으로 $\int_1^2 (x^3+2)dx$ 를 계산하기. 단, 구간은 20등분하여 처리하기로 한다.

```
data simpson ;
  a = 1 ; b = 2 ;
  s1 = 0 ; s2 = 0 ;
  n = 20 ;
  h = (b-a)/n ;
  do i = 1 to n-1 by 2 ;
      x = a + i*h ;
      s1 = s1 + 4 * (x**3+2) ;
  end ;

  do i = 2 to n-2 by 2 ;
      x = a + i*h ;
      s2 = s2 + 2 * (x**3+2) ;
  end ;
    output ;
```

```
run ;

data integral ;
  set simpson ;
  s = ( s1 + s2 + (a**3+2) + (b**3+2) ) * h / 3 ;
run ;

proc print ;
  var s ;
run ;
```

이항분포 (예 : ${}_6C_2\, 0.3^2 \times 0.7^4 = 0.3241$)

n	x	p									
		0.05	0.10	0.15	0.20	0.25	0.30	0.35	0.40	0.45	0.50
1	0	0.9500	0.9000	0.8500	0.8000	0.7500	0.7000	0.6500	0.6000	0.5500	0.5000
	1	0.0500	0.1000	0.1500	0.2000	0.2500	0.3000	0.3500	0.4000	0.4500	0.5000
2	0	0.9025	0.8100	0.7225	0.6400	0.5625	0.4900	0.4225	0.3600	0.3025	0.2500
	1	0.0950	0.1800	0.2550	0.3200	0.3750	0.4200	0.4550	0.4800	0.4950	0.5000
	2	0.0025	0.0100	0.0225	0.0400	0.0625	0.0900	0.1225	0.1600	0.2025	0.2500
3	0	0.8574	0.7290	0.6141	0.5120	0.4219	0.3430	0.2746	0.2160	0.1664	0.1250
	1	0.1354	0.2430	0.3251	0.3840	0.4219	0.4410	0.4436	0.4320	0.4084	0.3750
	2	0.0071	0.0270	0.0574	0.0960	0.1406	0.1890	0.2389	0.2880	0.3341	0.3750
	3	0.0001	0.0010	0.0034	0.0080	0.0156	0.0270	0.0429	0.0640	0.0911	0.1250
4	0	0.8145	0.6561	0.5220	0.4096	0.3164	0.2401	0.1785	0.1296	0.0915	0.0625
	1	0.1715	0.2916	0.3685	0.4096	0.4219	0.4116	0.3845	0.3456	0.2995	0.2500
	2	0.0135	0.0486	0.0975	0.1536	0.2109	0.2646	0.3105	0.3456	0.3675	0.3750
	3	0.0005	0.0036	0.0115	0.0256	0.0469	0.0756	0.1115	0.1536	0.2005	0.2500
	4	0.0000	0.0001	0.0005	0.0016	0.0039	0.0081	0.0150	0.0256	0.0410	0.0625
5	0	0.7738	0.5905	0.4437	0.3277	0.2373	0.1681	0.1160	0.0778	0.0503	0.0313
	1	0.2036	0.3280	0.3915	0.4096	0.3955	0.3601	0.3124	0.2592	0.2059	0.1563
	2	0.0214	0.0729	0.1382	0.2048	0.2637	0.3087	0.3364	0.3456	0.3369	0.3125
	3	0.0011	0.0081	0.0244	0.0512	0.0879	0.1323	0.1811	0.2304	0.2757	0.3125
	4	0.0000	0.0004	0.0022	0.0064	0.0146	0.0284	0.0488	0.0768	0.1128	0.1563
	5	0.0000	0.0000	0.0001	0.0003	0.0010	0.0024	0.0053	0.0102	0.0185	0.0313
6	0	0.7351	0.5314	0.3771	0.2621	0.1780	0.1176	0.0754	0.0467	0.0277	0.0156
	1	0.2321	0.3543	0.3993	0.3932	0.3560	0.3025	0.2437	0.1866	0.1359	0.0938
	2	0.0305	0.0984	0.1762	0.2458	0.2966	0.3241	0.3280	0.3110	0.2780	0.2344
	3	0.0021	0.0146	0.0415	0.0819	0.1318	0.1852	0.2355	0.2765	0.3032	0.3125
	4	0.0001	0.0012	0.0055	0.0154	0.0330	0.0595	0.0951	0.1382	0.1861	0.2344
	5	0.0000	0.0001	0.0004	0.0015	0.0044	0.0102	0.0205	0.0369	0.0609	0.0938
	6	0.0000	0.0000	0.0000	0.0001	0.0002	0.0007	0.0018	0.0041	0.0083	0.0156
7	0	0.6983	0.4783	0.3206	0.2097	0.1335	0.0824	0.0490	0.0280	0.0152	0.0078
	1	0.2573	0.3720	0.3960	0.3670	0.3115	0.2471	0.1848	0.1306	0.0872	0.0547
	2	0.0406	0.1240	0.2097	0.2753	0.3115	0.3177	0.2985	0.2613	0.2140	0.1641
	3	0.0036	0.0230	0.0617	0.1147	0.1730	0.2269	0.2679	0.2903	0.2918	0.2734
	4	0.0002	0.0026	0.0109	0.0287	0.0577	0.0972	0.1442	0.1935	0.2388	0.2734
	5	0.0000	0.0002	0.0012	0.0043	0.0115	0.0250	0.0466	0.0774	0.1172	0.1641
	6	0.0000	0.0000	0.0001	0.0004	0.0013	0.0036	0.0084	0.0172	0.0320	0.0547
	7	0.0000	0.0000	0.0000	0.0000	0.0001	0.0002	0.0006	0.0016	0.0037	0.0078

이항분포(예 : $_{8}C_{3}\, 0.2^{3} \times 0.8^{5} = 0.1468$)

n	x	p									
		0.05	0.10	0.15	0.20	0.25	0.30	0.35	0.40	0.45	0.50
	0	0.6634	0.4305	0.2725	0.1678	0.1001	0.0576	0.0319	0.0168	0.0084	0.0039
	1	0.2793	0.3826	0.3847	0.3355	0.2670	0.1977	0.1373	0.0896	0.0548	0.0313
	2	0.0515	0.1488	0.2376	0.2936	0.3115	0.2965	0.2587	0.2090	0.1569	0.1094
	3	0.0054	0.0331	0.0839	0.1468	0.2076	0.2541	0.2786	0.2787	0.2568	0.2188
8	4	0.0004	0.0046	0.0185	0.0459	0.0865	0.1361	0.1875	0.2322	0.2627	0.2734
	5	0.0000	0.0004	0.0026	0.0092	0.0231	0.0467	0.0808	0.1239	0.1719	0.2188
	6	0.0000	0.0000	0.0002	0.0011	0.0038	0.0100	0.0217	0.0413	0.0703	0.1094
	7	0.0000	0.0000	0.0000	0.0001	0.0004	0.0012	0.0033	0.0079	0.0164	0.0313
	8	0.0000	0.0000	0.0000	0.0000	0.0000	0.0001	0.0002	0.0007	0.0017	0.0039
	0	0.6302	0.3874	0.2316	0.1342	0.0751	0.0404	0.0207	0.0101	0.0046	0.0020
	1	0.2985	0.3874	0.3679	0.3020	0.2253	0.1556	0.1004	0.0605	0.0339	0.0176
	2	0.0629	0.1722	0.2597	0.3020	0.3003	0.2668	0.2162	0.1612	0.1110	0.0703
	3	0.0077	0.0446	0.1069	0.1762	0.2336	0.2668	0.2716	0.2508	0.2119	0.1641
9	4	0.0006	0.0074	0.0283	0.0661	0.1168	0.1715	0.2194	0.2508	0.2600	0.2461
	5	0.0000	0.0008	0.0050	0.0165	0.0389	0.0735	0.1181	0.1672	0.2128	0.2461
	6	0.0000	0.0001	0.0006	0.0028	0.0087	0.0210	0.0424	0.0743	0.1160	0.1641
	7	0.0000	0.0000	0.0000	0.0003	0.0012	0.0039	0.0098	0.0212	0.0407	0.0703
	8	0.0000	0.0000	0.0000	0.0000	0.0001	0.0004	0.0013	0.0035	0.0083	0.0176
	9	0.0000	0.0000	0.0000	0.0000	0.0000	0.0000	0.0001	0.0003	0.0008	0.0020
	0	0.5987	0.3487	0.1969	0.1074	0.0563	0.0282	0.0135	0.0060	0.0025	0.0010
	1	0.3151	0.3874	0.3474	0.2684	0.1877	0.1211	0.0725	0.0403	0.0207	0.0098
	2	0.0746	0.1937	0.2759	0.3020	0.2816	0.2335	0.1757	0.1209	0.0763	0.0439
	3	0.0105	0.0574	0.1298	0.2013	0.2503	0.2668	0.2522	0.2150	0.1665	0.1172
	4	0.0010	0.0112	0.0401	0.0881	0.1460	0.2001	0.2377	0.2508	0.2384	0.2051
10	5	0.0001	0.0015	0.0085	0.0264	0.0584	0.1029	0.1536	0.2007	0.2340	0.2461
	6	0.0000	0.0001	0.0012	0.0055	0.0162	0.0368	0.0689	0.1115	0.1596	0.2051
	7	0.0000	0.0000	0.0001	0.0008	0.0031	0.0090	0.0212	0.0425	0.0746	0.1172
	8	0.0000	0.0000	0.0000	0.0001	0.0004	0.0014	0.0043	0.0106	0.0229	0.0439
	9	0.0000	0.0000	0.0000	0.0000	0.0000	0.0001	0.0005	0.0016	0.0042	0.0098
	10	0.0000	0.0000	0.0000	0.0000	0.0000	0.0000	0.0000	0.0001	0.0003	0.0010

Poisson 확률분포표 (예 : $\dfrac{e^{-3} \times 3^2}{2!} = 0.224$)

x	λ									
	0.5	1.0	1.5	2.0	2.5	3.0	3.5	4.0	4.5	5.0
0	0.607	0.368	0.223	0.135	0.082	0.050	0.030	0.018	0.011	0.007
1	0.303	0.368	0.335	0.271	0.205	0.149	0.106	0.073	0.050	0.034
2	0.076	0.184	0.251	0.271	0.257	0.224	0.185	0.147	0.112	0.084
3	0.013	0.061	0.126	0.180	0.214	0.224	0.216	0.195	0.169	0.140
4	0.002	0.015	0.047	0.090	0.134	0.168	0.189	0.195	0.190	0.175
5	0.000	0.003	0.014	0.036	0.067	0.101	0.132	0.156	0.171	0.175
6	0.000	0.001	0.004	0.012	0.028	0.050	0.077	0.104	0.128	0.146
7	0.000	0.000	0.001	0.003	0.010	0.022	0.039	0.060	0.082	0.104
8	0.000	0.000	0.000	0.001	0.003	0.008	0.017	0.030	0.046	0.065
9	0.000	0.000	0.000	0.000	0.001	0.003	0.007	0.013	0.023	0.036
10	0.000	0.000	0.000	0.000	0.000	0.001	0.002	0.005	0.010	0.018

(예 : $\dfrac{e^{-8} \times 8^6}{6!} = 0.122$)

x	λ									
	6	7	8	9	10	12	14	16	18	20
0	0.002	0.001	0.000	0.000	0.000	0.000	0.000	0.000	0.000	0.000
1	0.015	0.006	0.003	0.001	0.000	0.000	0.000	0.000	0.000	0.000
2	0.045	0.022	0.011	0.005	0.002	0.000	0.000	0.000	0.000	0.000
3	0.089	0.052	0.029	0.015	0.008	0.002	0.000	0.000	0.000	0.000
4	0.134	0.091	0.057	0.034	0.019	0.005	0.001	0.000	0.000	0.000
5	0.161	0.128	0.092	0.061	0.038	0.013	0.004	0.001	0.000	0.000
6	0.161	0.149	0.122	0.091	0.063	0.025	0.009	0.003	0.001	0.000
7	0.138	0.149	0.140	0.117	0.090	0.044	0.017	0.006	0.002	0.001
8	0.103	0.130	0.140	0.132	0.113	0.066	0.030	0.012	0.004	0.001
9	0.069	0.101	0.124	0.132	0.125	0.087	0.047	0.021	0.008	0.003
10	0.041	0.071	0.099	0.119	0.125	0.105	0.066	0.034	0.015	0.006
11	0.023	0.045	0.072	0.097	0.114	0.114	0.084	0.050	0.025	0.011
12	0.011	0.026	0.048	0.073	0.095	0.114	0.098	0.066	0.037	0.018
13	0.005	0.014	0.030	0.050	0.073	0.106	0.106	0.081	0.051	0.027
14	0.002	0.007	0.017	0.032	0.052	0.090	0.106	0.093	0.065	0.039
15	0.001	0.003	0.009	0.019	0.035	0.072	0.099	0.099	0.079	0.052
16	0.000	0.001	0.005	0.011	0.022	0.054	0.087	0.099	0.088	0.065
17	0.000	0.001	0.002	0.006	0.013	0.038	0.071	0.093	0.094	0.076
18	0.000	0.000	0.001	0.003	0.007	0.026	0.055	0.083	0.094	0.084
19	0.000	0.000	0.000	0.001	0.004	0.016	0.041	0.070	0.089	0.089
20	0.000	0.000	0.000	0.001	0.002	0.010	0.029	0.056	0.080	0.089

표준화 정규분포표 (예 : $\int_{-\infty}^{1.34} \frac{1}{\sqrt{2\pi}} e^{-\frac{x^2}{2}} dx = 0.9099$)

	0.00	0.01	0.02	0.03	0.04	0.05	0.06	0.07	0.08	0.09
0.0	0.5000	0.5040	0.5080	0.5120	0.5160	0.5199	0.5239	0.5279	0.5319	0.5359
0.1	0.5398	0.5438	0.5478	0.5517	0.5557	0.5596	0.5636	0.5675	0.5714	0.5753
0.2	0.5793	0.5832	0.5871	0.5910	0.5948	0.5987	0.6026	0.6064	0.6103	0.6141
0.3	0.6179	0.6217	0.6255	0.6293	0.6331	0.6368	0.6406	0.6443	0.6480	0.6517
0.4	0.6554	0.6591	0.6628	0.6664	0.6700	0.6736	0.6772	0.6808	0.6844	0.6879
0.5	0.6915	0.6950	0.6985	0.7019	0.7054	0.7088	0.7123	0.7157	0.7190	0.7224
0.6	0.7257	0.7291	0.7324	0.7357	0.7389	0.7422	0.7454	0.7486	0.7517	0.7549
0.7	0.7580	0.7611	0.7642	0.7673	0.7704	0.7734	0.7764	0.7794	0.7823	0.7852
0.8	0.7881	0.7910	0.7939	0.7967	0.7995	0.8023	0.8051	0.8078	0.8106	0.8133
0.9	0.8159	0.8186	0.8212	0.8238	0.8264	0.8289	0.8315	0.8340	0.8365	0.8389
1.0	0.8413	0.8438	0.8461	0.8485	0.8508	0.8531	0.8554	0.8577	0.8599	0.8621
1.1	0.8643	0.8665	0.8686	0.8708	0.8729	0.8749	0.8770	0.8790	0.8810	0.8830
1.2	0.8849	0.8869	0.8888	0.8907	0.8925	0.8944	0.8962	0.8980	0.8997	0.9015
1.3	0.9032	0.9049	0.9066	0.9082	0.9099	0.9115	0.9131	0.9147	0.9162	0.9177
1.4	0.9192	0.9207	0.9222	0.9236	0.9251	0.9265	0.9279	0.9292	0.9306	0.9319
1.5	0.9332	0.9345	0.9357	0.9370	0.9382	0.9394	0.9406	0.9418	0.9429	0.9441
1.6	0.9452	0.9463	0.9474	0.9484	0.9495	0.9505	0.9515	0.9525	0.9535	0.9545
1.7	0.9554	0.9564	0.9573	0.9582	0.9591	0.9599	0.9608	0.9616	0.9625	0.9633
1.8	0.9641	0.9649	0.9656	0.9664	0.9671	0.9678	0.9686	0.9693	0.9699	0.9706
1.9	0.9713	0.9719	0.9726	0.9732	0.9738	0.9744	0.9750	0.9756	0.9761	0.9767
2.0	0.9772	0.9778	0.9783	0.9788	0.9793	0.9798	0.9803	0.9808	0.9812	0.9817
2.1	0.9821	0.9826	0.9830	0.9834	0.9838	0.9842	0.9846	0.9850	0.9854	0.9857
2.2	0.9861	0.9864	0.9868	0.9871	0.9875	0.9878	0.9881	0.9884	0.9887	0.9890
2.3	0.9893	0.9896	0.9898	0.9901	0.9904	0.9906	0.9909	0.9911	0.9913	0.9916
2.4	0.9918	0.9920	0.9922	0.9925	0.9927	0.9929	0.9931	0.9932	0.9934	0.9936
2.5	0.9938	0.9940	0.9941	0.9943	0.9945	0.9946	0.9948	0.9949	0.9951	0.9952
2.6	0.9953	0.9955	0.9956	0.9957	0.9959	0.9960	0.9961	0.9962	0.9963	0.9964
2.7	0.9965	0.9966	0.9967	0.9968	0.9969	0.9970	0.9971	0.9972	0.9973	0.9974
2.8	0.9974	0.9975	0.9976	0.9977	0.9977	0.9978	0.9979	0.9979	0.9980	0.9981
2.9	0.9981	0.9982	0.9982	0.9983	0.9984	0.9984	0.9985	0.9985	0.9986	0.9986
3.0	0.9987	0.9987	0.9987	0.9988	0.9988	0.9989	0.9989	0.9989	0.9990	0.9990
3.1	0.9990	0.9991	0.9991	0.9991	0.9992	0.9992	0.9992	0.9992	0.9993	0.9993
3.2	0.9993	0.9993	0.9994	0.9994	0.9994	0.9994	0.9994	0.9995	0.9995	0.9995
3.3	0.9995	0.9995	0.9995	0.9996	0.9996	0.9996	0.9996	0.9996	0.9996	0.9997
3.4	0.9997	0.9997	0.9997	0.9997	0.9997	0.9997	0.9997	0.9997	0.9997	0.9998
3.5	0.9998	0.9998	0.9998	0.9998	0.9998	0.9998	0.9998	0.9998	0.9998	0.9998

t 분포표 (예 : $t(15, 0.95)$= 1.7531)

자유도	α 값							
	0.005	0.01	0.025	0.5	0.95	0.975	0.99	0.995
1	-63.6567	-31.8205	-12.7062	-6.3138	6.3138	12.7062	31.8205	63.6567
2	-9.9248	-6.9646	-4.3027	-2.9200	2.9200	4.3027	6.9646	9.9248
3	-5.8409	-4.5407	-3.1824	-2.3534	2.3534	3.1824	4.5407	5.8409
4	-4.6041	-3.7469	-2.7764	-2.1318	2.1318	2.7764	3.7469	4.6041
5	-4.0321	-3.3649	-2.5706	-2.0150	2.0150	2.5706	3.3649	4.0321
6	-3.7074	-3.1427	-2.4469	-1.9432	1.9432	2.4469	3.1427	3.7074
7	-3.4995	-2.9980	-2.3646	-1.8946	1.8946	2.3646	2.9980	3.4995
8	-3.3554	-2.8965	-2.3060	-1.8595	1.8595	2.3060	2.8965	3.3554
9	-3.2498	-2.8214	-2.2622	-1.8331	1.8331	2.2622	2.8214	3.2498
10	-3.1693	-2.7638	-2.2281	-1.8125	1.8125	2.2281	2.7638	3.1693
11	-3.1058	-2.7181	-2.2010	-1.7959	1.7959	2.2010	2.7181	3.1058
12	-3.0545	-2.6810	-2.1788	-1.7823	1.7823	2.1788	2.6810	3.0545
13	-3.0123	-2.6503	-2.1604	-1.7709	1.7709	2.1604	2.6503	3.0123
14	-2.9768	-2.6245	-2.1448	-1.7613	1.7613	2.1448	2.6245	2.9768
15	-2.9467	-2.6025	-2.1314	-1.7531	1.7531	2.1314	2.6025	2.9467
16	-2.9208	-2.5835	-2.1199	-1.7459	1.7459	2.1199	2.5835	2.9208
17	-2.8982	-2.5669	-2.1098	-1.7396	1.7396	2.1098	2.5669	2.8982
18	-2.8784	-2.5524	-2.1009	-1.7341	1.7341	2.1009	2.5524	2.8784
19	-2.8609	-2.5395	-2.0930	-1.7291	1.7291	2.0930	2.5395	2.8609
20	-2.8453	-2.5280	-2.0860	-1.7247	1.7247	2.0860	2.5280	2.8453
21	-2.8314	-2.5176	-2.0796	-1.7207	1.7207	2.0796	2.5176	2.8314
22	-2.8188	-2.5083	-2.0739	-1.7171	1.7171	2.0739	2.5083	2.8188
23	-2.8073	-2.4999	-2.0687	-1.7139	1.7139	2.0687	2.4999	2.8073
24	-2.7969	-2.4922	-2.0639	-1.7109	1.7109	2.0639	2.4922	2.7969
25	-2.7874	-2.4851	-2.0595	-1.7081	1.7081	2.0595	2.4851	2.7874
26	-2.7787	-2.4786	-2.0555	-1.7056	1.7056	2.0555	2.4786	2.7787
27	-2.7707	-2.4727	-2.0518	-1.7033	1.7033	2.0518	2.4727	2.7707
28	-2.7633	-2.4671	-2.0484	-1.7011	1.7011	2.0484	2.4671	2.7633
29	-2.7564	-2.4620	-2.0452	-1.6991	1.6991	2.0452	2.4620	2.7564
30	-2.7500	-2.4573	-2.0423	-1.6973	1.6973	2.0423	2.4573	2.7500
31	-2.7440	-2.4528	-2.0395	-1.6955	1.6955	2.0395	2.4528	2.7440
32	-2.7385	-2.4487	-2.0369	-1.6939	1.6939	2.0369	2.4487	2.7385
33	-2.7333	-2.4448	-2.0345	-1.6924	1.6924	2.0345	2.4448	2.7333
34	-2.7284	-2.4411	-2.0322	-1.6909	1.6909	2.0322	2.4411	2.7284
35	-2.7238	-2.4377	-2.0301	-1.6896	1.6896	2.0301	2.4377	2.7238
36	-2.7195	-2.4345	-2.0281	-1.6883	1.6883	2.0281	2.4345	2.7195
37	-2.7154	-2.4314	-2.0262	-1.6871	1.6871	2.0262	2.4314	2.7154
38	-2.7116	-2.4286	-2.0244	-1.6860	1.6860	2.0244	2.4286	2.7116
39	-2.7079	-2.4258	-2.0227	-1.6849	1.6849	2.0227	2.4258	2.7079
40	-2.7045	-2.4233	-2.0211	-1.6839	1.6839	2.0211	2.4233	2.7045

χ^2 분포표 (예 : $\chi^2(14, 0.975)$ = 26.1189)

자유도	α 값									
	0.005	0.01	0.025	0.05	0.1	0.9	0.95	0.975	0.99	0.995
1	0.0000	0.0002	0.0010	0.0039	0.0158	2.7055	3.8415	5.0239	6.6349	7.8794
2	0.0100	0.0201	0.0506	0.1026	0.2107	4.6052	5.9915	7.3778	9.2103	10.5966
3	0.0717	0.1148	0.2158	0.3518	0.5844	6.2514	7.8147	9.3484	11.3449	12.8382
4	0.2070	0.2971	0.4844	0.7107	1.0636	7.7794	9.4877	11.1433	13.2767	14.8603
5	0.4117	0.5543	0.8312	1.1455	1.6103	9.2364	11.0705	12.8325	15.0863	16.7496
6	0.6757	0.8721	1.2373	1.6354	2.2041	10.6446	12.5916	14.4494	16.8119	18.5476
7	0.9893	1.2390	1.6899	2.1673	2.8331	12.0170	14.0671	16.0128	18.4753	20.2777
8	1.3444	1.6465	2.1797	2.7326	3.4895	13.3616	15.5073	17.5345	20.0902	21.9550
9	1.7349	2.0879	2.7004	3.3251	4.1682	14.6837	16.9190	19.0228	21.6660	23.5894
10	2.1559	2.5582	3.2470	3.9403	4.8652	15.9872	18.3070	20.4832	23.2093	25.1882
11	2.6032	3.0535	3.8157	4.5748	5.5778	17.2750	19.6751	21.9200	24.7250	26.7568
12	3.0738	3.5706	4.4038	5.2260	6.3038	18.5493	21.0261	23.3367	26.2170	28.2995
13	3.5650	4.1069	5.0088	5.8919	7.0415	19.8119	22.3620	24.7356	27.6882	29.8195
14	4.0747	4.6604	5.6287	6.5706	7.7895	21.0641	23.6848	26.1189	29.1412	31.3193
15	4.6009	5.2293	6.2621	7.2609	8.5468	22.3071	24.9958	27.4884	30.5779	32.8013
16	5.1422	5.8122	6.9077	7.9616	9.3122	23.5418	26.2962	28.8454	3 1.9999	34.2672
17	5.6972	6.4078	7.5642	8.6718	10.0852	24.7690	27.5871	30.1910	33.4087	35.7185
18	6.2648	7.0149	8.2307	9.3905	10.8649	25.9894	28.8693	31.5264	34.8053	37.1565
19	6.8440	7.6327	8.9065	10.1170	11.6509	27.2036	30.1435	32.8523	36.1909	38.5823
20	7.4338	8.2604	9.5908	10.8508	12.4426	28.4120	31.4104	34.1696	37.5662	39.9968
21	8.0337	8.8972	10.2829	11.5913	13.2396	29.6151	32.6706	35.4789	38.9322	41.4011
22	8.6427	9.5425	10.9823	12.3380	14.0415	30.8133	33.9244	36.7807	40.2894	42.7957
23	9.2604	10.1957	11.6886	13.0905	14.8480	32.0069	35.1725	38.0756	41.6384	44.1813
24	9.8862	10.8564	12.4012	13.8484	15.6587	33.1962	36.4150	39.3641	42.9798	45.5585
25	10.5197	11.5240	13.1197	14.6114	16.4734	34.3816	37.6525	40.6465	44.3141	46.9279
26	11.1602	12.1981	13.8439	15.3792	17.2919	35.5632	38.8851	41.9232	45.6417	48.2899
27	11.8076	12.8785	14.5734	16.1514	18.1139	36.7412	40.1133	43.1945	46.9629	49.6449
28	12.4613	13.5647	15.3079	16.9279	18.9392	37.9159	41.3371	44.4608	48.2782	50.9934
29	13.1211	14.2565	16.0471	17.7084	19.7677	39.0875	42.5570	45.7223	49.5879	52.3356
30	13.7867	14.9535	16.7908	18.4927	20.5992	40.2560	43.7730	46.9792	50.8922	53.6720
31	14.4578	15.6555	17.5387	19.2806	21.4336	41.4217	44.9853	48.2319	52.1914	55.0027
32	15.1340	16.3622	18.2908	20.0719	22.2706	42.5847	46.1943	49.4804	53.4858	56.3281
33	15.8153	17.0735	19.0467	20.8665	23.1102	43.7452	47.3999	50.7251	54.7755	57.6484
34	16.5013	17.7891	19.8063	21.6643	23.9523	44.9032	48.6024	51.9660	56.0609	58.9639
35	17.1918	18.5089	20.5694	22.4650	24.7967	46.0588	49.8018	53.2033	57.3421	60.2748
36	17.8867	19.2327	21.3359	23.2686	25.6433	47.2122	50.9985	54.4373	58.6192	61.5812
37	18.5858	19.9602	22.1056	24.0749	26.4921	48.3634	52.1923	55.6680	59.8925	62.8833
38	19.2889	20.6914	22.8785	24.8839	27.3430	49.5126	53.3835	56.8955	61.1621	64.1814
39	19.9959	21.4262	23.6543	25.6954	28.1958	50.6598	54.5722	58.1201	62.4281	65.4756
40	20.7065	22.1643	24.4330	26.5093	29.0505	51.8051	55.7585	59.3417	63.6907	66.7660

F 분포

n_1	n_2	0.005	0.01	0.025	0.05	0.95	0.975	0.99	0.995
1	1	0.0001	0.0002	0.0015	0.0062	161.448	647.789	4052.18	16210.7
	3	0.0000	0.0002	0.0012	0.0046	10.1280	17.4434	34.1162	55.5520
	5	0.0000	0.0002	0.0011	0.0043	6.6079	10.0070	16.2582	22.7848
	7	0.0000	0.0002	0.0011	0.0042	5.5914	8.0727	12.2464	16.2356
	9	0.0000	0.0002	0.0010	0.0042	5.1174	7.2093	10.5614	13.6136
	11	0.0000	0.0002	0.0010	0.0041	4.8443	6.7241	9.6460	12.2263
	13	0.0000	0.0002	0.0010	0.0041	4.6672	6.4143	9.0738	11.3735
	15	0.0000	0.0002	0.0010	0.0041	4.5431	6.1995	8.6831	10.7980
	17	0.0000	0.0002	0.0010	0.0040	4.4513	6.0420	8.3997	10.3842
	19	0.0000	0.0002	0.0010	0.0040	4.3807	5.9216	8.1849	10.0725
	21	0.0000	0.0002	0.0010	0.0040	4.3248	5.8266	8.0166	9.8295
3	1	0.0180	0.0293	0.0573	0.0987	215.707	864.163	5403.35	21614.7
	3	0.0211	0.0339	0.0648	0.1078	9.2766	15.4392	29.4567	47.4672
	5	0.0220	0.0354	0.0672	0.1109	5.4095	7.7636	12.0600	16.5298
	7	0.0225	0.0361	0.0684	0.1125	4.3468	5.8898	8.4513	10.8824
	9	0.0228	0.0366	0.0691	0.1135	3.8625	5.0781	6.9919	8.7171
	11	0.0230	0.0369	0.0696	0.1141	3.5874	4.6300	6.2167	7.6004
	13	0.0231	0.0371	0.0699	0.1146	3.4105	4.3472	5.7394	6.9258
	15	0.0232	0.0372	0.0702	0.1149	3.2874	4.1528	5.4170	6.4760
	17	0.0233	0.0373	0.0704	0.1152	3.1968	4.0112	5.1850	6.1556
	19	0.0234	0.0374	0.0705	0.1154	3.1274	3.9034	5.0103	5.9161
	21	0.0234	0.0375	0.0706	0.1156	3.0725	3.8188	4.8740	5.7304
5	1	0.0439	0.0615	0.0999	0.1513	230.162	921.848	5763.65	23055.8
	3	0.0605	0.0829	0.1288	0.1849	9.0135	14.8848	28.2371	45.3916
	5	0.0669	0.0912	0.1399	0.1980	5.0503	7.1464	10.9670	14.9396
	7	0.0704	0.0956	0.1459	0.2051	3.9715	5.2852	7.4604	9.5221
	9	0.0726	0.0984	0.1497	0.2095	3.4817	4.4844	6.0569	7.4712
	11	0.0741	0.1004	0.1523	0.2126	3.2039	4.0440	5.3160	6.4217
	13	0.0752	0.1018	0.1541	0.2148	3.0254	3.7667	4.8616	5.7910
	15	0.0761	0.1029	0.1556	0.2165	2.9013	3.5764	4.5556	5.3721
	17	0.0767	0.1037	0.1567	0.2178	2.8100	3.4379	4.3359	5.0746
	19	0.0773	0.1044	0.1576	0.2189	2.7401	3.3327	4.1708	4.8526
	21	0.0777	0.1050	0.1584	0.2198	2.6848	3.2501	4.0421	4.6809
7	1	0.0616	0.0817	0.1239	0.1788	236.768	948.217	5928.36	23714.6
	3	0.0919	0.1183	0.1698	0.2301	8.8867	14.6244	27.6717	44.4341
	5	0.1050	0.1340	0.1892	0.2518	4.8759	6.8531	10.4555	14.2004
	7	0.1125	0.1430	0.2002	0.2641	3.7870	4.9949	6.9928	8.8854
	9	0.1175	0.1488	0.2073	0.2720	3.2927	4.1970	5.6129	6.8849
	11	0.1209	0.1529	0.2123	0.2775	3.0123	3.7586	4.8861	5.8648
	13	0.1235	0.1560	0.2161	0.2817	2.8321	3.4827	4.4410	5.2529
	15	0.1255	0.1584	0.2189	0.2848	2.7066	3.2934	4.1415	4.8473
	17	0.1271	0.1603	0.2212	0.2874	2.6143	3.1556	3.9267	4.5594
	19	0.1284	0.1618	0.2231	0.2894	2.5435	3.0509	3.7653	4.3448
	21	0.1295	0.1631	0.2246	0.2911	2.4876	2.9686	3.6396	4.1789

F 분포

n_1	n_2	0.005	0.01	0.025	0.05	0.95	0.975	0.99	0.995
9	1	0.0735	0.0947	0.1387	0.1954	240.543	963.285	6022.47	24091.0
	3	0.1147	0.1430	0.1969	0.2589	8.8123	14.4731	27.3452	43.8824
	5	0.1338	0.1651	0.2230	0.2872	4.7725	6.6811	10.1578	13.7716
	7	0.1452	0.1782	0.2383	0.3037	3.6767	4.8232	6.7188	8.5138
	9	0.1529	0.1869	0.2484	0.3146	3.1789	4.0260	5.3511	6.5411
	11	0.1584	0.1931	0.2556	0.3223	2.8962	3.5879	4.6315	5.5368
	13	0.1625	0.1978	0.2611	0.3281	2.7144	3.3120	4.1911	4.9351
	15	0.1658	0.2015	0.2653	0.3327	2.5876	3.1227	3.8948	4.5364
	17	0.1684	0.2045	0.2687	0.3363	2.4943	2.9849	3.6822	4.2535
	19	0.1705	0.2069	0.2715	0.3393	2.4227	2.8801	3.5225	4.0428
	21	0.1723	0.2090	0.2738	0.3417	2.3660	2.7977	3.3981	3.8799
11	1	0.0818	0.1037	0.1487	0.2064	242.983	973.025	6083.32	24334.4
	3	0.1316	0.1609	0.2160	0.2788	8.7633	14.3742	27.1326	43.5236
	5	0.1557	0.1881	0.2473	0.3121	4.7040	6.5678	9.9626	13.4912
	7	0.1705	0.2047	0.2661	0.3320	3.6030	4.7095	6.5382	8.2697
	9	0.1806	0.2159	0.2787	0.3453	3.1025	3.9121	5.1779	6.3142
	11	0.1880	0.2241	0.2879	0.3549	2.8179	3.4737	4.4624	5.3197
	13	0.1936	0.2303	0.2948	0.3621	2.6347	3.1975	4.0245	4.7240
	15	0.1981	0.2352	0.3003	0.3678	2.5068	3.0078	3.7299	4.3295
	17	0.2017	0.2392	0.3047	0.3724	2.4126	2.8696	3.5185	4.0496
	19	0.2047	0.2425	0.3084	0.3762	2.3402	2.7645	3.3596	3.8410
	21	0.2072	0.2453	0.3114	0.3794	2.2829	2.6819	3.2359	3.6798
13	1	0.0879	0.1102	0.1559	0.2143	244.690	979.837	6125.86	24504.5
	3	0.1444	0.1742	0.2300	0.2932	8.7287	14.3045	26.9831	43.2715
	5	0.1727	0.2057	0.2655	0.3305	4.6552	6.4876	9.8248	13.2934
	7	0.1904	0.2252	0.2871	0.3531	3.5503	4.6285	6.4100	8.0967
	9	0.2026	0.2386	0.3019	0.3684	3.0475	3.8306	5.0545	6.1530
	11	0.2117	0.2485	0.3127	0.3796	2.7614	3.3917	4.3416	5.1649
	13	0.2187	0.2561	0.3210	0.3881	2.5769	3.1150	3.9052	4.5733
	15	0.2242	0.2621	0.3276	0.3948	2.4481	2.9249	3.6115	4.1813
	17	0.2287	0.2670	0.3329	0.4002	2.3531	2.7863	3.4007	3.9033
	19	0.2325	0.2711	0.3373	0.4047	2.2800	2.6808	3.2422	3.6961
	21	0.2357	0.2745	0.3410	0.4085	2.2222	2.5978	3.1187	3.5358
15	1	0.0926	0.1152	0.1613	0.2201	245.950	984.867	6157.28	24630.2
	3	0.1544	0.1846	0.2408	0.3042	8.7029	14.2527	26.8722	43.0847
	5	0.1861	0.2195	0.2796	0.3447	4.6188	6.4277	9.7222	13.1463
	7	0.2063	0.2415	0.3036	0.3695	3.5107	4.5678	6.3143	7.9678
	9	0.2204	0.2568	0.3202	0.3865	3.0061	3.7694	4.9621	6.0325
	11	0.2310	0.2681	0.3325	0.3989	2.7186	3.3299	4.2509	5.0489
	13	0.2392	0.2769	0.3419	0.4085	2.5331	3.0527	3.8154	4.4600
	15	0.2457	0.2839	0.3494	0.4161	2.4034	2.8621	3.5222	4.0698
	17	0.2511	0.2897	0.3555	0.4222	2.3077	2.7230	3.3117	3.7929
	19	0.2556	0.2945	0.3606	0.4274	2.2341	2.6171	3.1533	3.5866
	21	0.2594	0.2985	0.3649	0.4317	2.1757	2.5338	3.0300	3.4270

F 분포

n_1	n_2	0.005	0.01	0.025	0.05	0.95	0.975	0.99	0.995
17	1	0.0963	0.1191	0.1655	0.2247	246.918	988.733	6181.43	24726.8
	3	0.1625	0.1929	0.2493	0.3128	8.6829	14.2127	26.7867	42.9407
	5	0.1971	0.2306	0.2909	0.3559	4.5904	6.3814	9.6429	13.0327
	7	0.2193	0.2547	0.3169	0.3825	3.4799	4.5206	6.2401	7.8678
	9	0.2351	0.2716	0.3350	0.4009	2.9737	3.7216	4.8902	5.9388
	11	0.2469	0.2842	0.3485	0.4145	2.6851	3.2816	4.1801	4.9586
	13	0.2562	0.2941	0.3589	0.4250	2.4987	3.0039	3.7452	4.3716
	15	0.2636	0.3020	0.3672	0.4333	2.3683	2.8128	3.4523	3.9827
	17	0.2698	0.3085	0.3741	0.4402	2.2719	2.6733	3.2419	3.7066
	19	0.2749	0.3139	0.3798	0.4459	2.1977	2.5670	3.0836	3.5008
	21	0.2793	0.3185	0.3846	0.4507	2.1389	2.4833	2.9602	3.3416
19	1	0.0993	0.1222	0.1689	0.2283	247.686	991.797	6200.58	24803.4
	3	0.1690	0.1996	0.2562	0.3198	8.6670	14.1810	26.7188	42.8263
	5	0.2061	0.2398	0.3001	0.3650	4.5678	6.3444	9.5797	12.9422
	7	0.2302	0.2656	0.3278	0.3932	3.4551	4.4829	6.1808	7.7881
	9	0.2474	0.2839	0.3472	0.4128	2.9477	3.6833	4.8327	5.8639
	11	0.2603	0.2977	0.3617	0.4273	2.6581	3.2428	4.1234	4.8863
	13	0.2706	0.3084	0.3730	0.4386	2.4709	2.9646	3.6888	4.3008
	15	0.2788	0.3171	0.3821	0.4476	2.3398	2.7730	3.3961	3.9127
	17	0.2856	0.3243	0.3896	0.4550	2.2429	2.6331	3.1857	3.6372
	19	0.2914	0.3303	0.3958	0.4612	2.1683	2.5265	3.0274	3.4318
	21	0.2963	0.3355	0.4011	0.4665	2.1090	2.4424	2.9039	3.2728
21	1	0.1017	0.1247	0.1716	0.2312	248.309	994.286	6216.12	24865.5
	3	0.1745	0.2052	0.2619	0.3255	8.6540	14.1551	26.6635	42.7333
	5	0.2136	0.2474	0.3077	0.3725	4.5493	6.3142	9.5281	12.8684
	7	0.2393	0.2748	0.3369	0.4020	3.4349	4.4520	6.1324	7.7230
	9	0.2577	0.2943	0.3574	0.4226	2.9263	3.6520	4.7856	5.8027
	11	0.2718	0.3090	0.3729	0.4380	2.6358	3.2109	4.0769	4.8270
	13	0.2828	0.3206	0.3849	0.4500	2.4479	2.9322	3.6425	4.2426
	15	0.2918	0.3300	0.3947	0.4596	2.3163	2.7403	3.3498	3.8552
	17	0.2993	0.3378	0.4027	0.4675	2.2189	2.6000	3.1394	3.5801
	19	0.3056	0.3444	0.4094	0.4742	2.1438	2.4930	2.9810	3.3749
	21	0.3109	0.3500	0.4152	0.4798	2.0842	2.4086	2.8574	3.2160

더빈-왓슨의 5% d_L , d_U 값

n	$k=1$		$k=2$		$k=3$		$k=4$		$k=5$	
	d_L	d_U	d_L	d_U	d_L	d_U	d_L	d_U	d_L	d_U
15	1.08	1.36	0.95	1.54	0.82	1.75	0.69	1.97	0.56	2.21
16	1.10	1.37	0.98	1.54	0.86	1.73	0.74	1.93	0.62	2.15
17	1.13	1.37	1.02	1.54	0.90	1.71	0.78	1.90	0.67	2.10
18	1.16	1.39	1.05	1.53	0.93	1.69	0.82	1.87	0.71	2.06
19	1.18	1.40	1.08	1.53	0.97	1.68	0.86	1.85	0.75	2.02
20	1.20	1.41	1.10	1.54	1.00	1.68	0.90	1.83	0.79	1.99
25	1.29	1.45	1.21	1.55	1.12	1.66	1.04	1.77	0.95	1.89
30	1.35	1.49	1.28	1.57	1.21	1.65	1.14	1.74	1.07	1.83
35	1.40	1.52	1.34	1.58	1.28	1.65	1.22	1.73	1.16	1.80
40	1.44	1.54	1.39	1.60	1.34	1.66	1.29	1.72	1.23	1.79
45	1.48	1.57	1.43	1.62	1.38	1.67	1.34	1.72	1.29	1.78
50	1.50	1.59	1.46	1.63	1.42	1.67	1.38	1.72	1.34	1.77
55	1.53	1.60	1.49	1.64	1.45	1.68	1.41	1.72	1.38	1.77
60	1.55	1.62	1.51	1.65	1.48	1.69	1.44	1.73	1.41	1.77
65	1.57	1.63	1.54	1.66	1.50	1.70	1.47	1.73	1.44	1.77
70	1.58	1.64	1.55	1.67	1.52	1.70	1.49	1.74	1.46	1.77
75	1.60	1.65	1.57	1.68	1.54	1.71	1.51	1.74	1.49	1.77
80	1.61	1.66	1.59	1.69	1.57	1.72	1.53	1.74	1.51	1.77
85	1.62	1.67	1.60	1.70	1.57	1.72	1.55	1.75	1.52	1.77
90	1.63	1.68	1.61	1.70	1.59	1.73	1.57	1.75	1.54	1.78
95	1.64	1.69	1.62	1.71	1.60	1.73	1.58	1.75	1.56	1.78
100	1.65	1.69	1.63	1.72	1.61	1.74	1.59	1.76	1.57	1.78

더빈-왓슨의 2.5% d_L , d_U 값

n	$k=1$		$k=2$		$k=3$		$k=4$		$k=5$	
	d_L	d_U	d_L	d_U	d_L	d_U	d_L	d_U	d_L	d_U
15	0.95	1.23	0.83	1.40	0.71	1.61	0.59	1.84	0.48	2.09
16	0.98	1.24	0.86	1.40	0.75	1.59	0.64	1.80	0.53	2.03
17	1.01	1.25	0.90	1.40	0.79	1.58	0.68	1.77	0.57	1.98
18	1.03	1.26	0.93	1.40	0.82	1.56	0.72	1.74	0.62	1.93
19	1.06	1.28	0.96	1.41	0.86	1.55	0.76	1.72	0.66	1.90
20	1.08	1.28	0.99	1.41	0.89	1.55	0.79	1.70	0.70	1.87
25	1.18	1.34	1.10	1.43	1.02	1.54	0.94	1.65	0.86	1.77
30	1.25	1.38	1.18	1.46	1.12	1.54	1.05	1.63	0.98	1.73
35	1.30	1.42	1.25	1.48	1.19	1.55	1.13	1.63	1.07	1.70
40	1.35	1.45	1.30	1.51	1.25	1.57	1.20	1.63	1.15	1.69
45	1.39	1.48	1.34	1.53	1.30	1.58	1.25	1.63	1.21	1.69
50	1.42	1.50	1.38	1.54	1.34	1.59	1.30	1.64	1.26	1.69
55	1.45	1.52	1.41	1.56	1.37	1.60	1.33	1.64	1.30	1.69
60	1.47	1.54	1.44	1.57	1.40	1.61	1.37	1.65	1.33	1.69
65	1.49	1.55	1.46	1.59	1.43	1.62	1.40	1.66	1.36	1.69
70	1.51	1.57	1.48	1.60	1.45	1.63	1.42	1.66	1.39	1.70
75	1.53	1.58	1.50	1.61	1.47	1.64	1.45	1.67	1.42	1.70
80	1.54	1.59	1.52	1.62	1.49	1.65	1.47	1.67	1.44	1.70
85	1.56	1.60	1.53	1.63	1.51	1.65	1.49	1.68	1.46	1.71
90	1.57	1.61	1.55	1.64	1.53	1.66	1.50	1.69	1.48	1.71
95	1.58	1.62	1.56	1.65	1.54	1.67	1.52	1.69	1.50	1.71
100	1.59	1.63	1.57	1.65	1.55	1.67	1.53	1.70	1.51	1.72

더빈-왓슨의 1% d_L , d_U 값

n	$k=1$		$k=2$		$k=3$		$k=4$		$k=5$	
	d_L	d_U	d_L	d_U	d_L	d_U	d_L	d_U	d_L	d_U
15	0.81	1.07	0.70	1.25	0.59	1.46	0.49	1.70	0.39	1.96
16	0.84	1.09	0.74	1.25	0.63	1.44	0.53	1.66	0.44	1.90
17	0.87	1.10	0.77	1.25	0.67	1.43	0.57	1.63	0.48	1.85
18	0.90	1.12	0.80	1.26	0.71	1.42	0.61	1.60	0.52	1.80
19	0.93	1.13	0.83	1.26	0.74	1.41	0.65	1.58	0.56	1.77
20	0.95	1.15	0.86	1.27	0.77	1.41	0.68	1.57	0.60	1.74
25	1.05	1.21	0.98	1.30	1.90	1.41	0.83	1.52	0.75	1.65
30	1.13	1.26	1.07	1.34	1.01	1.42	0.94	1.51	0.88	1.61
35	1.19	1.31	1.14	1.37	1.08	1.44	1.03	1.51	0.97	1.59
40	1.25	1.34	1.20	1.40	1.15	1.46	1.10	1.52	1.05	1.58
45	1.29	1.38	1.24	1.42	1.20	1.48	1.16	1.53	1.11	1.58
50	1.32	1.40	1.28	1.45	1.24	1.49	1.20	1.54	1.16	1.59
55	1.36	1.43	1.32	1.47	1.28	1.51	1.25	1.55	1.21	1.59
60	1.38	1.45	1.35	1.48	1.32	1.52	1.28	1.56	1.25	1.60
65	1.41	1.47	1.38	1.50	1.35	1.53	1.31	1.57	1.28	1.61
70	1.43	1.49	1.40	1.52	1.37	1.55	1.34	1.58	1.31	1.61
75	1.45	1.50	1.42	1.53	1.39	1.56	1.37	1.59	1.34	1.62
80	1.47	1.52	1.44	1.54	1.42	1.57	1.39	1.60	1.36	1.62
85	1.48	1.53	1.46	1.55	1.43	1.58	1.41	1.60	1.39	1.63
90	1.50	1.54	1.47	1.56	1.45	1.59	1.43	1.61	1.41	1.64
95	1.51	1.55	1.49	1.57	1.47	1.60	1.45	1.62	1.42	1.64
100	1.52	1.56	1.50	1.58	1.48	1.60	1.46	1.63	1.44	1.65

SAS를 이용한 통계학 개론

1판 1쇄 인쇄 2018년 01월 20일
1판 1쇄 발행 2018년 01월 31일
저　　자 엄정국
발 행 인 이범만
발 행 처 **21세기사** (제406-00015호)
경기도 파주시 산남로 72-16 (10882)
Tel. 031-942-7861　　Fax. 031-942-7864
E-mail : 21cbook@naver.com
Home-page : www.21cbook.co.kr
ISBN 978-89-8468-740-0

정가 22,000원